“十二五”职业教育国家规划教材
经全国职业教育教材审定委员会审定

计算机应用专业

Dreamweaver 网页制作

Dreamweaver Wangye Zhizuo

（第4版）

主　编　马文惠　王树平
副主编　王润泉　董志颖

高等教育出版社·北京

内容提要

本书是“十二五”职业教育国家规划教材，依据教育部《中等职业学校计算机应用专业教学标准》，并参照计算机应用相关行业标准编写。

本书采用任务驱动的方式，将基础知识与基本技能相结合，有的放矢、循序渐进地介绍使用 Dreamweaver CC 2018 进行网页制作的相关知识与技巧，本书突出 Div+CSS 布局及模板的应用，详细介绍了网站的创建与管理，文本、图像等常用页面元素的添加与编辑，CSS 规则的应用，表格的应用，超链接，层与行为，表单，内联框架，站点的测试、发布与维护，以及 HTML 基础知识等内容。

本书配有学习卡资源，请登录 Abook 网站 http://abook.hep.com.cn/sve 获取相关资源。详细说明见书后“郑重声明”页。

本书可作为中等职业学校计算机类专业教材，同时也可作为高等职业教育与培训的教材，还可供从事网页制作教学的教师参考使用，尤其对网页制作初学者有很大的帮助。

图书在版编目（CIP）数据

Dreamweaver网页制作 / 马文惠，王树平主编. -- 4版. -- 北京 : 高等教育出版社，2021.3
计算机应用专业
ISBN 978-7-04-055584-4

Ⅰ. ①D… Ⅱ. ①马… ②王… Ⅲ. ①网页制作工具-中等专业学校-教材 Ⅳ. ①TP393.092

中国版本图书馆CIP数据核字（2021）第025828号

策划编辑 赵美琪　责任编辑 赵美琪　封面设计 张　志　版式设计 王艳红
插图绘制 邓　超　责任校对 王　雨　责任印制 赵　振

出版发行 高等教育出版社
社　　址 北京市西城区德外大街 4 号
邮政编码 100120
印　　刷 天津鑫丰华印务有限公司
开　　本 787 mm× 1092 mm　1/16
印　　张 16
字　　数 390 千字
购书热线 010-58581118
咨询电话 400-810-0598
网　　址 http://www.hep.edu.cn
　　　　 http://www.hep.com.cn
网上订购 http://www.hepmall.com.cn
　　　　 http://www.hepmall.com
　　　　 http://www.hepmall.cn
版　　次 2008 年 6月第 1 版
　　　　 2021 年 3月第 4 版
印　　次 2021 年 5月第 2 次印刷
定　　价 34.00 元

物 料 号　55584-00

出版说明

教材是教学过程的重要载体，加强教材建设是深化职业教育教学改革的有效途径，是推进人才培养模式改革的重要条件，也是推动中高职协调发展的基础性工程，对促进现代职业教育体系建设，提高职业教育人才培养质量具有十分重要的作用。

为进一步加强职业教育教材建设，2012年，教育部制订了《关于“十二五”职业教育教材建设的若干意见》（教职成〔2012〕9号），并启动了“十二五”职业教育国家规划教材的选题立项工作。作为全国最大的职业教育教材出版基地，高等教育出版社整合优质出版资源，积极参与此项工作，“计算机应用”等110个专业的中等职业教育专业技能课教材选题通过立项，覆盖了《中等职业学校专业目录》中的全部大类专业，是涉及专业面最广、承担出版任务最多的出版单位，充分发挥了教材建设主力军和国家队的作用。2015年5月，经全国职业教育教材审定委员会审定，教育部公布了首批中职“十二五”职业教育国家规划教材，高等教育出版社有300余种中职教材通过审定，涉及中职10个专业大类的46个专业，占首批公布的中职“十二五”国家规划教材的30%以上。我社今后还将按照教育部的统一部署，继续完成后续专业国家规划教材的编写、审定和出版工作。

高等教育出版社中职“十二五”国家规划教材的编者，有参与制订中等职业学校专业教学标准的专家，有学科领域的领军人物，有行业企业的专业技术人员，以及教学一线的教学名师、教学骨干，他们为保证教材编写质量奠定了基础。教材编写力图突出以下五个特点：

1. 执行新标准。以《中等职业学校专业教学标准（试行）》为依据，服务经济社会发展和产业转型升级。教材内容体现产教融合，对接职业标准和企业用人要求，反映新知识、新技术、新工艺、新方法。

2. 构建新体系。教材整体规划、统筹安排，注重系统培养，兼顾多样成才。遵循技术技能人才培养规律，构建服务于中高职衔接、职业教育与普通教育相互沟通的现代职业教育教材体系。

3. 找准新起点。教材编写图文并茂，通顺易懂，遵循中职学生学习特点，贴近工作过程、技术流程，将技能训练、技术学习与理论知识有机结合，便于学生系统学习和掌握，符合职业教育的培养目标与学生认知规律。

4. 推进新模式。改革教材编写体例，创新内容呈现形式，适应项目教学、案例教学、情景教学、工作过程导向教学等多元化教学方式，突出“做中学、做中教”的职业教育特色。

5. 配套新资源。秉承高等教育出版社数字化教学资源建设的传统与优势，教材内容与数字化教学资源紧密结合，纸质教材配套多媒体、网络教学资源，形成数字化、立体化的教学资源体系，为促进职业教育教学信息化提供有力支持。

为更好地服务教学，高等教育出版社还将以国家规划教材为基础，广泛开展教师培训和教学研讨活动，为提高职业教育教学质量贡献更多力量。

高等教育出版社

2015年5月

前　言

本书是“十二五”职业教育国家规划教材，依据教育部《中等职业学校计算机应用专业教学标准》，并参照计算机应用相关行业标准编写。

本书坚持从网页制作行业的实际出发，采用任务驱动的方式，将基础知识与基本技能相结合，知识点穿插在实际网站制作的操作过程中，在实际制作中学习网站开发的工作流程与制作技巧，体现“做中学、做中教”的教育理念。

相对上一版内容，本次修订升级了软件版本，并进一步突出网站模板的作用和网页布局的地位。针对 HTML 代码，本书利用网站制作过程进行应用性介绍，同时提供了一个附录，使之更加容易学习、记忆和查询。另外，本书每单元新增知识梳理，利用思维导图引导读者梳理单元知识与技能，清晰明了，能够帮助读者加深印象。

本书共 10 个单元，其中前 9 个单元围绕一个个人网站建设实例展开，详细描述了网站开发过程，介绍了网页制作的各种知识、技能和注意事项。第 10 单元采用 Div+CSS 布局，综合运用所学知识制作企业网站，系统全面地介绍了网站建设实际开发流程及常用手法与技巧。

本书延续了上一版体例风格，每个单元划分为若干个任务，每个任务包含“任务描述”“自己动手”“举一反三”三个模块，把知识点、技能点和注意事项穿插在网页制作的过程中，注重启发读者的学习兴趣，力求在知识结构编排上体现循序渐进、突出重点、分散难点、利于学习掌握的原则；在语言叙述上注重概念清晰、逻辑性强、通俗易懂、便于理解。

本书建议总学时 64 学时，具体分配如下：

单元名称	主要知识内容	学时
第 1 单元　创建个人网站	创建站点、规划目录结构	6
第 2 单元　制作网站首页	Div+CSS 布局制作网页，首页文本、图像、水平线等	6
第 3 单元　创建与应用网站模板	制作模板，将首页套用到模板	6
第 4 单元　制作“专业教程”网页	应用模板，Div+CSS 布局	6
第 5 单元　制作“作品展示”网页	应用模板，表格布局，超链接	6
第 6 单元　制作“家乡山水”网页	热点、层与行为，套用模板	6
第 7 单元　制作“访客信息”网页	表单与表单元素，套用模板	6
第 8 单元　制作“心情日记”网页	内联框架及其应用	6
第 9 单元　站点完善、测试与发布	完善网站导航链接，测试与发布网站	4
第 10 单元　制作企业网站	综合应用 Div+CSS 布局制作网站	8
附录　HTML 代码	常用 HTML 标签的使用方法、功能属性	4

本书配有学习卡资源，请登录 Abook 网站 http://abook.hep.com.cn/sve 获取相关资源。详细说明见书后“郑重声明”页。

本书由多年从事计算机职业教育、教育教学经验丰富的教师和专家集体研究、合作编写而成，马文惠、王树平担任主编并负责统稿，王润泉、董志颖担任副主编，其中董志颖编写第1、2单元，杜大志编写第3、4单元，王润泉编写第5单元，刘艳慧编写第6单元，马文惠编写第7、9单元，韩立涛编写第8、10单元，附录由韩立涛、马文惠编写，郑文改、王永生负责图文校对与网站制作步骤校验。由张艳旭指导并担任主审。在编写过程中，还得到了相关企业人员的指导和帮助，在此表示衷心感谢！

限于编写时间和水平，书中难免存在疏漏和不妥之处，敬请教育界同仁和广大读者批评指正。读者意见反馈邮箱：zz_dzyj@pub.hep.cn。

编　者

2020年10月

目　录

第 1 单元

创建个人网站

随着计算机技术的快速发展和计算机网络的普及，创建网站已经不再是遥不可及的梦想。谁不想在广阔的网络世界里拥有自己的一片天地呢？相信许多人都有自己动手创建网站的想法。本单元将通过一个个人网站的创建，介绍网站从规划到建立的流程，使读者能自己动手，打造属于自己的站点。

网站是指在网络上根据一定的规则，使用网页开发软件制作的用于展示特定内容的相关网页的集合。它的运作原理如图 1-1 所示，浏览者使用浏览器所看到的网页，实际上是保存在 Web 服务器上相应站点中的网页文件。一台 Web 服务器上可以同时有多个站点，每个站点由多个网页、图像、视频等文件及相关文件夹组成。站点由网站开发人员设计制作，然后通过站点管理软件上传到服务器上，并对其进行更新和维护。

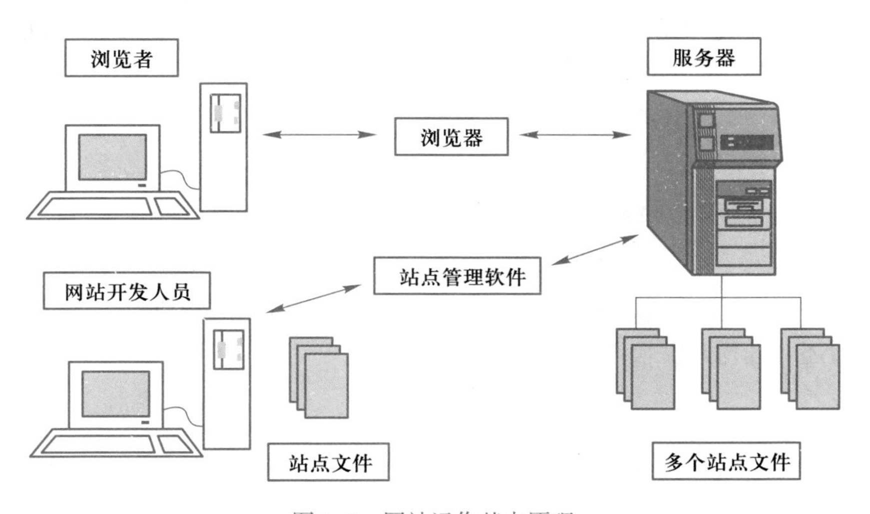

图 1-1　网站运作基本原理

网站的开发流程可以分为规划与设计、制作与发布、更新与维护 3 个阶段，如图 1-2 所示。在规划与设计阶段要确定网站的主题、结构、栏目和风格，收集制作网站过程中需要的素材，为制作与发布网站做好准备；在制作与发布阶段，按照上一阶段确定的设计思想，利用网页制作工具，使用收集的素材完成站点的制作，完成测试后把网站上传到服务器；在更新与维护阶段，根据需求的变化对站点内容进行更新与维护，只有不断地更新才能吸引更多的浏览者，经常维护才能确保网站的正常运行。

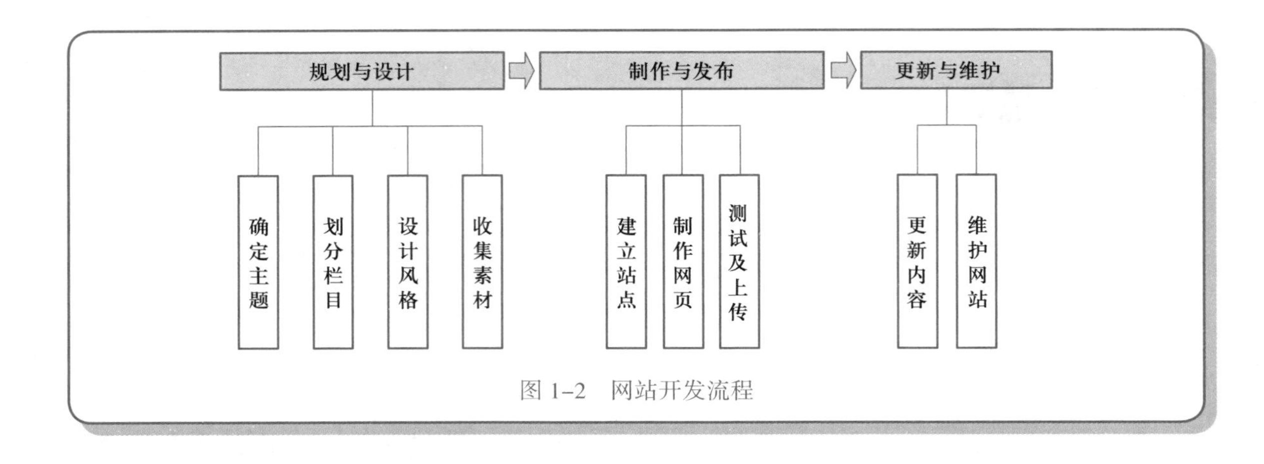

图 1-2　网站开发流程

任务 1　规划个人网站

任务描述

制作一个网站需要做精心策划与充分准备，如果事先没有周密的计划，一个初学者可能费尽心力却事倍功半，甚至徒劳无功。所以，在第一个任务中首先要学习网站的规划方法，了解并选择开发网站的软件，为后面的网站制作做好准备。

自己动手

步骤 1　需求分析

需求：规划一个个人网站。

分析：首先定位网站的主题为个人站点并为其命名，设计符合个人网站的栏目并建立相应的目录结构，之后还要选择开发软件。

小知识

网站主题是丰富多彩的，网络上比较常见的网站主题有企业宣传、专业论坛、在线销售、软件下载、求职招聘、个人站点、流行时尚和互动聊天等，每个大类又可以继续划分和重新组合，如娱乐频道类可再分为体育、电影、音乐等，流行时尚和互动聊天可以组合为时尚话题的聊天室网站等。

步骤 2　确定网站主题和名称

规划一个网站，首先要确定网站的主题。所谓主题也就是网站的题材，有了明确的主题，一个网站就有了自己的灵魂。确定网站的主题首先要确定网站的浏览对象，发布到 Internet 上的网站首先要考虑是否有人浏览和关注。然后针对该浏览对象的群体需求确定自己的网站主题。为了便于理解、学习和制作，本书以个人站点为主题，站点命名为“悠悠我心的个人网站”。

本书前 9 个单元的内容都将围绕“悠悠我心的个人网站”的制作展开。

制作个人网站时，对于网站题材的选择，通常要注意以下两点：

(1) 主题要简单明确。网站的内容要紧密地围绕主题，它不可能包罗万象，也并不是把所有精彩的图像、动画、视频放在一起，就能做出好的网站，那样的结果往往会让你的网站没有特色，而且也要耗费很多的精力去维护。

(2) 尽量选择自己擅长或者喜欢的内容作为网站的题材。如根据所学的专业及自己的爱好、特长等去分析选择网站题材。这样才能有热情做出好的作品，设计出的网站也才会生动有趣、吸引他人浏览。

步骤 3　规划网站的栏目与目录结构

对于一个个人网站，可以选择的栏目有很多，重要的是要找出最能展现个人风采而且吸引人的栏目，让更多的浏览者有兴趣浏览这个网站。我们将“悠悠我心的个人网站”划分为“网站首页”“专业教程”“作品展示”“家乡山水”“访客信息”和“心情日记”6 个栏目，规划其目录结构见表 1–1。为此，在 D 盘根目录下新建一个名为“mysite”的文件夹，并按照表 1–1 创建其子文件夹和文件，其他的文件与文件夹在后面的任务中使用网站管理软件来进行创建。

表 1–1　网站目录结构

根目录	文件及子文件夹名称	文件及文件夹内容说明
D:\mysite	images	首页图像文件夹
	index.html	首页文件
	study	“专业教程”栏目文件夹
	works	“作品展示”栏目文件夹
	travel	“家乡山水”栏目文件夹
	bbs	“访客信息”栏目文件夹
	diary	“心情日记”栏目文件夹

网站目录结构设计是否合理对浏览者来说并没有太大的影响，但是对于网站管理员而言有着重要的意义，合理的目录结构便于网站的维护与管理，尤其对未来内容的扩充和移植有着重要的作用。下面是建立目录结构的一些建议。

(1) 不要将所有文件都存放在根目录下，会造成文件管理的混乱。
(2) 按栏目内容建立子目录。
(3) 在每个栏目目录下都建立独立的 images 目录保存图像资源。
(4) 目录的层次不要太深，建议不要超过 3 层。
(5) 目录使用小写的英文名称，不要使用中文名称。
(6) 不要使用过长的目录名称。

步骤 4　选择网页制作软件

确定了网站的主题与目录结构，接下来就要开始网站的创建与网页的制作了，那么使用什么软件来完成网站的创建和网页的制作呢？现在有许多网页制作软件可以选择。本书选择了Dreamweaver CC 2018。Dreamweaver CC 2018 是一款集网站管理与网页制作于一身的“所见即所得”的网页制作软件，在其中制作的网页效果，就是在浏览器中所显示的效果。

知识拓展

Adobe PageMill：Adobe 公司推出的网页制作软件，适合初学者制作较为美观、但不复杂的主页。

Allaire HomeSite：Allaire 公司的一款小巧而全能的 HTML 代码编辑器，支持 CGI 和 CSS 等，并且可以直接编辑 Perl 程序。

Google Web Designer：Google 发布的一款免费 Web 网页设计工具，主要用于创建基于 HTML5 和 CSS3 的网页或交互式动画。

Sencha Architect：可视化的应用开发工具，在该公司的 HTML5 布局工具 Ext Designer 基础上构建，并扩展了其功能，为桌面和移动 Web 应用的构建提供更为广泛的支持。

举一反三

(1) 相同主题类型的网站所包含的栏目不一定完全相同，搜索并浏览 Internet 上的个人网站，看一看它们都包含哪些栏目，并进行汇总。
(2) 为自己设计一个个人网站，至少包含 8 个栏目，参照表 1-1 规划站点的目录结构。
(3) 下载并安装 Dreamweaver CC 2018 试用版或购买并安装正版软件。

任务2　创建站点

站点可以简单地理解为存放网页及各种素材的文件夹，可以分为本地站点和远程站点。本地计算机硬盘中存放的站点称为本地站点，网络服务器上存放的站点称为远程站点。其实，这两种站点的内部结构没有不同之处，只是所处位置不同。使用 Dreamweaver CC 2018 开发站点的普遍做法是：先建立本地站点，管理其中的各种文件；完成本地站点后，经过一系列的测试，再将其上传到远程服务器上供他人浏览。本任务为创建本地站点。

任务描述

完成了网站的规划工作，选择了功能强大的制作软件，接下来就要开始个人网站站点的创建了。创建站点的任务就是按照规划建立文件和文件夹的集合，进而有序地管理各种素材。本任务将使用网页编辑软件 Dreamweaver CC 2018 创建“悠悠我心的个人网站”站点。

自己动手

步骤 1　需求分析

需求：创建网站的本地站点。

分析：创建本地站点首先需要运行 Dreamweaver CC 2018，设置工作环境，然后定义站点的名称，确定是否使用服务器技术，确定站点在本地计算机上的位置等。

步骤 2　运行 Dreamweaver CC 2018

(1) 打开计算机以后，单击“开始”菜单，选择“Adobe Dreamweaver CC 2018”，或者双击桌面上的“Adobe Dreamweaver CC 2018”快捷方式图标，运行 Dreamweaver CC 2018。

(2) Dreamweaver CC 2018（以下简称 Dreamweaver）首次运行，将显示“全新 Dreamweaver 简介”界面，如图 1-3 所示，单击“不，我是新手”选项。

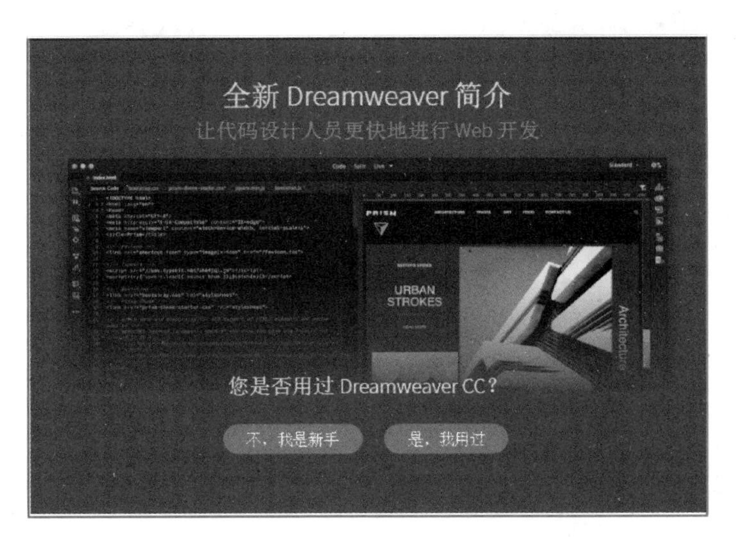

图 1-3　“全新 Dreamweaver 简介”界面

(3) 进入 Dreamweaver 界面配置流程，如图 1-4 所示，在“工作区”界面，选中“标准工作区”单选按钮。

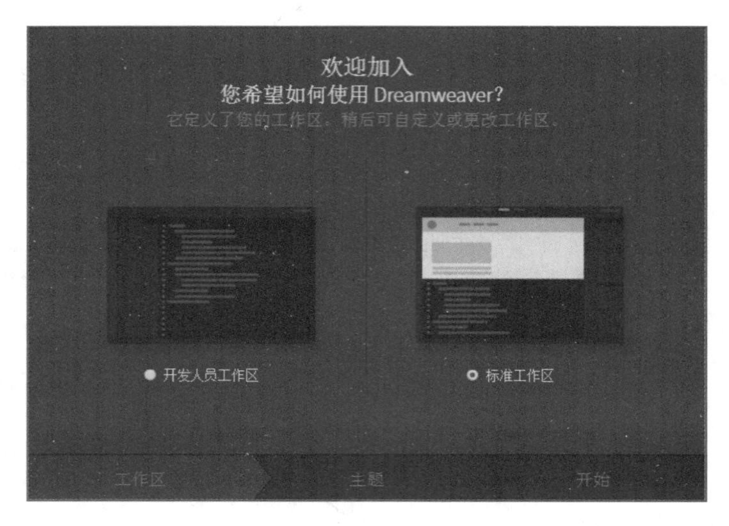

图 1–4　“工作区”界面

(4) 进入“主题”界面，如图 1–5 所示，选择浅灰色主题。

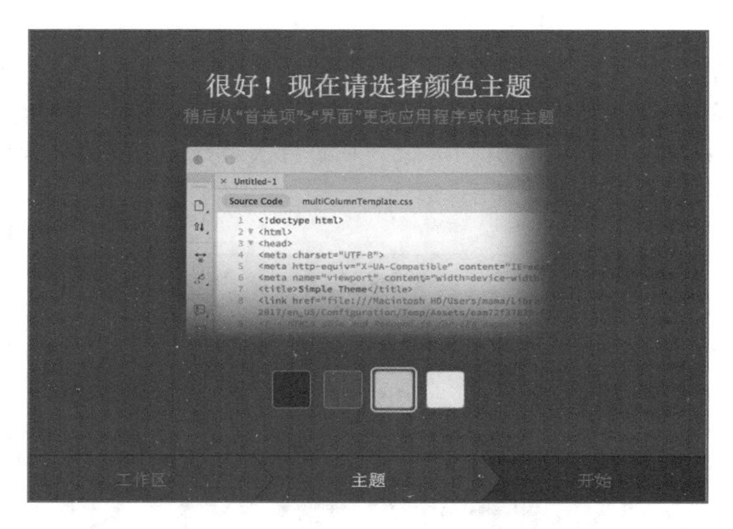

图 1–5　“主题”界面

小知识

Dreamweaver 程序首次运行时，会让用户选择“工作区”和“主题”。作为初学者建议选择“标准工作区”界面，主题颜色可以根据自己的喜好设置。

(5) 进入“开始”界面，如图 1–6 所示，单击“从示例文件开始”选项。

图 1-6　“开始”界面

(6) 进入 Dreamweaver 工作界面，如图 1-7 所示。

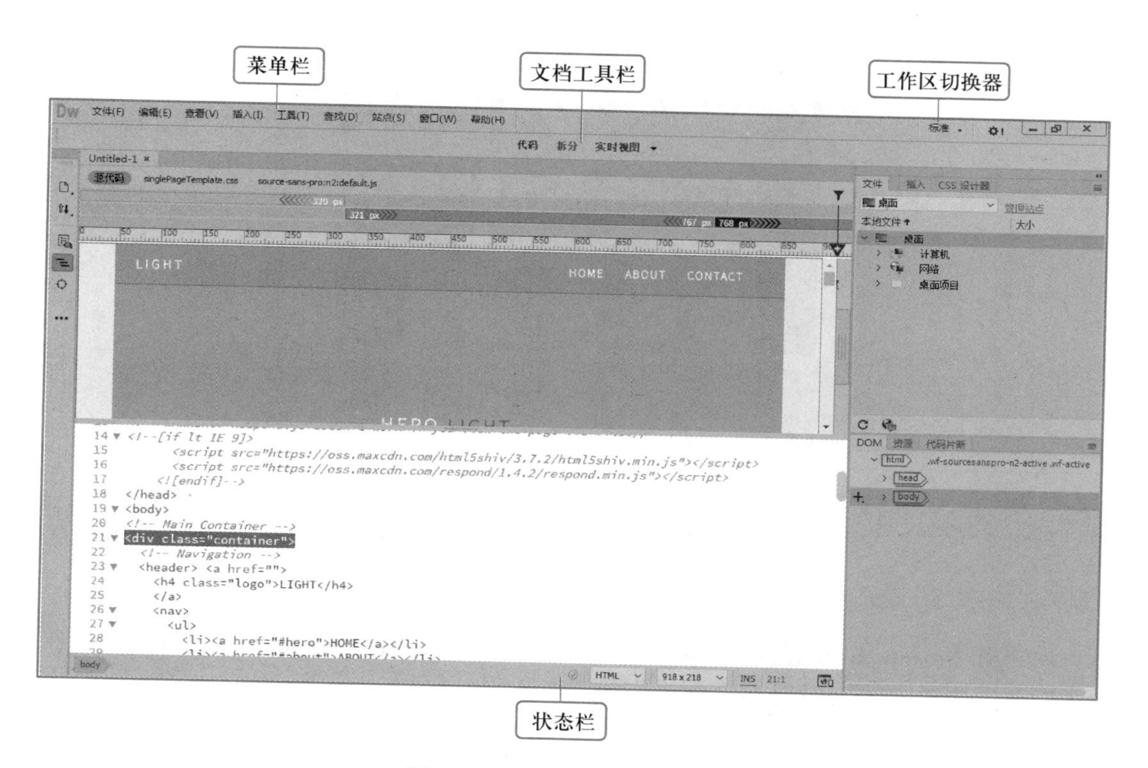

图 1-7　Dreamweaver 工作界面

小知识

Dreamweaver 开始界面包含“从示例文件开始”“从新文件夹或现有文件夹开始”“先观看教程”三个选项。单击“从新文件夹或现有文件夹开始”选项，可以创建一个新的网站文件夹或者加载一个现有的网站文件夹。单击“先观看教程”选项，调出视频画面，演示 Dreamweaver 的功能和使用方法。

知识拓展

首次启动 Dreamweaver，首先进入“全新 Dreamweaver 简介”界面，包含“不，我是新手”和“是，我用过”两个选项（见图 1–3）。选择“是，我用过”选项，将弹出与“不，我是新手”类似的配置界面，“开始”界面变成了“新增功能”界面，如图 1–8 所示。

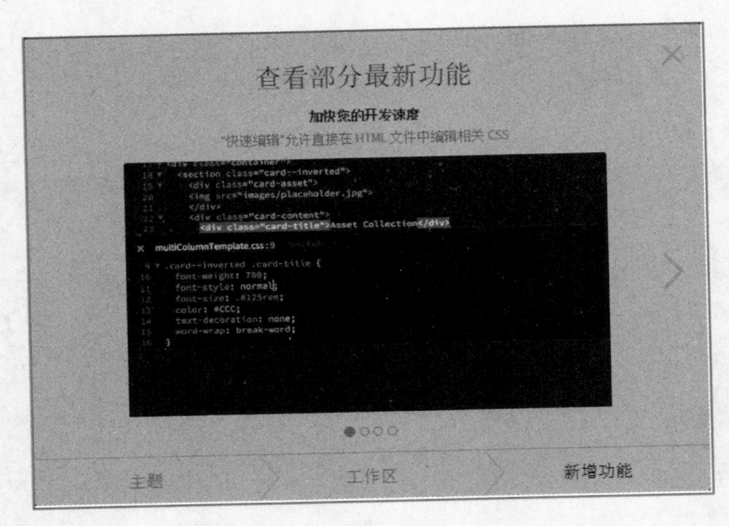

图 1–8　“新增功能”界面

步骤 3　设置工作环境

首次打开 Dreamweaver 界面，“属性”面板默认隐藏，文档窗口的默认模式为“拆分”模式。为便于后期设计制作，可创建适合实际操作的工作环境。

(1) 调出“属性”面板。选择“窗口”→“属性”命令，将弹出的“属性”面板拖动至状态栏下方，当出现蓝色框线时，将“属性”面板停放，如图 1–9 和图 1–10 所示。

(2) 切换视图模式。单击文档工具栏中的“实时视图”下拉按钮，切换为实时视图模式，选择“实时视图”→“设计”命令，切换为设计视图模式，如图 1–11 所示。

(3) 创建新工作区并命名。单击“工作区切换器”的“标准”下拉按钮，选择“新建工作区”命令，在弹出的“新建工作区”对话框中输入“我的工作区”，单击“确定”按钮，工作区创建完成并保存成功，如图 1–12 和图 1–13 所示。若因不慎操作，更改了工作区环境，可以通过“我的工作区”→“重置‘我的工作区’”命令恢复到“我的工作区”初始状态。

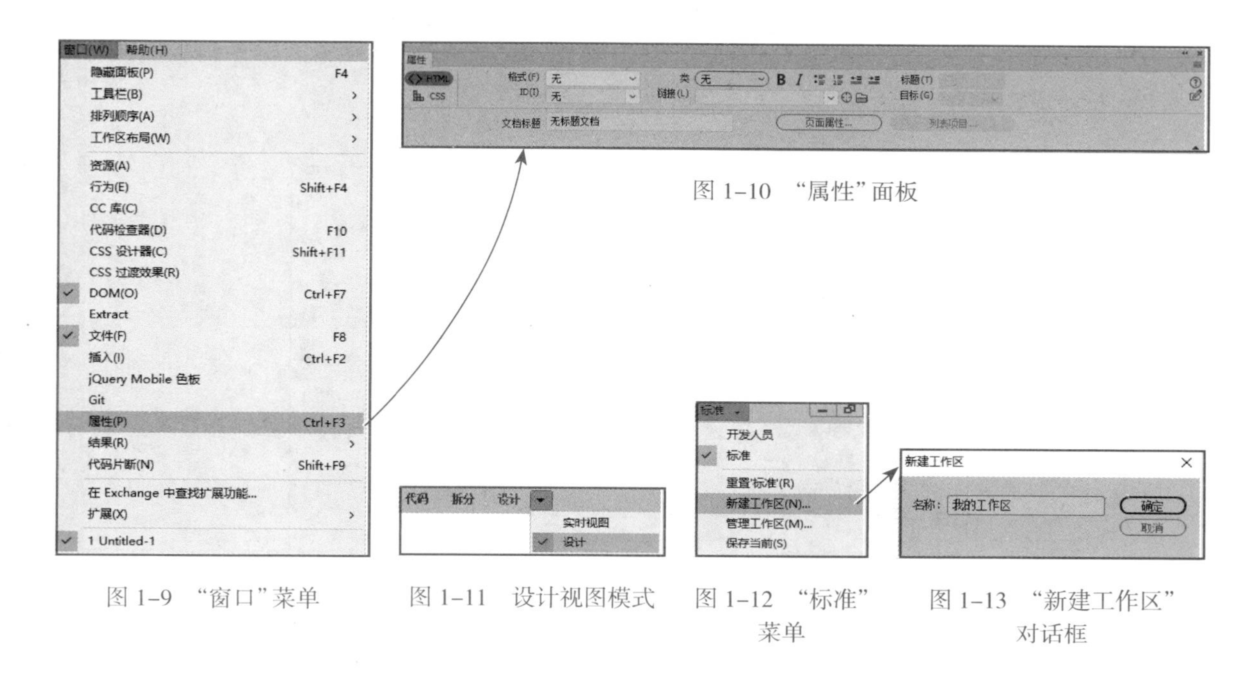

图 1–10　“属性”面板

图 1–9　“窗口”菜单　　图 1–11　设计视图模式　　图 1–12　“标准”菜单　　图 1–13　“新建工作区”对话框

设计完成后的工作界面如图 1–14 所示，关闭示例文件，开始新建站点。

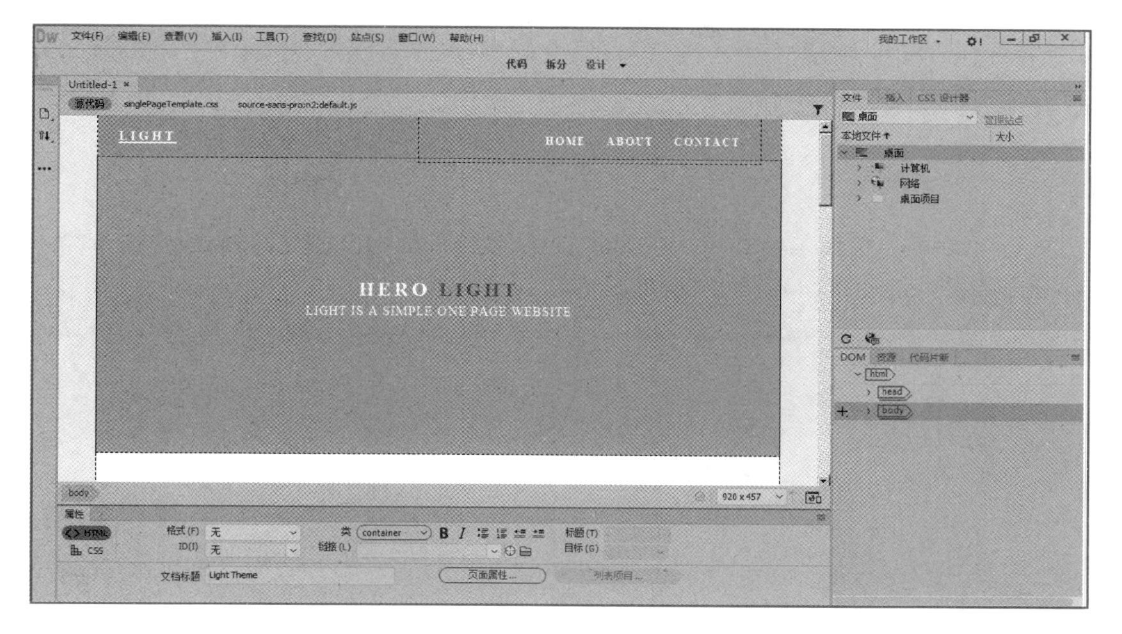

图 1–14　“我的工作区”界面

小知识

用户可以在操作过程中根据实际工作需要切换工作区布局和更改主题颜色。

切换工作区布局，可以通过“窗口”→“工作区布局”命令，选择所需要的工作区布局方式，如图 1–15 所示。

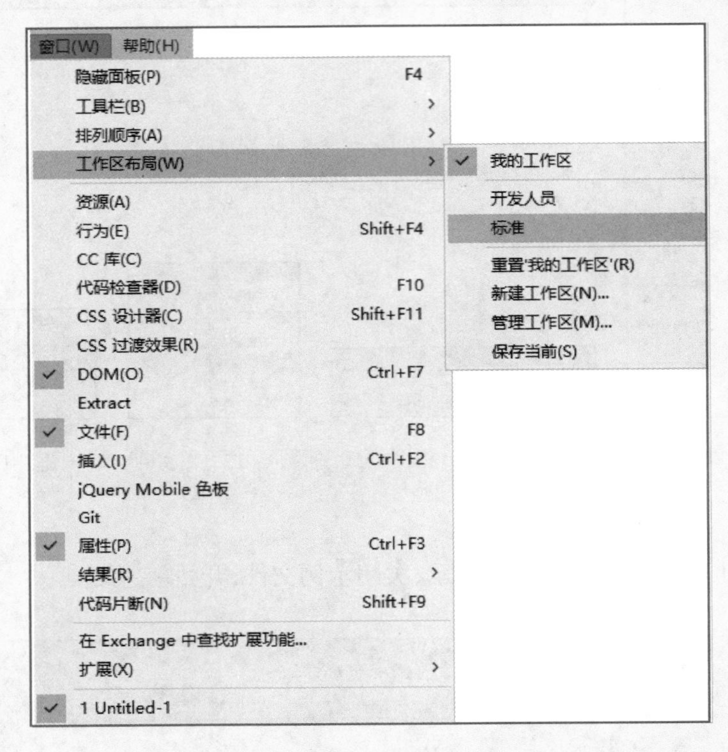

图 1–15　工作区布局方式

更改主题颜色，选择“编辑”→“首选项”命令，在弹出的“首选项”对话框中，选择“界面”类别进行更改，如图 1–16 和图 1–17 所示。

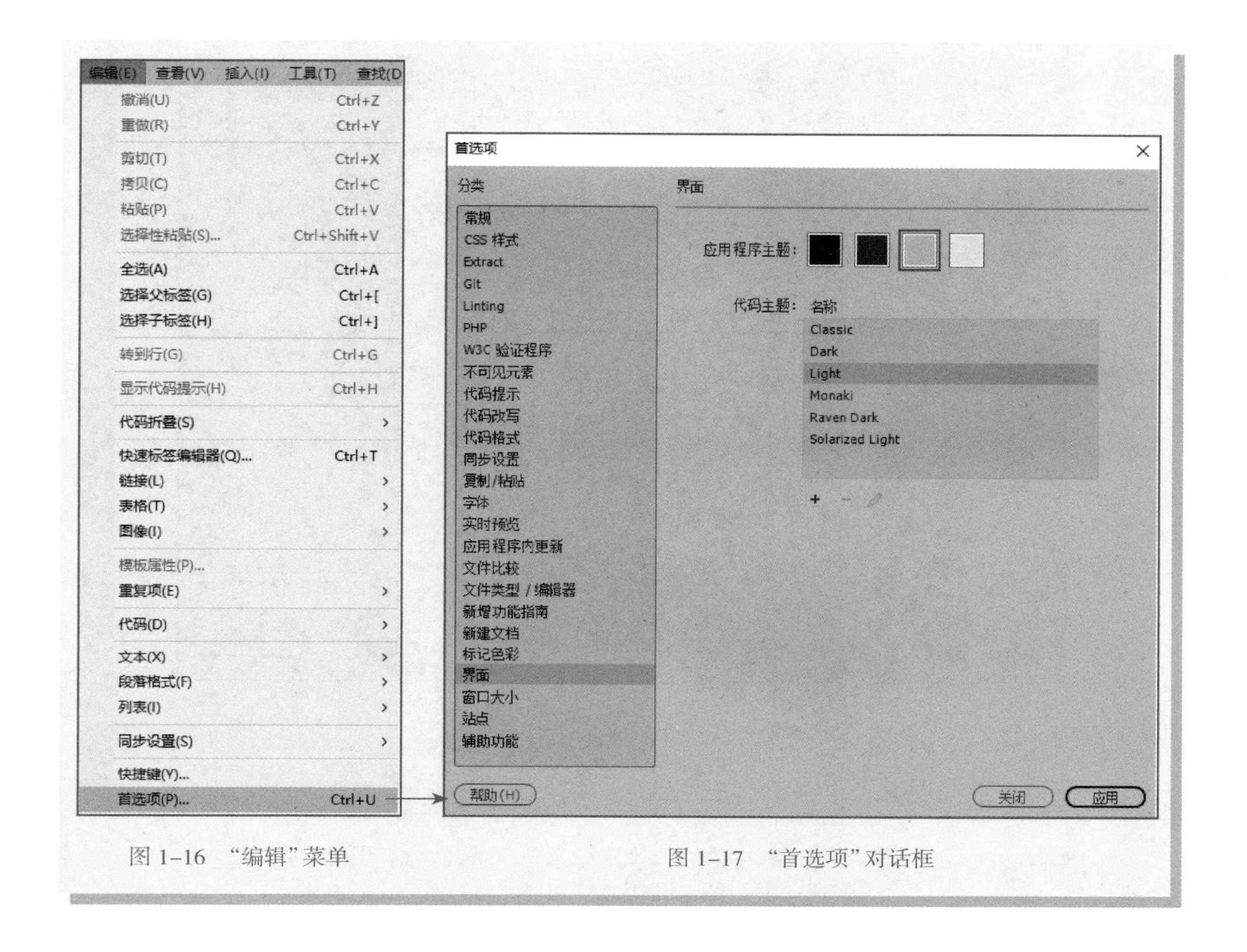

图 1–16　“编辑”菜单　　　图 1–17　“首选项”对话框

步骤 4　新建站点

（1）在打开的 Dreamweaver 中，选择“站点”→“新建站点”命令进入新建站点的流程，如图 1–18 所示。

（2）在弹出的“站点设置对象”对话框中，输入网站名称“悠悠我心的个人网站”，输入本地站点文件夹“D:\mysite\”，如图 1–19 所示，单击“保存”按钮。

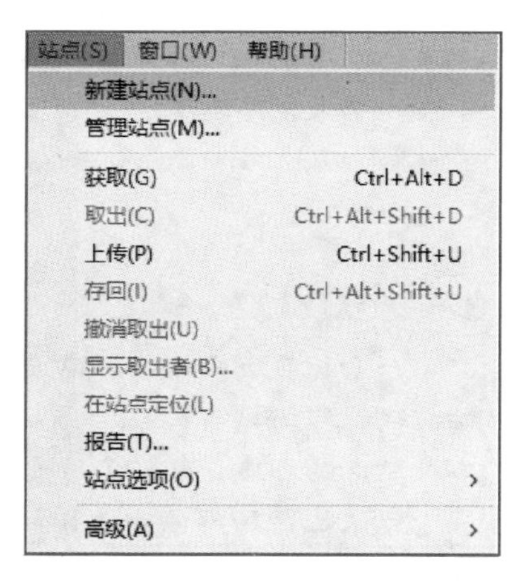

图 1–18　“站点”菜单

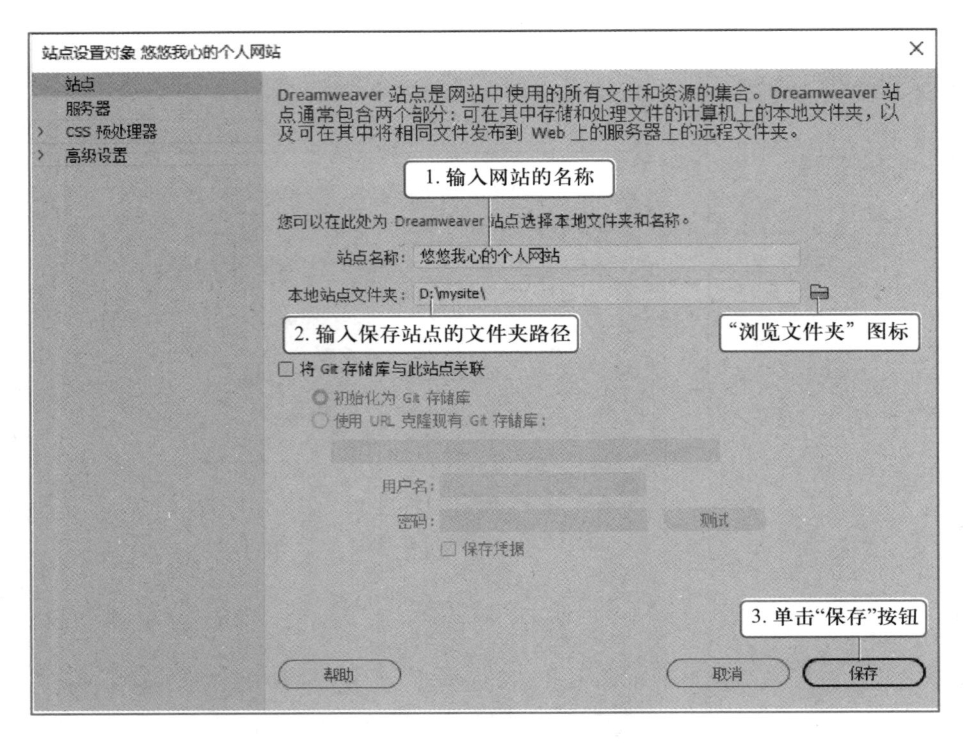

图 1-19　“站点设置对象”对话框

提个醒

存放站点的文件夹最好建在某个硬盘分区的根目录下，如上文所述的“D：\mysite\”。选择站点文件夹可以直接输入路径，也可以单击“浏览文件夹”图标选择。存放站点的文件夹及站点中的文件和文件夹要使用英文名称，不要使用中文名称，因为很多 Internet 服务器不支持中文文件名。

小知识

一个正在创建中的网站是无法吸引浏览者关注的，所以建议在本地计算机上完成整个网站的建设与测试工作之后，再与远程服务器连接，上传网站。在网站建设初期，只需完成一个本地站点的创建。就一个静态网站而言，“新建站点”中的其他选项不需要设置。

如果已经为网站申请了网络域名，可在创建网站过程中选择“高级设置”，在本地信息中输入相应的 Web URL，如图 1-20 所示。

URL 就是统一资源定位器（Uniform Resource Locator），通俗地说，它用来指出某一项信息所在位置及存取方式。例如，要在 Internet 上访问某个网站，在 IE 浏览器的地址栏中所

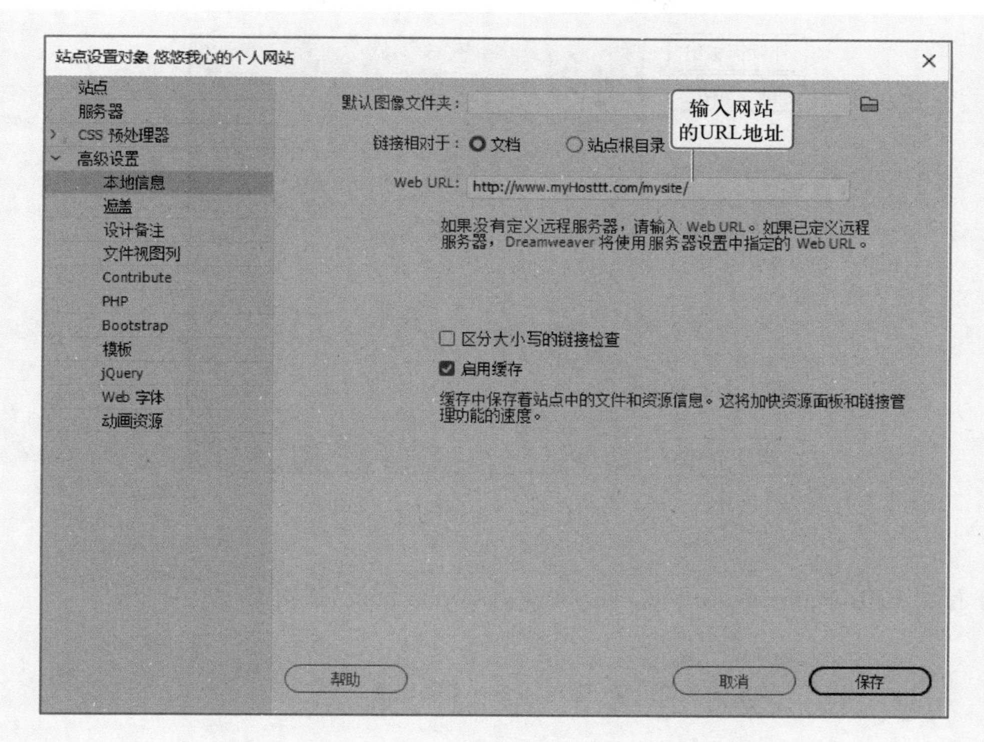

图 1-20　设置网站的 URL

输入的就是 URL。URL 是 Internet 上用来指定一个站点（Site）或一个网页（Web Page）的标准方式。

URL 的语法结构为：

协议名称：// 主机名称 [端口地址 / 存放目录 / 文件名称]。

其中除了协议名称及主机名称是必须要有的，其余像端口地址、存放目录等都可以不要。图 1-20 中的“http://www.myHosttt.com/mysite”，其中“http”为协议名称，“www.myHosttt.com”为主机名称（即域名），mysite 为存放目录，而网页的文件名被省略了。

(3) 站点定义已经完成，查看 Dreamweaver 界面右侧浮动面板组中的“文件”面板，可以在站点列表中发现，名为“悠悠我心的个人网站”的新站点已经创建，并且该站点下没有任何内容，如图 1-21 所示，站点内容存放在“D:\mysite”文件夹中，这个文件夹是在本单元任务 1 中确定网站目录结构时建立的。

举一反三

(1) 新建一个站点，名称为“pra1-1”，保存位置为“D:\pra1-1”，其他参数保持默认即可。

(2) 新建一个站点，名称为“pral-2”，保存位置为“D:\pra1-2”。然后在“高级设置”的“本地信息”中设置默认图像文件夹为“D:\pra1-2\images”，要求使用“浏览文件夹”图标完成。（思考：“D:\pra1-2”下没有“images”文件夹，怎么办？讨论默认文件夹的作用）

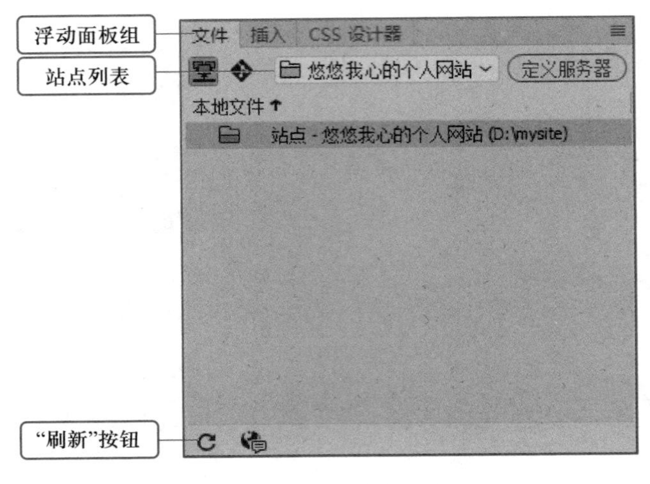

图 1–21　"文件"面板

(3) 指出 URL "http://www.yywx.com:80/works/works.html" 的构成。

任务 3　管 理 站 点

任务描述

管理站点包括站点的编辑、复制、删除、导出和导入。站点的编辑、复制、删除比较简单，本任务主要通过"悠悠我心的个人网站"介绍站点的导出与导入方法。

当需要更换一台计算机继续进行网站开发的时候，可以在 Dreamweaver 中将定义好的站点从本机导出，然后导入到另外一台计算机进行编辑。在站点管理信息比较复杂时，新建站点比较麻烦，使用站点的导出、导入会显得很方便。

自己动手

步骤 1　需求分析

需求：对站点进行管理。

分析：站点的管理功能包括编辑、复制、删除、导出和导入，在 Dreamweaver 中有相应的管理工具可以直接完成这些操作，大大简化了站点的管理工作。

步骤 2　导出站点

(1) 选择"站点"→"管理站点"命令，在弹出的"管理站点"对话框中，选择要导出的站点"悠悠我心的个人网站"，如图 1–22 和图 1–23 所示。单击"导出当前选定的站点"按钮，弹出"导出站点"对话框。

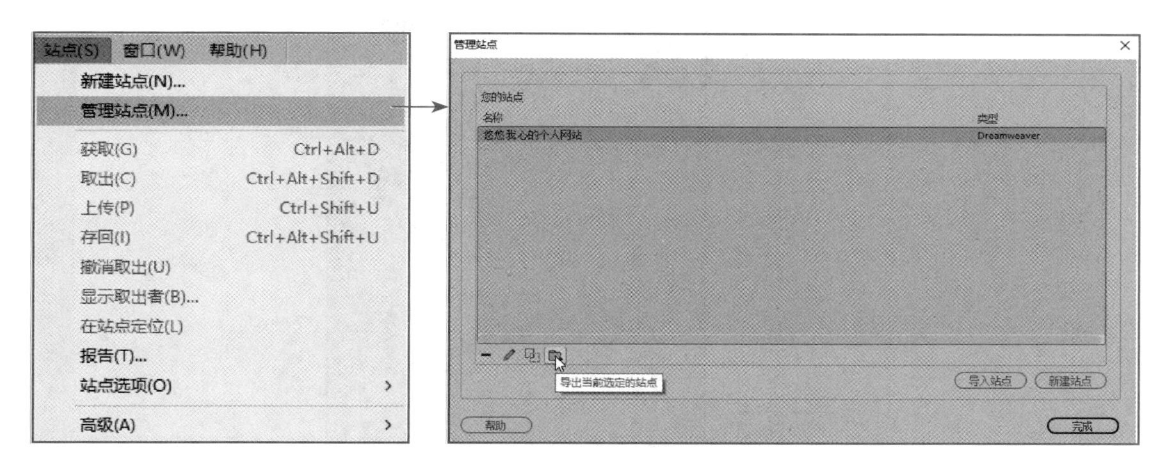

图 1-22 “站点”菜单　　　　图 1-23 “管理站点”对话框 1

(2) 在“导出站点”对话框中,可以任意选择保存位置,这里选择保存在 D 盘下的“mysite”文件夹中,单击“保存”按钮,如图 1-24 所示。

图 1-24 “导出站点”对话框

(3) 回到“管理站点”对话框,如图 1-23 所示,单击“完成”按钮。此时,在“文件”面板中可以发现,“悠悠我心的个人网站”站点中多了一个扩展名为“.ste”的文件(如果没有看到该文件,可以单击“文件”面板的“刷新”按钮进行刷新),如图 1-25 所示。也就是在“D:\mysite”文件夹中生成了一个扩展名为“.ste”的文件,这个文件就是“悠悠我心的个人网站”的站点导出文件。

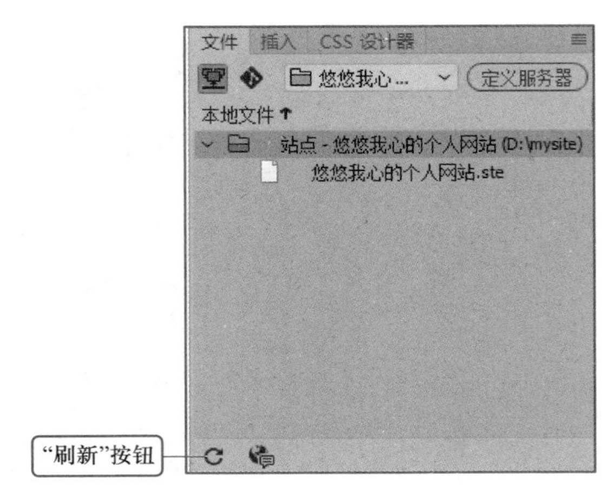

图 1–25　站点导出文件

步骤 3　导入站点

(1) 选择“站点”→“管理站点”命令，出现“管理站点”对话框，如图 1–26 所示。

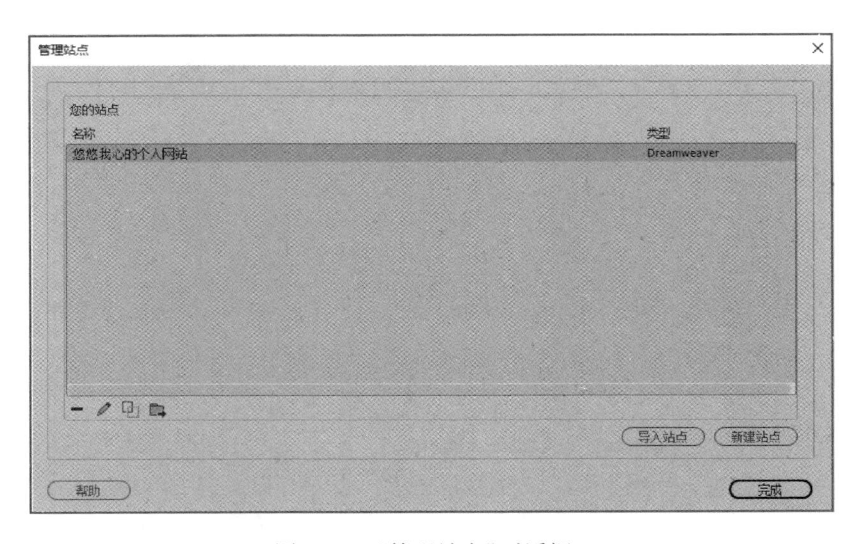

图 1–26　“管理站点”对话框 2

(2) 单击“导入站点”按钮，出现“导入站点”对话框，如图 1–27 所示。

(3) 在“导入站点”对话框中，选择前面保存的扩展名为“.ste”的文件，单击“打开”按钮，由于本机上已经存在一个“悠悠我心的个人网站”站点，所以出现如图 1–28 所示的提示信息。

(4) 单击“确定”按钮，回到“管理站点”对话框，导入的站点已经出现在列表中，因为有重名的站点，所以导入的站点名称后面自动加上了数字 2，如图 1–29 所示。

(5) 单击“完成”按钮，完成站点导入工作。

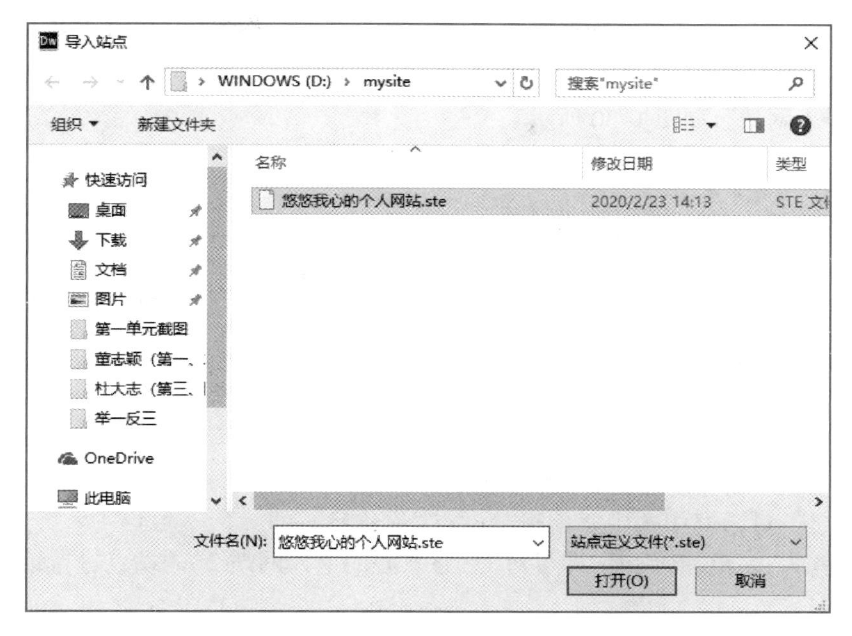

图 1-27　“导入站点”对话框

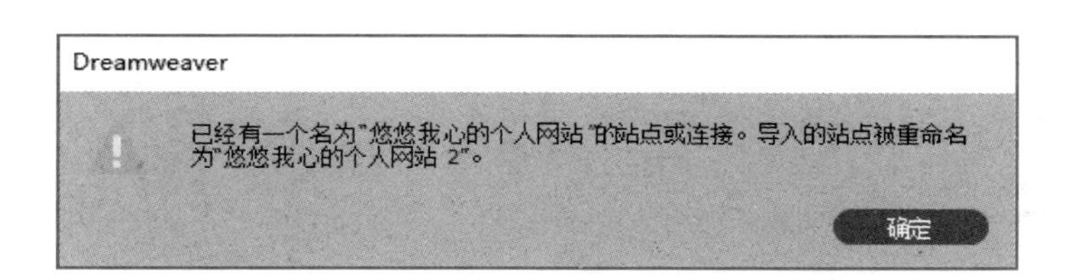

图 1-28　提示信息

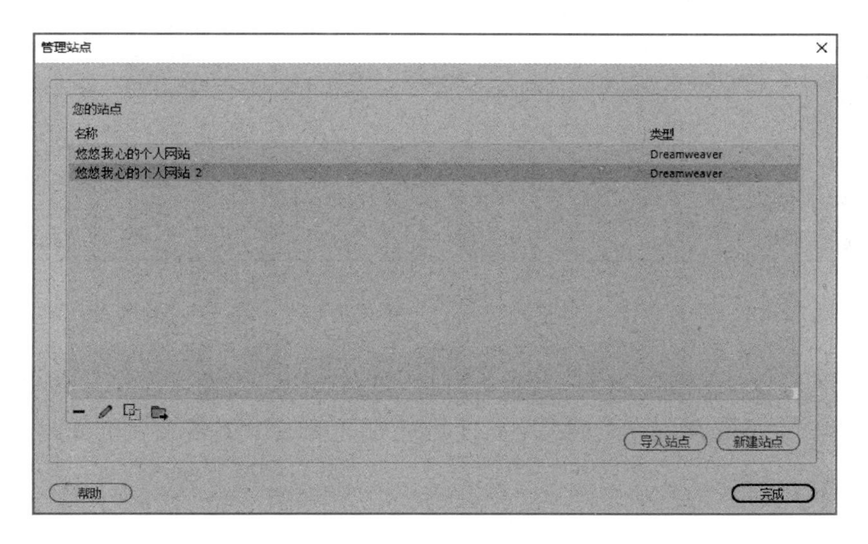

图 1-29　导入后的站点显示

(6) Dreamweaver 主界面右侧“文件”面板的下拉列表框中出现了导入的“悠悠我心的个人网站 2”站点和原来的站点“悠悠我心的个人网站”，如图 1-30 所示。

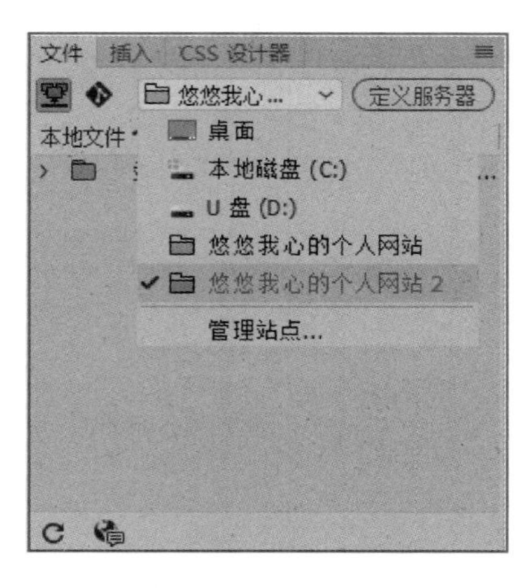

图 1-30　导入的站点

提个醒

在“管理站点”对话框中分别选择这两个站点，单击“编辑”按钮，可以看到这两个站点的定义完全一样。

步骤 4　编辑、复制与删除站点

(1) 编辑站点。站点的编辑用于修改已有站点的定义信息，在“管理站点”对话框中选中要编辑的站点“悠悠我心的个人网站 2”，单击“编辑”按钮，即可对“悠悠我心的个人网站 2”的站点进行编辑，如图 1-31 所示。

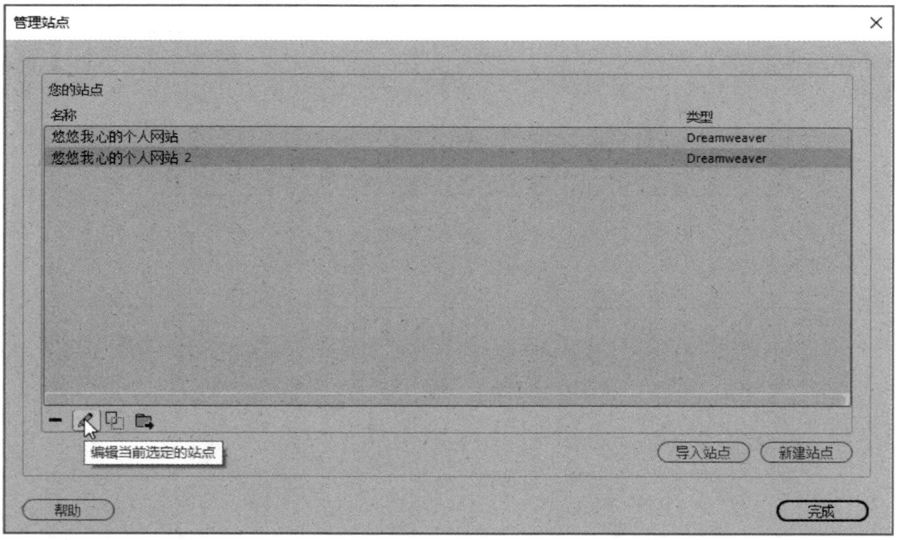

图 1-31　“管理站点”对话框 3

(2) 复制站点。在“管理站点”对话框中选择要复制的站点，这里选择“悠悠我心的个人网站”，单击“复制”按钮，将在站点列表中出现“悠悠我心的个人网站 复制”，如图 1-32 所示。

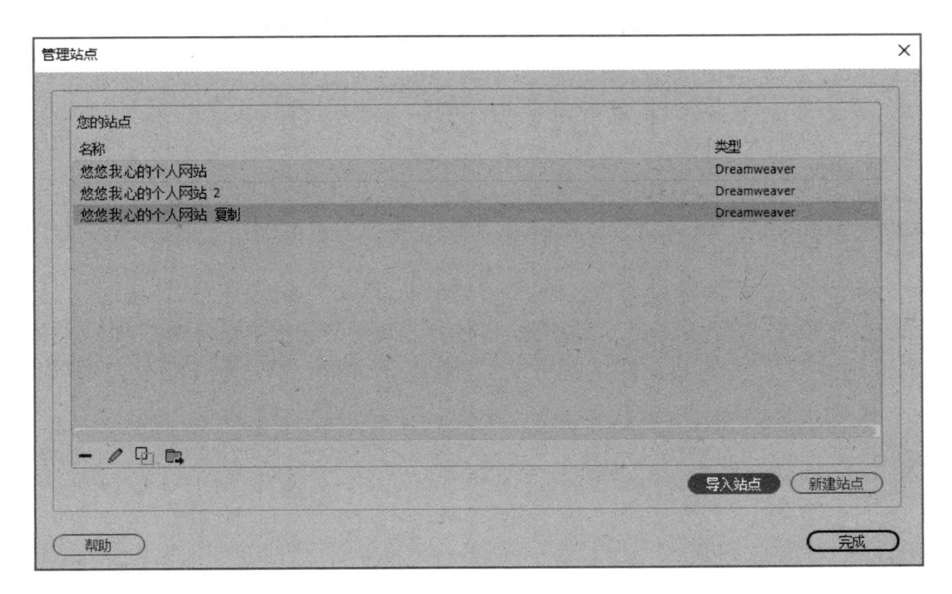

图 1-32　复制站点

提个醒

现在“管理站点”列表中有3个站点，一个是创建的，一个是导入的，一个是复制的。在“文件”面板的下拉列表框中也可以看到这3个站点。

(3) 删除站点。在“管理站点”对话框中，分别选择“悠悠我心的个人网站 2”和“悠悠我心的个人网站 复制”，单击“删除”按钮[−]，在弹出的确认对话框中选择“是”按钮。这时，站点列表中只剩下“悠悠我心的个人网站”这一个站点。单击“完成”按钮，此时 Dreamweaver 主界面右侧“文件”面板下拉列表框中也只剩下“悠悠我心的个人网站”一个站点。

举一反三

(1) 新建站点“pra1-3”，使用管理站点功能复制站点“pra1-3”，编辑复制的站点名称为“pra1-4”，之后删除站点“pra1-3”。

(2) 新建站点“pra1-5”，使用管理站点功能将其导出，删除站点，然后使用管理站点功能将其导入。

(3) 复制本单元素材文件夹“举一反三”中的“pra1-6”文件夹到 D 盘根目录下，使用管理站点功能，将其中的“pra1-6.ste”文件导入，观察“管理站点”窗口与“文件”面板的变化。尝试把“pra1-6”复制到 E 盘，删除 D 盘中的站点，然后导入站点。

任务4　创建网站目录结构

任务描述

在前面任务中建立了新的站点“悠悠我心的个人网站”，规划了该网站的目录结构，并且建立了一个站点文件夹“D:\mysite”。本任务将使用“文件”面板，实现先前规划的网站目录结构，介绍在本地站点建立文件和文件夹的方法，管理站点内的文件，为后面单元的网页制作做好准备。

自己动手

步骤 1　需求分析

需求：实现任务 1 中表 1–1 所规划的网站目录结构。

分析：目录结构的创建需要使用“文件”面板中的“新建文件”及“新建文件夹”功能。

步骤 2　新建首页文件

(1) 在“文件”面板中选择已经创建好的站点“悠悠我心的个人网站”，右击，在弹出的快捷菜单中选择“新建文件”命令，如图 1–33 所示。

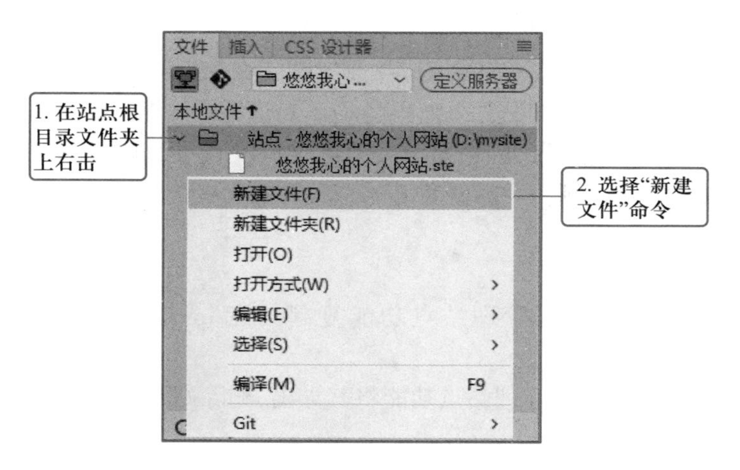

图 1–33　在“文件”面板中新建文件

(2) 新建立的文件重新命名。新建文件的名称可以直接修改，也可以通过右击，在弹出的快捷菜单中选择“编辑”→“重命名”命令进行修改。作为首页，将其名称设定为“index.html”，如图 1–34 和图 1–35 所示。在命名网页文件时，注意不要忘记文件的扩展名为“.htm”或“.html”。

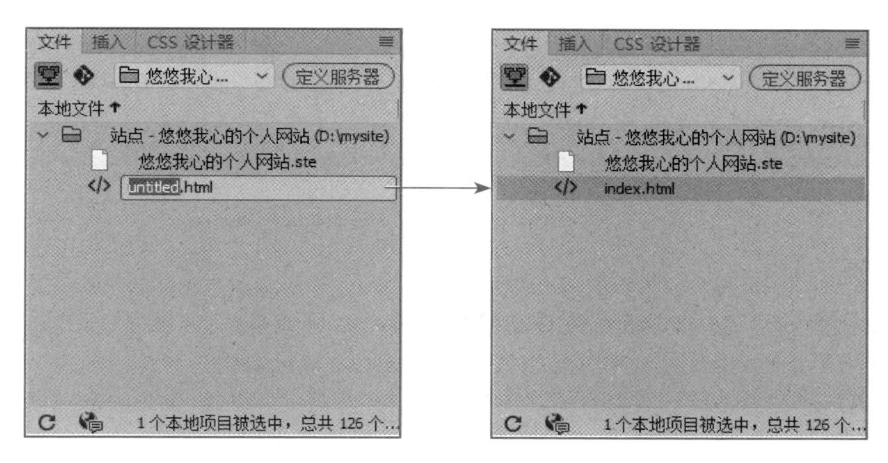

图 1–34　默认新建文件名称　　　　图 1–35　设定首页名称

1. 网页文件命名原则

依据不同服务器的命名要求，所有文件名通常使用小写英文字母，不能使用空格，不要使用特殊字符和中文。

2. 新建网页的其他方法

使用菜单栏也可以创建网页文件，选择“文件”→“新建”命令，弹出“新建文档”对话框，如图 1–36 所示，可以新建各种类型的网页文件。

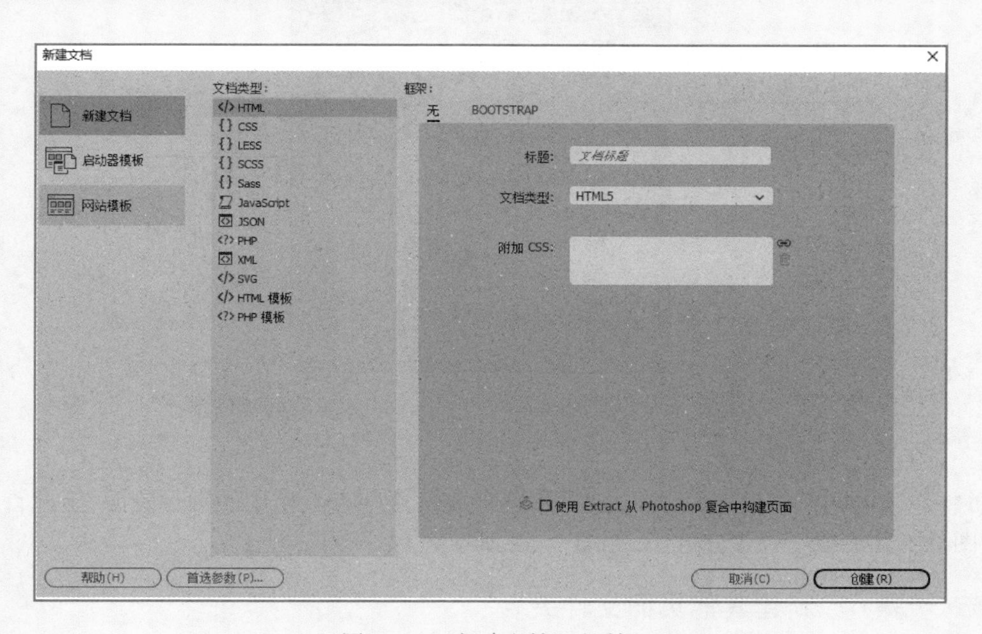

图 1–36　“新建文档”对话框

但是，无论创建哪种类型的新网页，都需要保存到准确的目录位置。所以推荐使用“文件”面板直接在网站目录中新建网页文件和文件夹。

首页是一个网站的起点，站点服务器对首页的命名有明确规定，见表 1–2。当前站点设定首页名称为“index.html”，也是因为它符合大多数服务器的要求。

表 1–2　站点服务器默认首页名称对照表

服务器类型	默认的首页名称
Windows Server	index.htm　index.html default.htm　default.asp
UNIX Linux	index.htm　index.html

步骤 3　新建首页图像文件夹

(1) 使用“文件”面板新建文件夹，方法和新建文件方法类似，如图 1–37 所示。

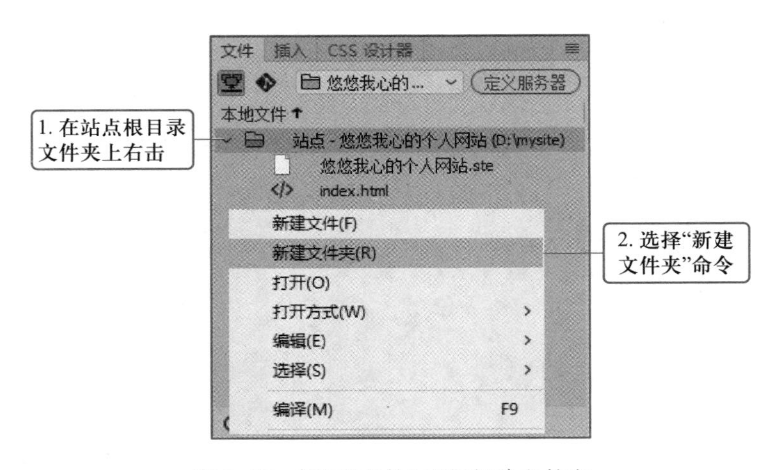

图 1–37　使用“文件”面板新建文件夹

(2) 将新建的文件夹命名为“images”，用于存放站点中首页使用的图像资源，至此首页文件和首页图像文件夹就已经创建好了，如图 1–38 所示。

步骤 4　新建其他页面文件夹

(1) 按照新建首页图像文件夹“images”的方法，在“悠悠我心的个人网站”中分别建立“专业教程”栏目文件夹“study”、“作品展示”栏目文件夹“works”、“家乡山水”栏目文件夹“travel”、“访客信息”栏目文件夹“bbs”和“心情日记”栏目文件夹“diary”，完成后“文件”面板如图 1-39 所示。

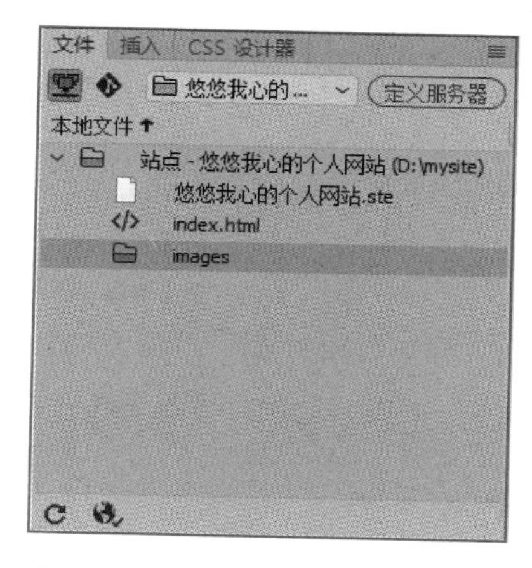

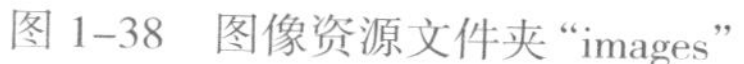
图 1-38　图像资源文件夹“images”

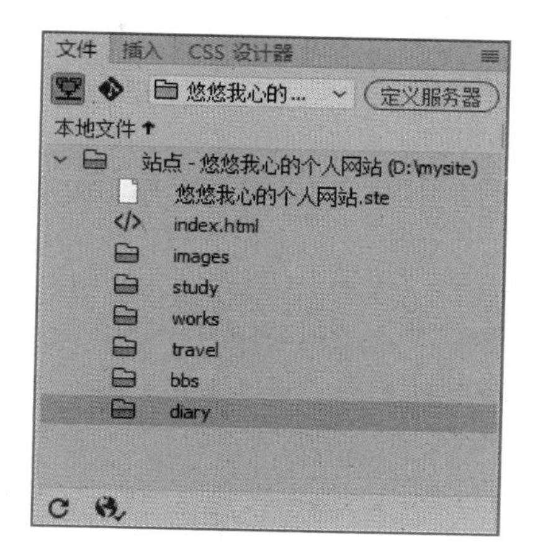

图 1-39　站点基本目录结构

(2) 此时，与 Dreamweaver “文件”面板相对应，在“D:\mysite”文件夹中已经有一个“index.html”网页文件，一个扩展名为“.ste”的站点导出文件和“images”“study”等 6 个文件夹。至此，完成了“悠悠我心的个人网站”基本目录结构的创建工作。

小知识

Dreamweaver “文件”面板上的网站目录结构建立在本地计算机的相应位置，就本网站而言，站点根目录是“D:\mysite”文件夹，站点文件和文件夹建立在“D:\mysite”文件夹中。

如果要删除站点中的文件或文件夹，可以在“文件”面板选中它后，按 Delete 键。如果在“文件”面板删除了站点中的文件或文件夹，实际上是删除了硬盘中相应位置的文件和文件夹。但是如果删除站点，硬盘中相应位置的文件和文件夹并不会被删除。

在站点中对文件或文件夹进行删除、复制、剪切、粘贴、重命名等操作，都可以通过右击，在弹出菜单中选择“编辑”命令实现。注意重命名网页文件时必须加上扩展名。

举一反三

(1) 新建一个站点，站点名称为“网页制作”，存放到“D:\Dreamweaver”文件夹中，使用“文件”面板新建首页文件“index.html”和首页图像文件夹“images”，根据任务 1 “举一反三”中规划的个人网站目录结构建立各栏目文件夹，在资源管理器中查看相应目录的变化。

(2) 使用“文件”菜单新建“PHP”类型的动态网页，文件保存到 D 盘，命名为“practice 1-1.php”，使用“页面属性”中的“标题 / 编码”修改网页标题为“PHP 网页”。

(3) 新建站点“pra1-7”，使用“文件”面板创建一个网页文件，命名为“practice1-2.html”，在“文件”面板中选中该文件后，使用右键菜单中的“编辑”→“重命名”命令，改名为“newpage.

html”。然后再利用鼠标右键菜单删除该页面。

(4) 利用“站点”→“管理站点”命令删除多余的站点,只留下“悠悠我心的个人网站”。然后创建一个新的站点“举一反三”,保存位置为“D:\jyfs”,以后各单元的举一反三内容均在这个站点中完成。

本单元知识梳理

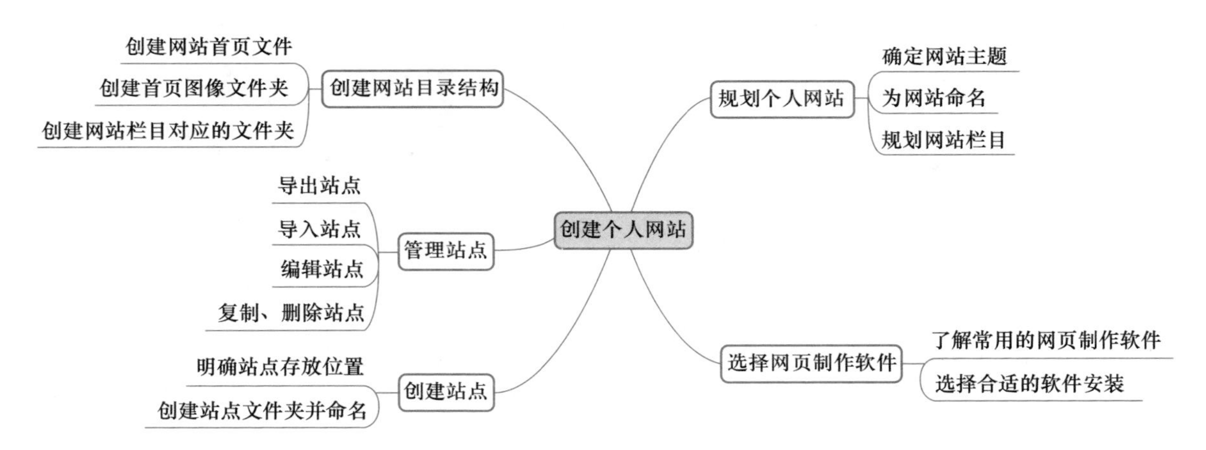

第 2 单元

制作网站首页

首页是浏览者进入网站后看到的第一个页面，直接影响着浏览者对网站的兴趣，所以首页的制作非常重要。网页制作过程一般首先依据设计思想制作模板，然后套用模板制作首页及其他页面。首页作为重点制作部分，通常会涉及许多知识和技巧。由于本单元是网页制作学习的开始阶段，所以只介绍为首页添加一些简单内容的基础知识。为了遵循由易到难的学习规律，把模板制作放到第 3 单元进行介绍。

在第 1 单元中，创建了“悠悠我心的个人网站”站点、首页及目录结构。本单元将通过制作这个网站的首页，介绍如何规划网页布局，如何在网页中添加文本、图像等页面元素，如何使用 CSS 设置文本、图像和页面的样式。任务完成后效果如图 2-1 所示。

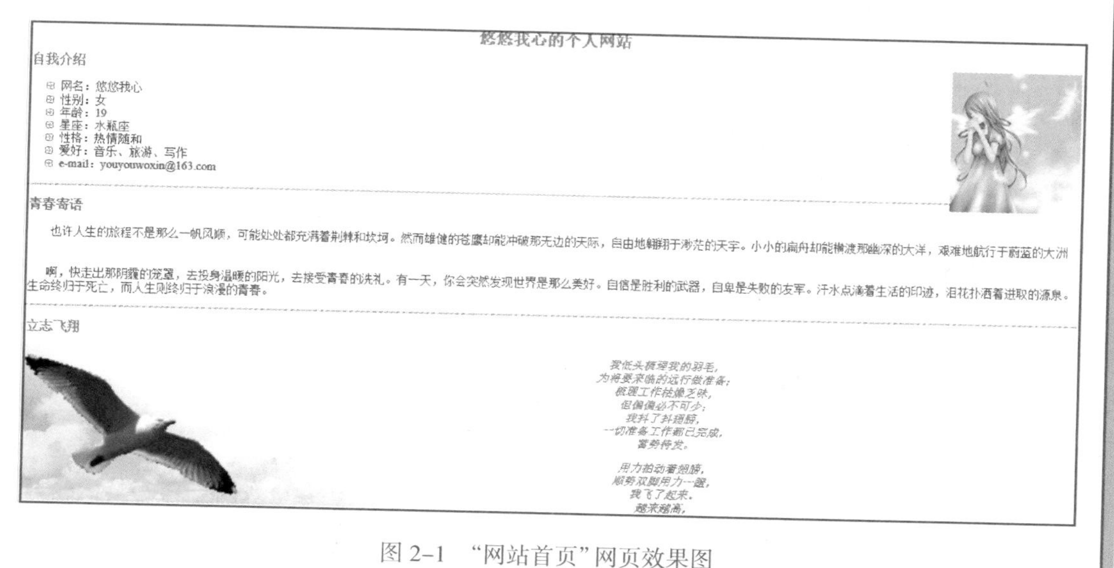

图 2-1 “网站首页”网页效果图

任务 1 设置页面布局

任务描述

在制作网页初期，应根据制作要求对页面进行分析，规划页面布局，使用 Div 实现页面布局。

自己动手

步骤 1　需求分析

需求:设置网站首页布局。

分析:查看网站首页效果图,分析首页布局结构,设计页面布局。

步骤 2　分析页面内容

依据网页效果图,网站首页可分为“标题内容”“自我介绍”“青春寄语”和“立志飞翔”4 部分,如图 2-2 所示。

图 2-2　网站首页页面布局分析

步骤 3　规划页面布局

根据以上分析，规划页面布局结构图，从上到下分为 4 个区域，依次命名为“mydiv1”“mydiv2”“mydiv3”和“mydiv4”，如图 2–3 所示。

步骤 4　对首页进行属性设置

运行 Dreamweaver，打开在第 1 单元中建立的“悠悠我心的个人网站”，在“文件”面板中找到第 1 单元创建的网站首页文件“index.html”，如图 2–4 所示。

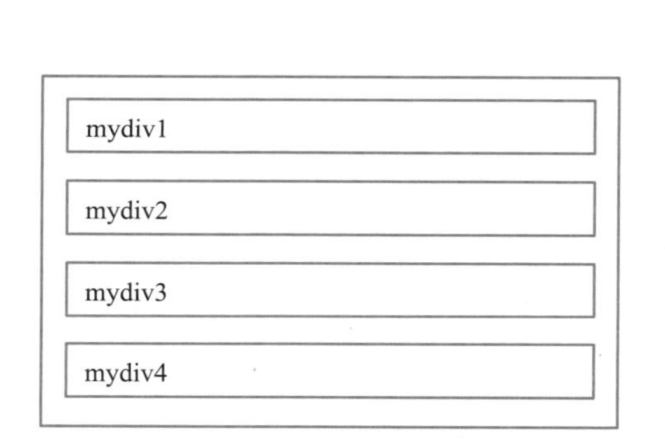

图 2–3　网站首页布局结构分析

图 2–4　在“文件”面板中打开首页

1. 打开首页文件、熟悉文档窗口及页面属性

(1) 双击“index.html”，打开首页页面，此时首页中尚未添加任何内容，只是一个空白页面，如图 2–5 所示。

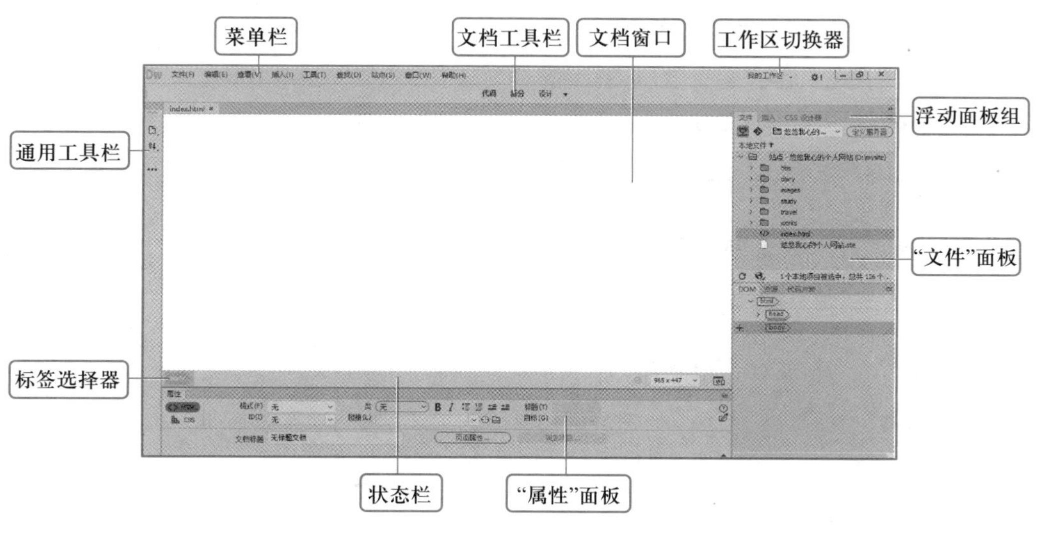

图 2–5　Dreamweaver 界面

小知识

1. 文档窗口

文档窗口显示当前打开的文档，视图模式分为“代码”视图、“设计”视图和“拆分”视图（同时显示“代码”视图和“设计”视图）3 种。也可通过“实时视图”按钮切换并浏览页面的实时效果。

2. 文档工具栏

文档工具栏包含 3 个切换文档窗口视图模式的选项按钮，其中“设计”视图和“实时视图”共用一个菜单项。

3. 状态栏

状态栏提供与正在编辑的文档有关的信息和工具。

4. 标签选择器

位于状态栏上，通过它可以选择各种页面元素。

5. “属性”面板

“属性”面板用于查看和更改所选对象或文本的各种属性，不同对象具有不同的属性。

6. 浮动面板组

Dreamweaver 的浮动面板组中包含许多面板，每个面板都可以通过单击面板名称展开，双击面板名称折叠，可以在“窗口”菜单中打开或关闭面板。

7. 通用工具栏

单击通用工具栏最下端的“自定义工具栏”按钮…，在弹出的“自定义工具栏”对话框中可以增加或减少通用工具栏中显示的工具按钮。

（2）在网页中插入内容之前，首先要对网页页面属性进行相应的设置。单击“属性”面板中的 页面属性... 按钮，弹出“页面属性”对话框，如图 2-6 所示，把“外观 CSS”中的“左边距”“右边距”“上边距”“下边距”设置为“0 px”。

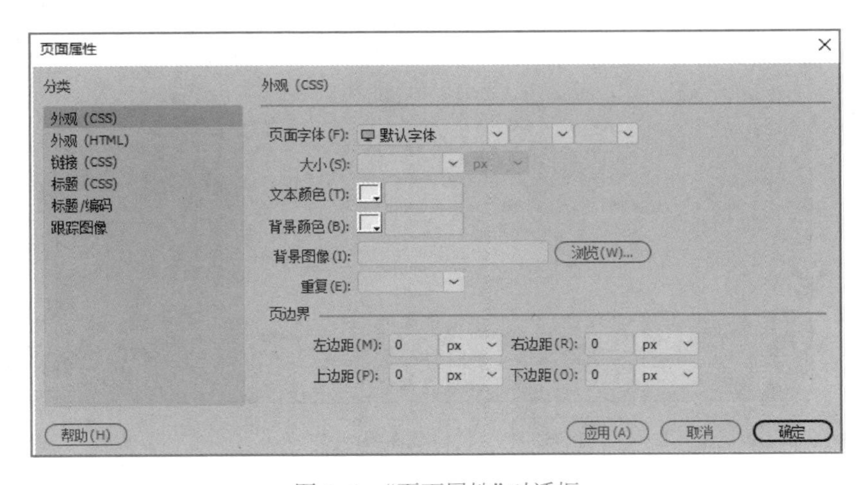

图 2-6　“页面属性”对话框

小知识

页面属性参数介绍

- “外观（CSS）”选项：用于设置页面的总体外观，包括字体与背景属性的设置，以及插入内容的页边距。在 Dreamweaver 中默认页边距不是“0 px”，所以通常在页面内容制作前，首先把上边距、下边距、左边距和右边距设为“0 px”。这里的设置会自动生成一个包含“body”标签选择器的内部样式文件“style”，在浮动面板组中的“CSS 设计器”面板中可以查看，如图 2-7 所示。（CSS 规则的相关内容将在下一单元中进行详细介绍）
- “外观（HTML）”选项：用于设置页面的背景颜色、链接文本颜色等属性，以及插入内容的页边距。这里的设置不会保存为样式文件。
- “链接（CSS）”选项：用于设置页面内超链接内容的 CSS 样式。
- “标题（CSS）”选项：用于设置 6 种标题字体的 CSS 样式。
- “标题 / 编码”选项：用于设置网页的标题和页面文本内容的编码类型。
- “跟踪图像”选项：把页面效果图插入到页面中来，在制作过程中随时进行跟踪对比。

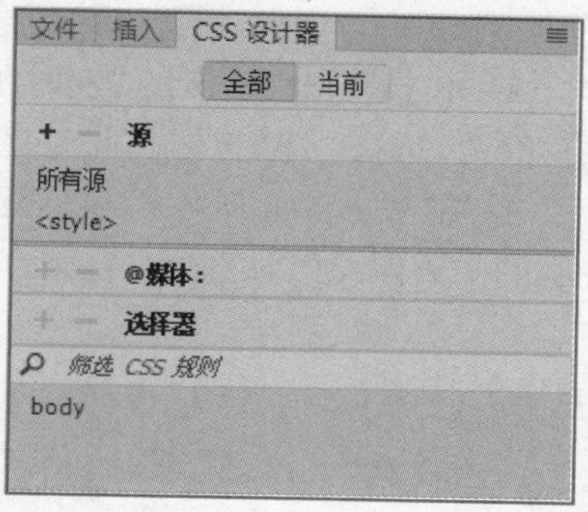

图 2-7　“CSS 设计器”面板

(3) 熟悉“页面属性”对话框后，单击“确定”按钮关闭对话框。

2. 修改网页标题

(1) 在“属性”面板中，将“文档标题”修改为“悠悠我心的个人网站”，如图 2-8 所示。

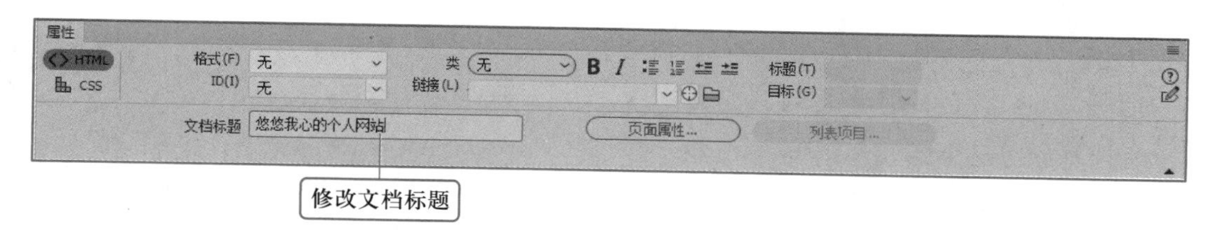

图 2-8　修改网站首页标题

提个醒

在网页制作过程中，如果对文档进行了修改，文档窗口左上角的网页文件名称会自动添加星号“*”，表示已经对当前页面进行过修改操作，但是没有保存，如图 2-9 所示。保存后星号会消失。

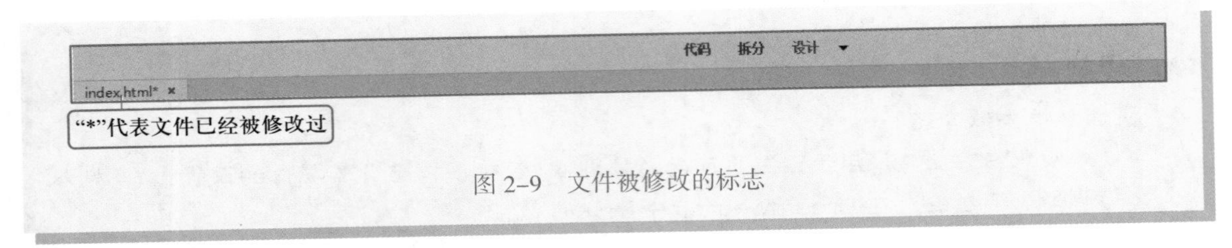

图 2-9　文件被修改的标志

(2) 单击状态栏右侧的"实时预览"按钮，选择浏览器后，出现图 2-10 所示的对话框，提示保存修改，选择"是"按钮。此时自动打开浏览器窗口，预览首页。

(3) 在 Windows 任务栏和打开的 IE 浏览器窗口当中，可以看到刚刚更改的网页标题"悠悠我心的个人网站"，如图 2-11 所示。

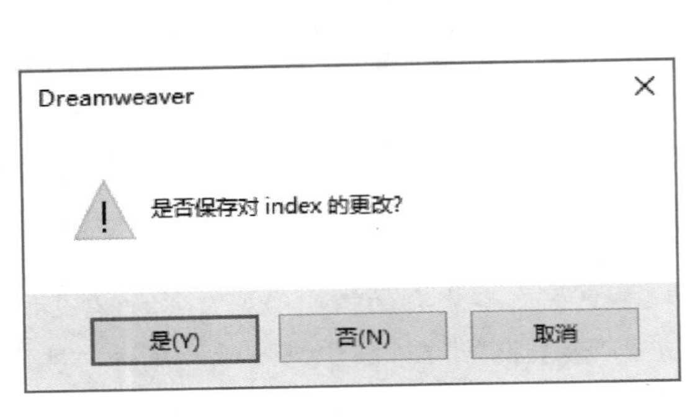

图 2-10　是否保存更改提示框

图 2-11　预览标题效果

小知识

1. 保存网页的方法

选择"文件"→"保存"命令或使用快捷键 Ctrl+S。

2. 预览网页的方法

单击状态栏右侧的"实时预览"按钮，选择"在浏览器中预览"→"Internet Explorer"命令，或按 F12 键。

在网页制作过程中，必须经常对页面进行保存，避免断电或系统崩溃导致的数据丢失；随时预览网页效果，分析页面是否存在问题。

步骤 5　使用 Div 进行首页布局

(1) 单击"插入"面板中"HTML"类别下的"Div"命令，打开"插入 Div"对话框，在"插入"下拉列表框中选择"在插入点"，"ID"组合框中输入"mydiv1"，如图 2-12 所示。

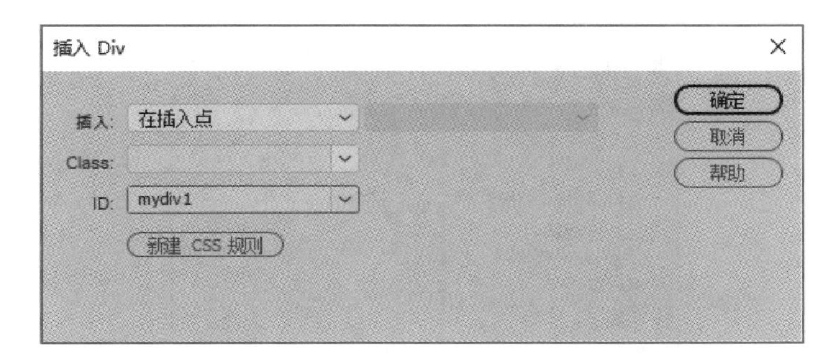

图 2-12　"插入 Div"对话框 1

小知识

Div 标签定义了 HTML 文档中的一个分隔区块或一个区域部分，简单地说就是一个区块容器标记，可以容纳段落、标题、表格、图像，乃至章节、摘要和备注等各种网页元素。

"插入 Div"对话框介绍：

- "插入"：指明插入 Div 标签的位置，有以下几种选择：

"在插入点"：表示在光标所在位置插入 Div 标签。

"在标签前"：表示在后面选项组中选中标签的前面插入 Div 标签。

"在标签开始之后"：表示在后面选项组中选中标签的开始标签 <div> 的后面插入 Div 标签。

"在标签结束之前"：表示在后面选项组中选中标签的结束标签 </div> 的前面插入 Div 标签。

"在标签后"：表示在后面选项组中选中标签的后面插入 Div 标签。

- "Class"：选择设置修饰 Div 标签的 CSS 规则。
- "ID"：为 Div 标签命名。
- "新建 CSS 规则"：打开"新建 CSS 规则"对话框为 Div 标签新建 CSS 规则。

小知识

1. "插入"面板介绍

"插入"面板(选择"窗口"→"插入"命令)包含用于创建和插入对象(如表格、图像和链接等)的按钮。这些按钮按几个类别进行组织，可以通过下拉列表选择所需类别进行切换，如图 2-13 所示。

2. "插入"面板的几种类别

- HTML：创建和插入最常用的 HTML 元素，如 Div 标签和对象(如图像和表格)。
- 表单：包含用于创建表单和用于插入表单元素(如搜索、日期和密码)的按钮。
- 模板：用于将文档保存为模板并将特定区域标记为可编辑、可选或可重复的区域。

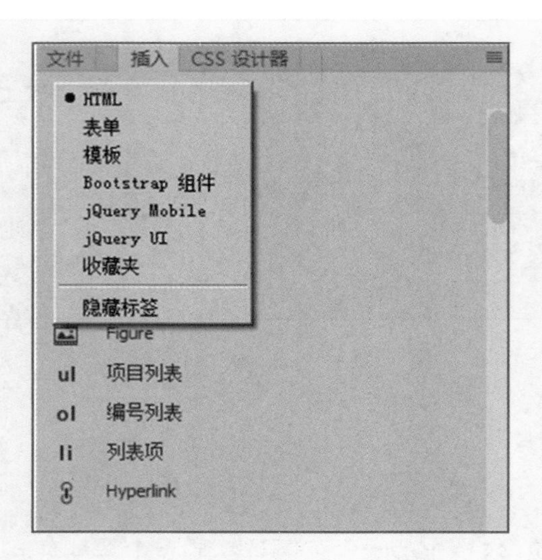

图 2-13　“插入”面板

- Bootstrap 组件：提供导航、容器、下拉菜单及可在响应式项目中使用的其他功能。
- jQuery Mobile：包含使用 jQuery Mobile 构建站点的按钮。
- jQuery UI：用于插入 jQuery UI 元素，如折叠式、滑块、按钮等。
- 收藏夹：用于将“插入”面板中最常用的按钮分组或组织到某一公共位置。

（2）在“插入 Div”对话框中单击“确定”按钮，完成 ID 为“mydiv1”的 Div 标签的创建，如图 2-14 所示。

图 2-14　插入“mydiv1”标签

（3）在“mydiv1”下方继续添加“mydiv2”。将光标放置在“mydiv1”中，单击“插入”面板中“HTML”类别下的“Div”命令，打开“插入 Div”对话框，在“插入”下拉列表框中选择“在标签后”“<div id="mydiv1">”，“ID”组合框中输入“mydiv2”，如图 2-15 所示，单击“确定”按钮，完成 ID 为“mydiv2”的 Div 标签的创建。

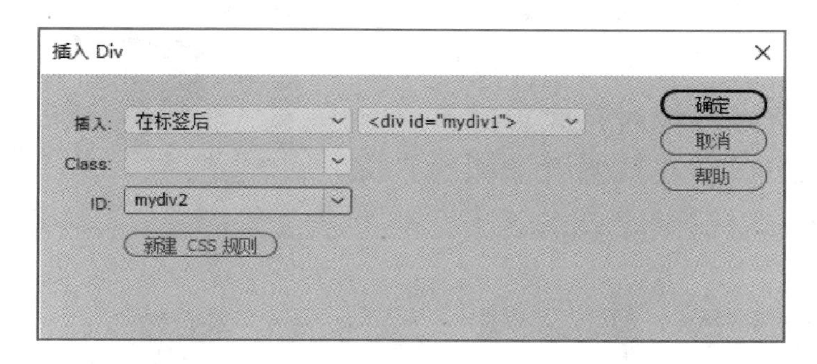

图 2-15　“插入 Div”对话框 2

(4) 在“mydiv2”下方继续添加“mydiv3”。打开“插入 Div”对话框，在“插入”下拉列表框中选择“在标签后”“<div id="mydiv2">”，“ID”组合框中输入“mydiv3”，单击“确定”按钮，完成 ID 为“mydiv3”的 Div 标签的创建。

(5) 在“mydiv3”下方继续添加“mydiv4”。打开“插入 Div”对话框，在“插入”下拉列表框中选择“在标签后”“<div id="mydiv3">”，“ID”组合框中输入“mydiv4”，单击“确定”按钮，完成 ID 为“mydiv4”的 Div 标签的创建。

至此，4 个 Div 标签添加完毕，如图 2-16 所示。

图 2-16　插入全部 Div 标签效果图

举一反三

(1) 请使用本任务所学知识，对本单元素材“举一反三”中的图练 2-1 所示的网页效果进行分析。规划页面布局结构，画出布局结构图，并对图中各部分命名。

图练 2-1　举一反三(1)

(2) 在"举一反三"站点中，新建一个网页"practice2-1.html"，按照上题的布局结构图使用 Div 对网页进行布局，保存并预览效果。

任务 2　添加首页文本

任务描述

作为网页制作中最常用的内容，文本有着其他网页元素无法替代的功能。本任务将通过添加首页文本，介绍文本输入与编辑的方法。

自己动手

步骤 1　需求分析

需求：为首页添加文本内容并实现分段和换行。

分析：任务 1 中完成了首页文件“index.html”的 Div 布局，本任务将向 Div 标签中添加文本内容并进行编辑。

步骤 2　在 Div 中输入首页文本内容并划分段落

小知识

(1) 在 Dreamweaver 中，有如下两种方法输入文本。

- 在记事本或 Word 中录入文本，然后把文本内容复制到 Dreamweaver 的文档窗口中。
- 在 Dreamwever 中直接输入文本（输入方法与记事本或 Word 相同），文本的排列方式由左至右，遇到文档窗口的边界时会自动换行。

(2) 网页中编辑文本时，除了自动换行以外还有分段和强制换行两种不同的换行方式。

- 按 Enter 键表示对文本分段，此时上下段之间会自动空出一行来分隔。
- 按快捷键 Shift+Enter 可强制换行，强制换行的内容属于同一段，所以不会出现空行。

(3) 默认情况下，Dreamweaver 文档窗口中不允许直接输入连续的空格，需要选择“编辑”→“首选项”命令，在其中的“常规”类别中选择“允许多个连续的空格”。也可以采取以下几种方法输入连续的空格。

- 使用快捷键 Ctrl+Shift+ 空格键。
- 将输入法切换到中文全角状态下，按空格键。

(1) 将本单元素材中的文本文件“index.txt”在记事本中打开，将 Div 标签中的提示内容全部删除，将“悠悠我心的个人网站”复制到“mydiv1”中，将“自我介绍”“青春寄语”“立志飞翔”的内容分别复制到“mydiv2”“mydiv3”“mydiv4”中。复制和粘贴的快捷键分别为 Ctrl+C 和 Ctrl+V。添加文本后的首页如图 2-17 所示。

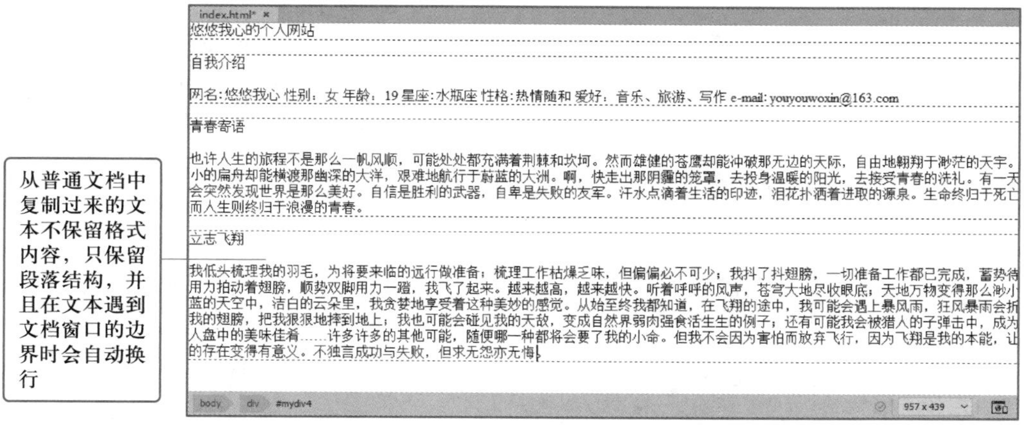

从普通文档中复制过来的文本不保留格式内容，只保留段落结构，并且在文本遇到文档窗口的边界时会自动换行

图 2-17　复制文本至 Div 标签中

(2) 如图 2-18 所示，将“自我介绍”的文字划分为若干个独立的段落。

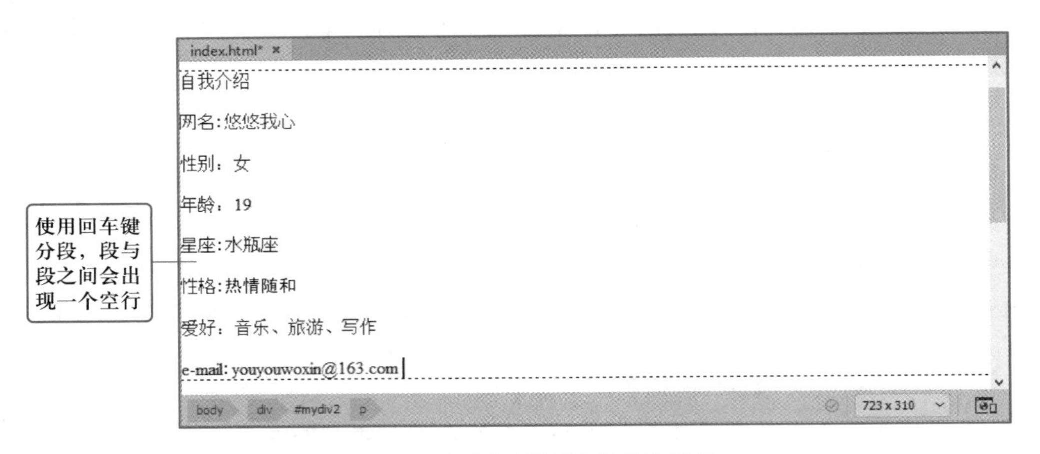

图 2-18　“自我介绍”部分的分段结果

(3) 如图 2-19 所示,将“青春寄语”部分的文字划分为两个段落。

(4) 如图 2-20 所示,对“立志飞翔”部分的文字进行分段与强制换行操作。

(5) 如图 2-21 所示,为“青春寄语”部分每段正文的首行加入两个空格。

(6) 使用快捷键 Ctrl+S 保存网页文件“index.html”。在下一个任务中,将对文本的样式进行编辑。

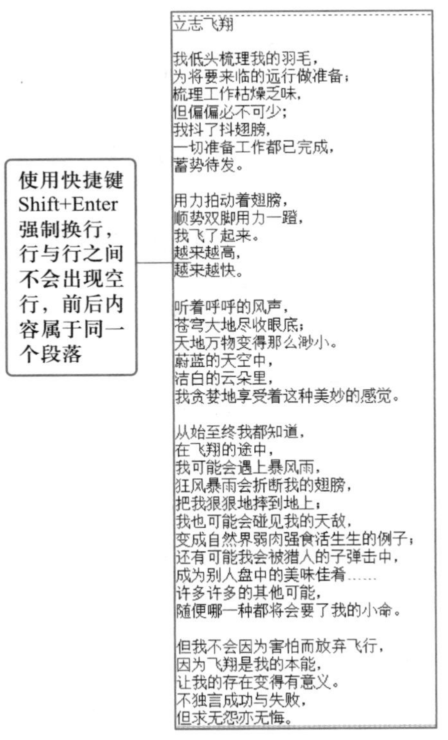

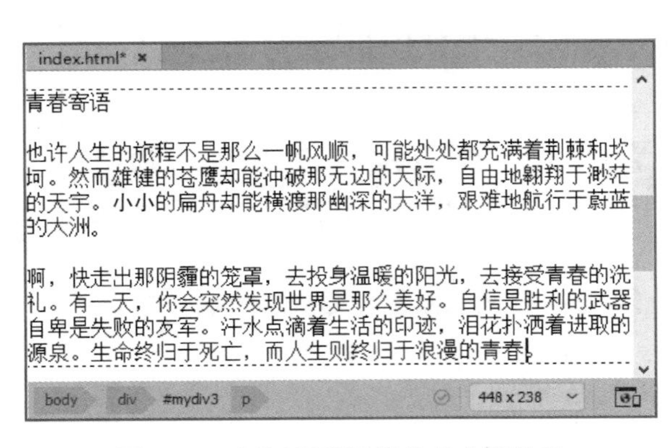

图 2-19　“青春寄语”部分的分段结果

图 2-20　“立志飞翔”部分的分段与换行结果

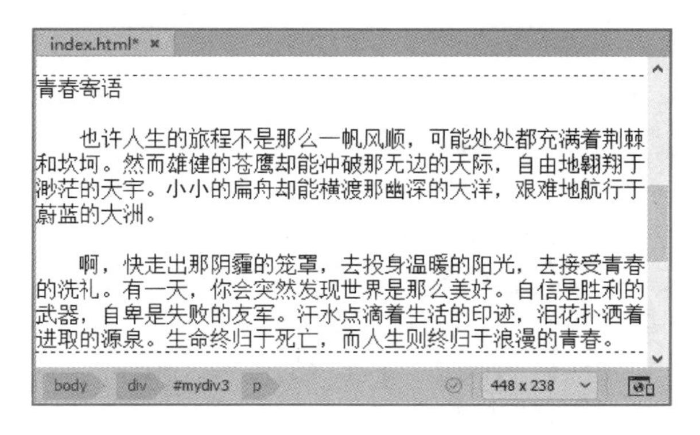

图 2-21　在文本中输入空格

举一反三

(1) 文本是网页中使用最为频繁的元素，使用 IE 浏览器浏览各种类型的页面，分析各个页面中文本所起到的作用，并分析是否可以用其他网页元素代替。

(2) 在“举一反三”站点中，新建一个网页“practice2–2.html”，将本单元素材“举一反三”文件夹中“practice2–2.txt”的文本内容复制到页面中，使用插入空格的方法修改文本，使每一行文本中的“vs”字样达到对齐的效果。

(3) 在“举一反三”站点中，新建一个网页“practice2–3.html”，输入多行文字内容并进行分段和强制换行，修改网页标题为“换行效果预览”，保存后预览页面，观察 IE 浏览器中标题在什么位置。

任务 3　使用 CSS 规则美化文本

任务描述

在任务 2 中完成了首页文本内容的添加工作，在本任务中将对首页文本内容的样式进行编辑，添加水平分隔线与列表，介绍 CSS 规则编辑与“CSS 设计器”面板设置的基本方法。

小知识

CSS 规则是 Cascading Style Sheets（层叠样式表）的简称，很多人把它称为样式表，是一种设计网页样式的工具。同一 CSS 规则可以在不同的地方应用，CSS 规则改变时，所有应用该规则的地方全部随之改变。本任务主要介绍使用 CSS 规则美化文本的方法，其他具体设置和使用方法将在本单元任务 5 中进行详细的介绍。

自己动手

步骤 1　需求分析

需求：将首页中的文本设置为不同的样式，编辑页面外观。

分析：设置文本样式，可以通过“CSS 设计器”面板新建 CSS 规则，在指定文本内容上应用 CSS 规则，也可在文本的其他位置应用该规则。CSS 规则可以在“CSS 设计器”面板中修改，也可以在“属性”面板中修改。要使文档达到图 2-1 所示的效果，还要对“自我介绍”的内容制作列表，要在文档中添加水平线，编辑网页的外观。

小知识

“CSS 设计器”面板提供了 CSS 规则的一体化操作环境，由“源”“@ 媒体”“选择器”“属性”4 个窗格组成，如图 2-22 所示。

(1)“CSS 设计器”面板中的选项。

- 全部：列出与当前文档关联的所有 CSS、媒体查询和选择器。
- 当前：列出当前文档的“设计”或“实时”视图中所有选定元素的已有样式。

(2)“CSS 设计器”面板中的窗格。

- 源：列出与文档相关的所有 CSS 样式表。使用此窗格，可以创建 CSS 并将其附加到文档，也可以定义文档中的样式。
- @ 媒体：显示“源”窗格中所选源的全部媒体查询。如果不选择特定 CSS，则此窗格将显示与文档关联的所有媒体查询。
- 选择器：显示“源”窗格中所选源的全部选择器。如果没有选择 CSS 或媒体查询，则此窗格将显示文档中的所有选择器。
- 属性：显示指定的选择器设置的属性。

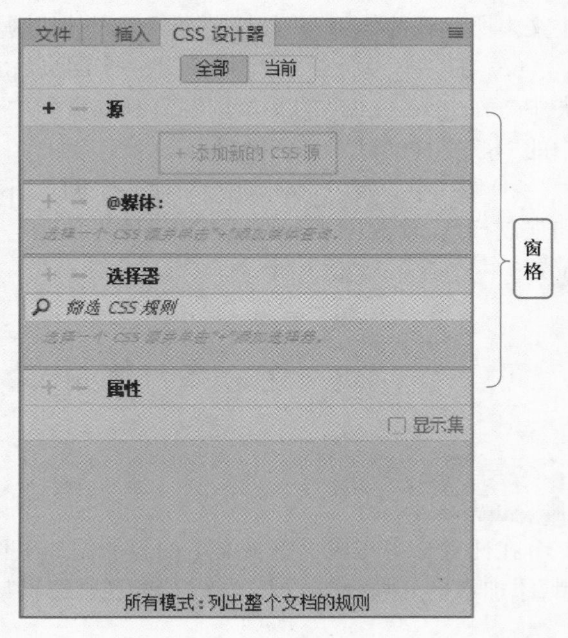

图 2-22　“CSS 设计器”面板

步骤 2　文本样式设置与应用

1. 在页面中新建 CSS 规则“.title1”，应用于“悠悠我心的个人网站”标题文本

(1) 打开在上一个任务中完成并保存的“index.html”首页文件，在右侧浮动面板组中打开

“CSS 设计器”面板，“源”窗格中的“<style>”和“选择器”窗格中的“body”是在本单元任务 1 中设置页面边距时自动生成的。“<style>”是当前页面的内部样式表，在当前页面中应用的 CSS 规则都可在“<style>”下创建。“body”是应用于页面主体的 CSS 规则。

在页面中首次创建内部 CSS 规则时，如果“源”窗格没有“<style>”，需先添加“<style>”，才能在选择器中创建 CSS 规则。

方法为单击“源”窗格中的“添加 CSS 源”按钮[+]，在弹出的列表框中选择“在页面中定义”命令，此时，“源”窗格中就有了“<style>”，如图 2-23 和图 2-24 所示。在当前页面创建 CSS 规则时，需先选中“<style>”，之后在“选择器”中添加规则名称，在“属性”窗格中设置样式。

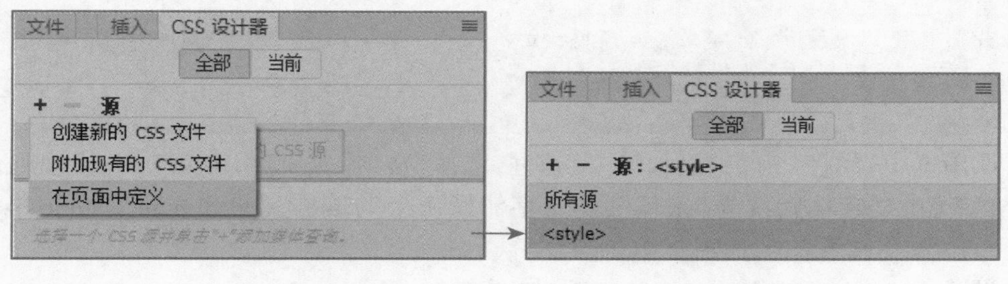

图 2-23　“添加 CSS 源”按钮　　图 2-24　添加内部样式表“<style>”

(2) 选中“源”窗格中的“<style>”，单击“选择器”窗格中的“添加选择器”按钮[+]，在弹出的文本框中输入新 CSS 规则名称“.title1”，如图 2-25 所示。

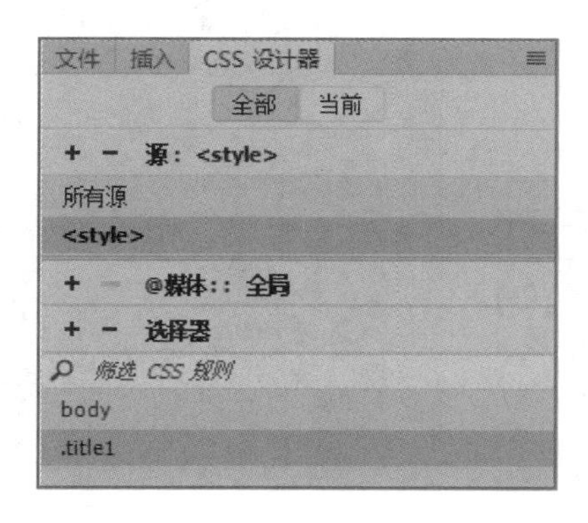

图 2-25　创建“.title1”规则

小知识

在“属性”窗格中，若选中“显示集”复选框，则显示为选中的选择器设定的属性，否则显示全部属性。“属性”窗格将属性划分为“布局”“文本”“边框”“背景”4 种类别，如图 2-26 所示。

- 布局：用于设置布局样式，如宽、高和浮动等。
- 文本：用于设置文本样式，如大小、颜色和对齐方式等。
- 边框：用于设置边框样式，如宽度、样式和颜色等。
- 背景：用于设置背景样式，如颜色、位置和重复等。

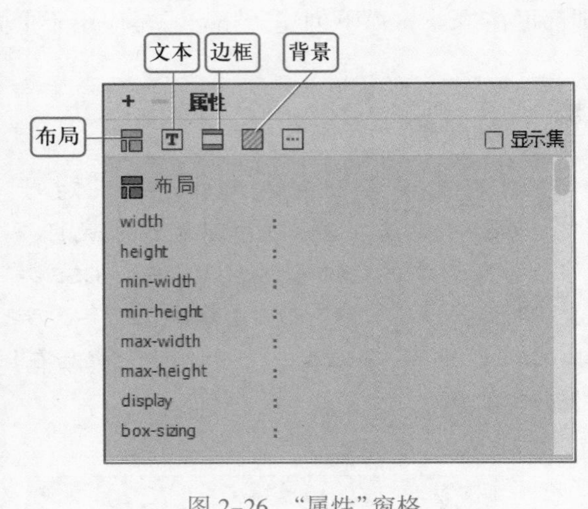

图 2-26　“属性”窗格

(3) 取消选中“属性”窗格“显示集”复选框，选择“文本”类别，定义“.title1”规则，字体为“默认字体”（中文字体默认为“宋体”，英文字体默认为“Times New Roman”），font-size（大小）为“20”，单位为“px（像素）”，如图 2-27 所示。

(4) 设置 color（文本颜色）为“#0099FF”，如图 2-28 所示。

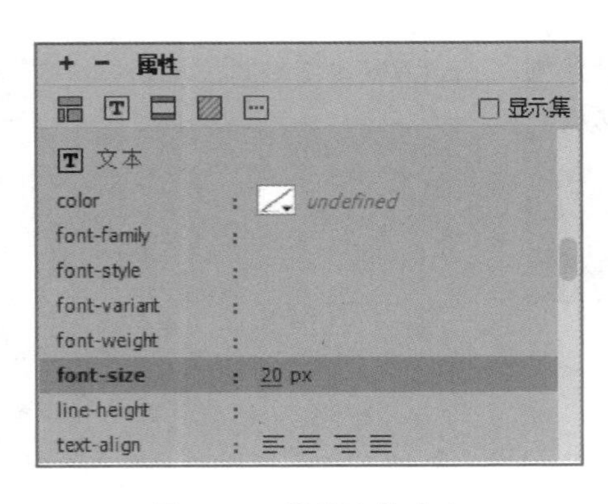

图 2-27　设置字体大小

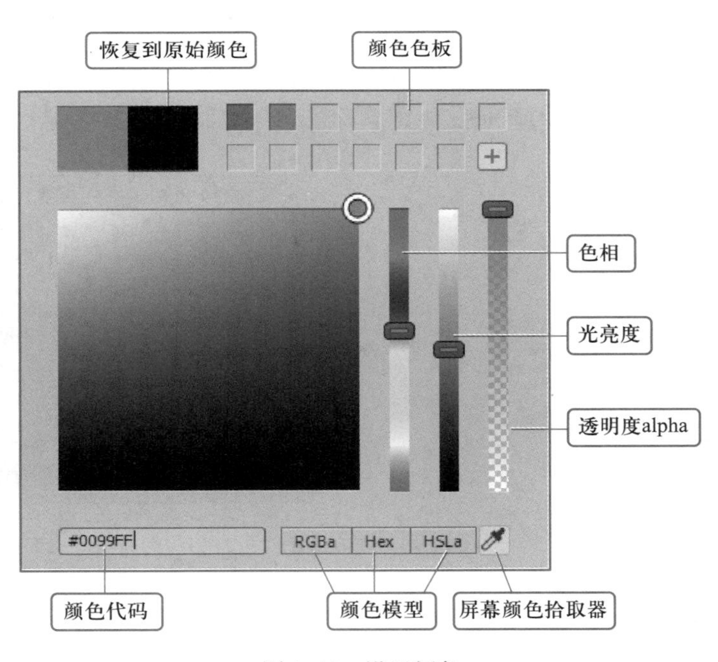

图 2-28　设置颜色

(5) 设置 font-weight(粗细)为“bolder(加粗)”,text-align(对齐方式)为“center(居中对齐)”,完成“.title1”规则的定义,如图 2–29 所示。

图 2–29　“.title1”属性设置

(6) 把光标放到“悠悠我心的个人网站”文本的任意位置,查看下方的文本“属性”面板,如图 2–30 所示。

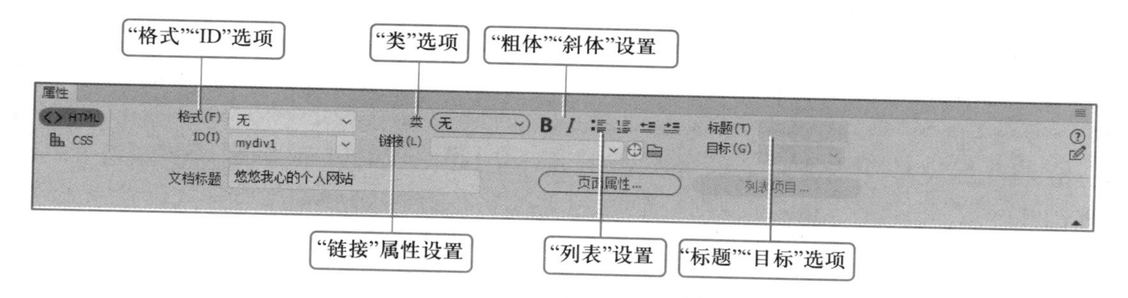

图 2–30　文本“属性”面板 HTML 模式

小知识

文本“属性”面板 HTML 模式参数如下。

- “格式”“ID”选项:将选中文本设置为标题格式或应用“ID”样式,标题格式可在页面属性中进行设置,“ID”样式需使用 CSS 样式功能进行定义。
- “类”选项:用于显示已定义样式、应用已有的文本样式和重命名文本样式。
- “粗体”“斜体”设置:为文本添加粗体、斜体样式。
- “链接”“标题”与“目标”选项:“链接”为选中内容添加超链接;“标题”选项可在“标题”栏内输入对链接的说明文字,浏览文档时,鼠标指向链接文本会显示该说明文字;“目标”选项用于设置打开链接的目标窗口。
- “列表”设置:用于创建列表属性设置。

提个醒

对文本应用CSS规则时，可以把光标放置到文本段落中，也可以选中要编辑的全部文本。Dreamweaver 中的“属性”面板是设置和查看网页元素属性的重要面板，当选中不同类型的网页元素时，“属性”面板将显示不同的内容。文本“属性”面板可以通过面板左侧的 <> HTML 按钮和 CSS 按钮切换为图 2-30 和图 2-31 所示两种模式。

(7) 单击文本“属性”面板中的 CSS 按钮，文本“属性”面板切换为图 2-31 所示模式。

图 2-31　文本“属性”面板 CSS 模式

小知识

Dreamweaver “属性”面板 CSS 模式下的“规则”涵盖了各种属性，如大小、颜色、居中等。如果要编辑文本，可以通过“新建规则”实现，也可以通过在“目标规则”下拉列表框中选择已有规则来实现。

(8) 将光标放置到“悠悠我心的个人网站”文本中，单击“属性”面板 CSS 模式下的“目标规则”下拉列表框，选择“.title1”规则。至此，“悠悠我心的个人网站”文本样式设置完成，如图 2-32 所示。

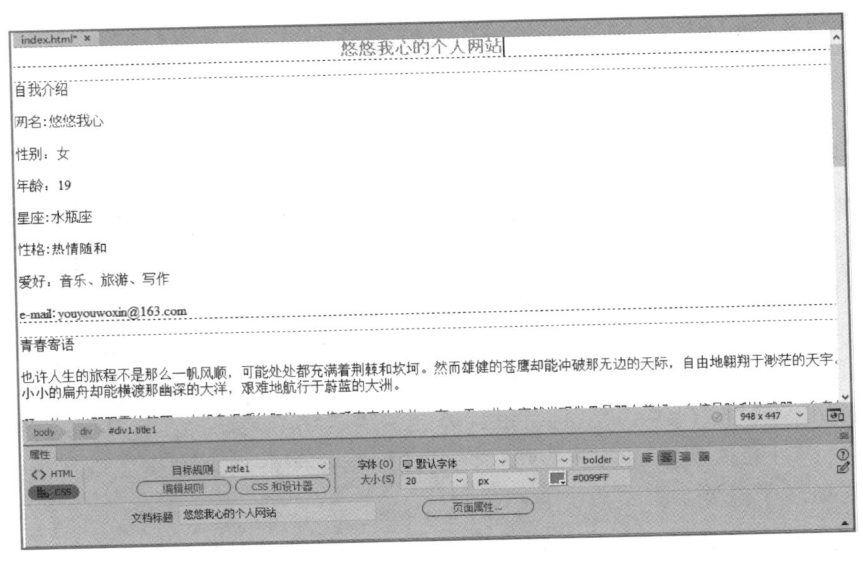

图 2-32　“悠悠我心的个人网站”应用“.title1”效果

2. 新建样式表文件“mycss”，创建规则“.title2”，应用于“自我介绍”标题

(1) 在“CSS 设计器”面板中，单击“源”窗格中的“添加 CSS 源”按钮，在弹出的列表框中选择“创建新的 CSS 文件”命令，如图 2-33 所示。

(2) 弹出图 2-34 所示对话框，单击“浏览”按钮，弹出图 2-35 所示对话框，定义样式文件名称为“mycss”，保存到站点目录“D:\mysite”文件夹中，单击“保存”按钮。

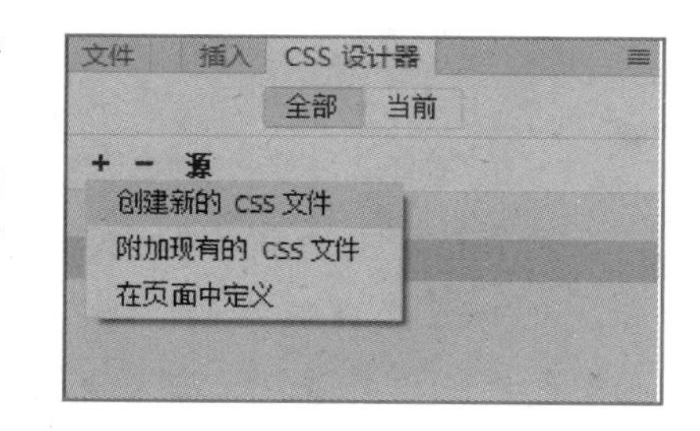

图 2-33　“创建新的 CSS 文件”命令

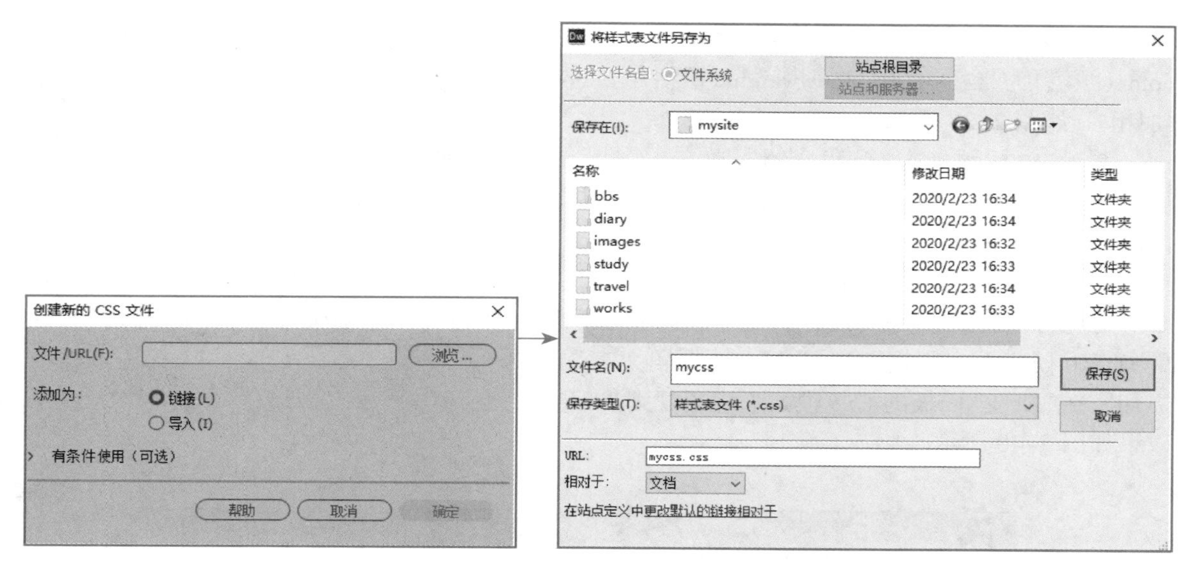

图 2-34　“创建新的 CSS 文件”对话框 1　　图 2-35　保存新样式文件“mycss.css”

(3) 回到“创建新的 CSS 文件”对话框，如图 2-36 所示，单击“确定”按钮，此时，在“源”窗格中生成了一个名为“mycss.css”的外部样式文件，如图 2-37 所示。

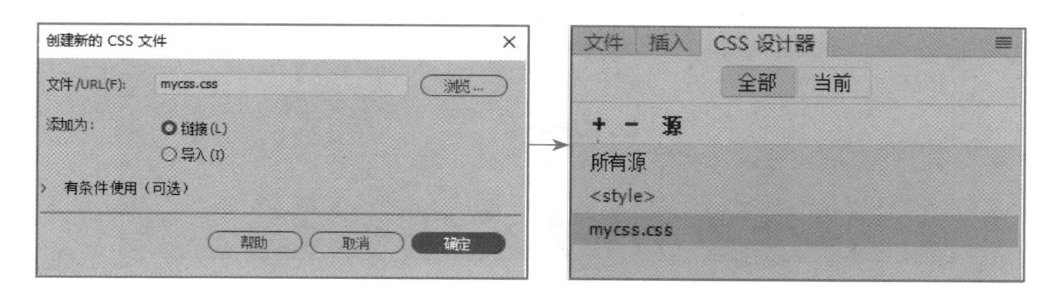

图 2-36　“创建新的 CSS 文件”对话框 2　　图 2-37　创建的“mycss.css”样式文件

提个醒

“.title2”是应用到“自我介绍”文本上的 CSS 规则；“mycss”是层叠样式表文件，样式表文件可以包含多个 CSS 规则；“.title2”是“mycss”样式表中的一个 CSS 规则。

(4) 选中 mycss.css 样式文件，单击“选择器”窗格中的“添加选择器”按钮 +，在弹出的文本框中输入 CSS 规则名称“.title2”。在“属性”窗格中，选择“文本”类别，定义“.title2”样式：font-size（大小）为“16 px”、color（颜色）为“#996600”、font-weight（粗细）为“bolder（加粗）”，如图 2-38 所示。

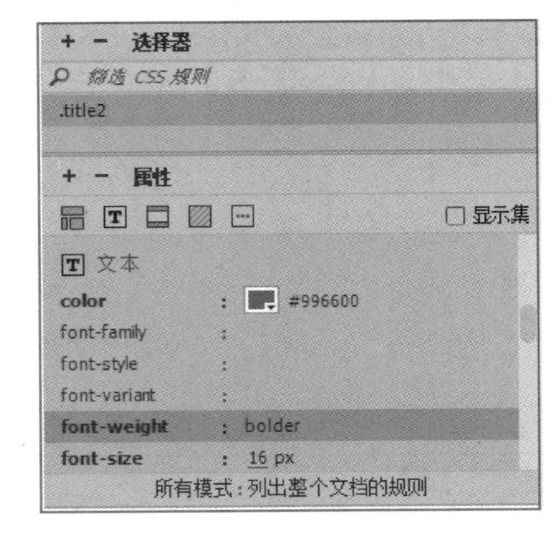

图 2-38　为“.title2”设置属性

(5) 选中标题文本“自我介绍”，单击“属性”面板中的 <> HTML 按钮，在“类”下拉列表中，选择并应用规则“.title2”，如图 2-39 所示。

3. 为其他二级标题文本应用规则“.title2”

将光标放置到“青春寄语”标题中，在“属性”面板的 HTML 模式下应用规则“.title2”。选标题文本“立志飞翔”，在“属性”面板的 CSS 模式下应用规则“.title2”，效果如图 2-40 所示。

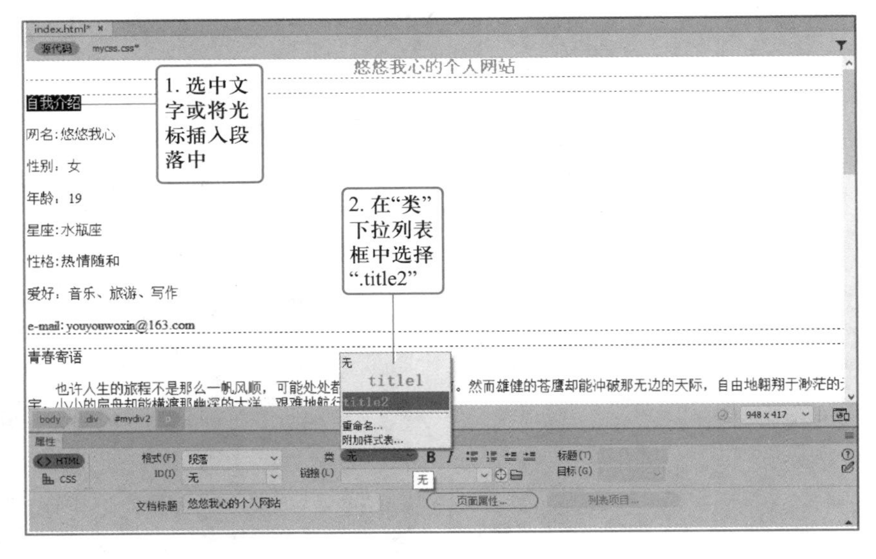

图 2-39　“自我介绍”应用规则“.title2”

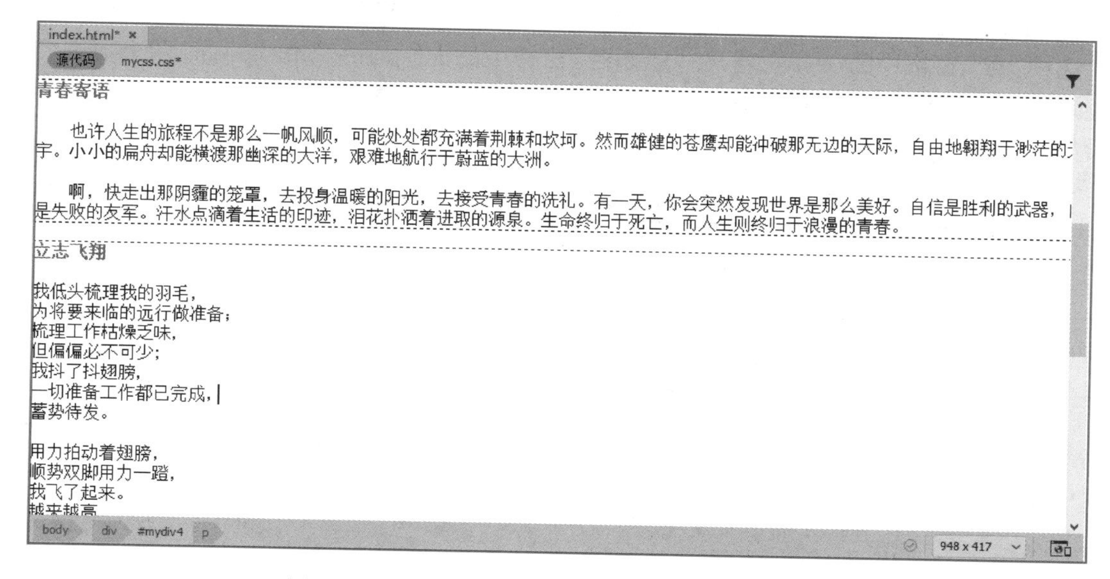

图 2-40　“青春寄语”“立志飞翔”应用规则“.title2”

小知识

CSS 规则分为 3 种类型：内联式、嵌入式和外部式。

- 内联式：CSS 代码在单个标签中呈现，内联式只对单个标签有效。可以在“属性”面板中创建。选中指定文本或将光标定位其中，在“属性”面板的“CSS”模式下，单击“编辑规则”按钮，“目标规则”中显示“< 内联样式 >”，右侧区域设置属性，设置完成后自动应用到指定文本，如图 2-41 所示。

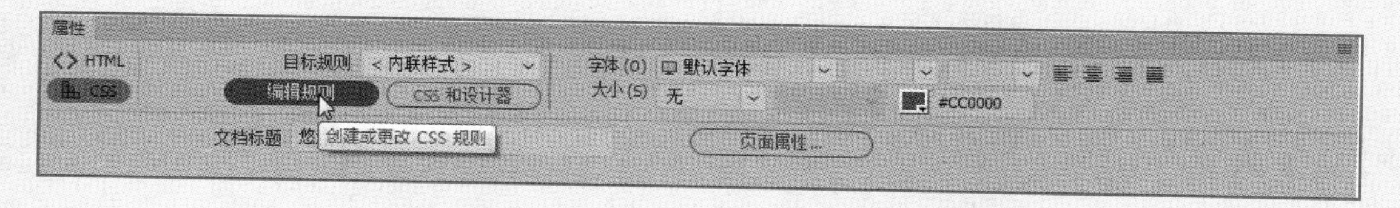

图 2-41　创建内联样式

- 嵌入式：CSS 代码在页面的头部呈现，嵌入式可以在该页面中多个标签上应用，如上文创建的“<style>”中的规则。
- 外部式：CSS 代码写在一个单独的外部文件中，以“.css”为扩展名，可以将文件链接到多个页面或网站来使用，如上文创建的“mycss.css”中的规则。

三种类型的 CSS 规则样式作用于同一标签时，优先顺序为内联式 > 嵌入式 > 外部式，即谁离标签越近，谁的优先级越高。

4. 编辑正文文本样式

选中“源”窗格中的“<style>”，在“选择器”窗格中添加“.normal”和“.poem”两个规则名称，按照表 2-1 中的文本样式进行属性设置，并分别应用到“青春寄语”和“立志飞翔”正文文本，完成后如图 2-42 所示。

表 2-1　“青春寄语”与“立志飞翔”部分内容样式设置

应用范围	规则名称	设置内容
“青春寄语”正文	.normal	font-size（大小）：14 px；color（颜色）：#06C
“立志飞翔”正文	.poem	font-size（大小）：“14 px”；font-style（字样）：italic（斜体）；color（颜色）：#690；text-align（对齐）：center（居中）

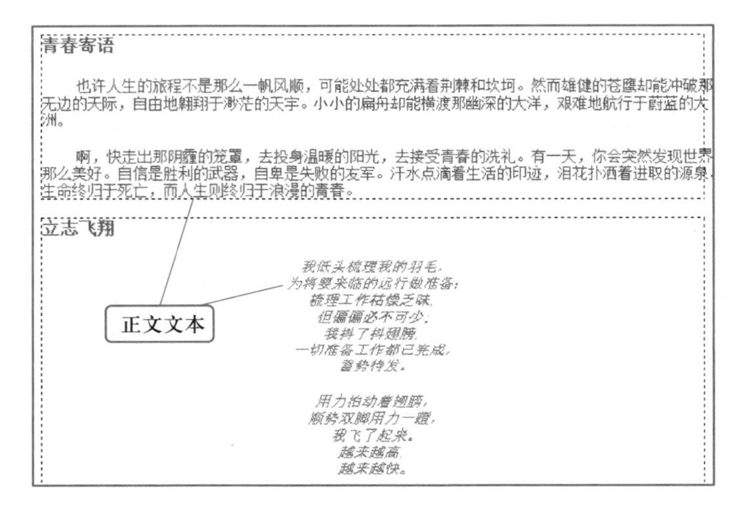

图 2-42　设置文本样式

在创建 CSS 规则时，若“源”窗格中有多个源，需选择在某个源中创建 CSS 规则，再在“选择器”窗格中为规则命名，在“属性”窗格中设置样式。

步骤 3　修改文本样式

(1) 使用“属性”面板修改文本样式。将光标放置在“青春寄语”标题中，在 CSS 模式下“属性”面板中可以看到其目标规则为“.title2”，此时如果将颜色属性修改为“#900”，则所有应用了该 CSS 规则的标题将都发生改变，如图 2-43 所示。

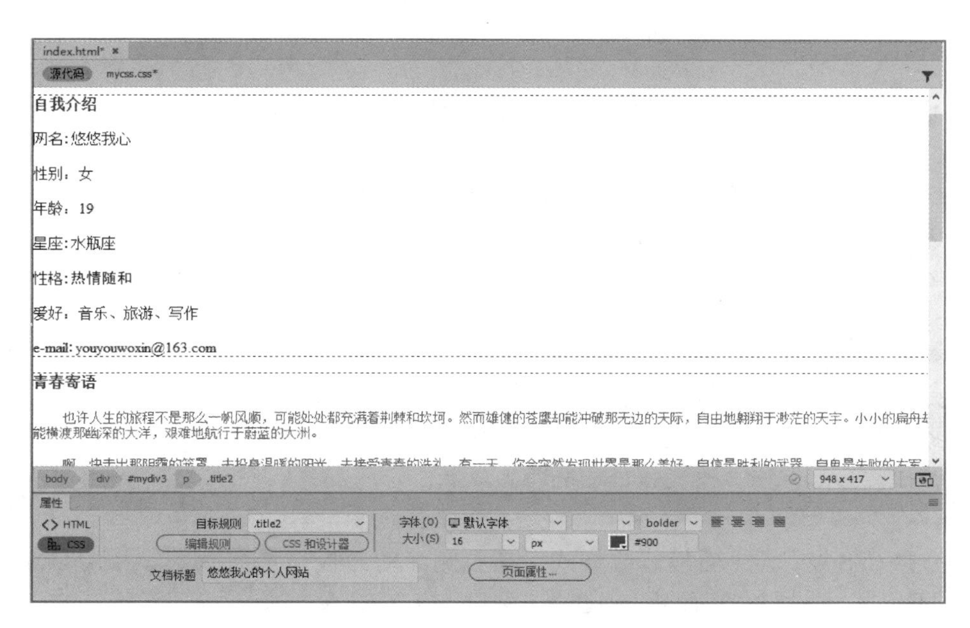

图2-43　在“属性”面板中修改样式

小知识

CSS模式下“属性”面板中只显示了部分属性，若要修改更多的属性，可单击“编辑规则”按钮，在弹出的“.title2的CSS规则定义”对话框中进行设置，如图2-44所示。

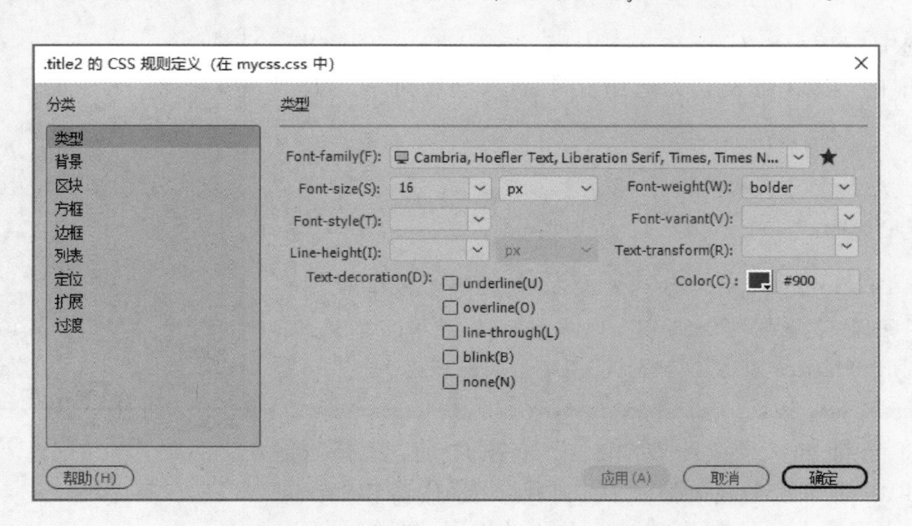

图2-44　“.title2的CSS规则定义”对话框

“CSS规则定义”对话框参数介绍：

- “类型”选项：用于定义常规的文本属性，包括“字体”“大小”“颜色”等选项。

- “背景”选项：用于定义背景属性，可设置“背景颜色”“背景图像”“背景图像的水平位置”等选项。
- “区块”选项：用于定义文本的间距与对齐方式等属性。
- “方框”选项：用于定义表格、框架等对象的属性。
- “边框”选项：用于定义各种对象的边框属性，表格、水平线的边框样式都可以使用这一选项进行定义。
- “列表”选项：用于定义文本列表的属性。
- “定位”选项：用于定义层对象的属性。
- “扩展”选项：用于定义光标、图像等内容的视觉效果的扩展属性。
- “过渡”选项：用于定义过渡动画的相关属性。

（2）通过“CSS 设计器”面板修改样式。在右侧浮动面板组中单击打开“CSS 设计器”面板（或选择“窗口”→“CSS 设计器”命令打开）。“CSS 设计器”面板的“全部”选项卡中已经有了先前建立的诸多规则，在“源”窗格中选择“mycss.css”，在“选择器”窗格中选择“.title2”进行属性编辑，修改 color（颜色）为“#F60”，如图 2–45 所示。此时，除了“立志飞翔”颜色改变外，其他应用了“.title2”规则的文本颜色也会发生相应的变化。

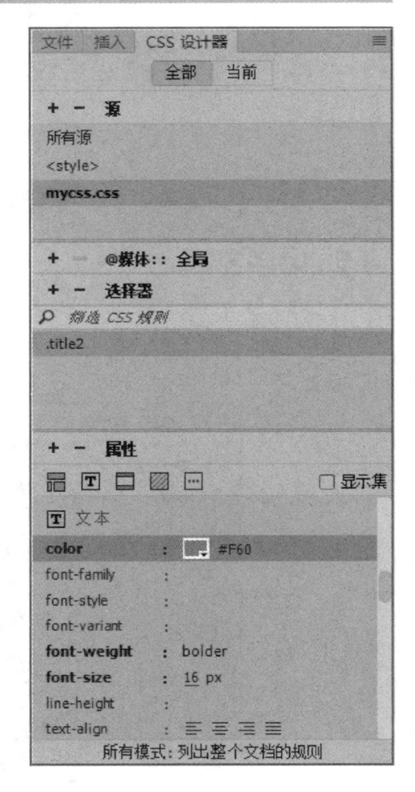

图 2–45　在“CSS 设计器”面板中修改样式

步骤 4　插入列表与水平线

（1）选中“自我介绍”正文文本内容，选择 HTML 模式“属性”面板中的“项目列表”，为选中文本插入项目列表，如图 2–46 所示。

提个醒

使用 Dreamweaver 制作列表文本时，在每个段落前会加上项目列表符号或列表编号。文本分段必须用回车键，快捷键 Shift+Enter 强制换行的内容属于同一段落。

（2）将光标插入到“青春寄语”标题之前，选择“插入”→“HTML”→“水平线”命令，在“自我介绍”内容和“青春寄语”内容之间插入一条水平线，起到分隔的作用。同样，在“立志飞翔”之前也插入一条水平线，如图 2–47 所示。

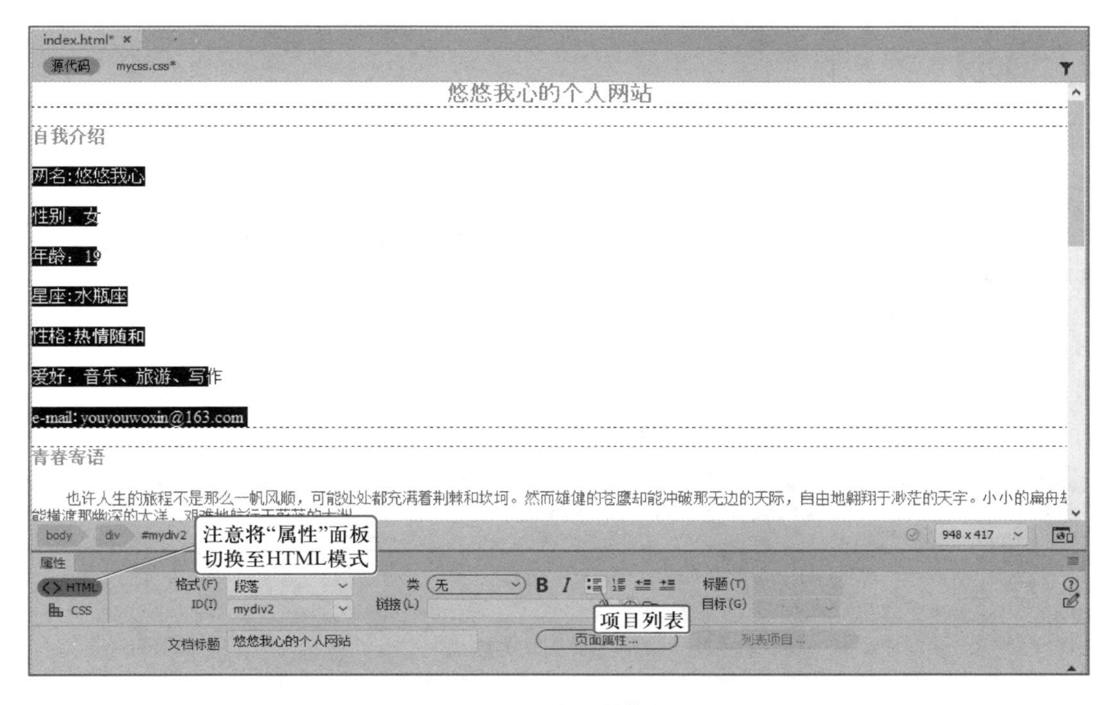

图 2-46　列表的制作方法

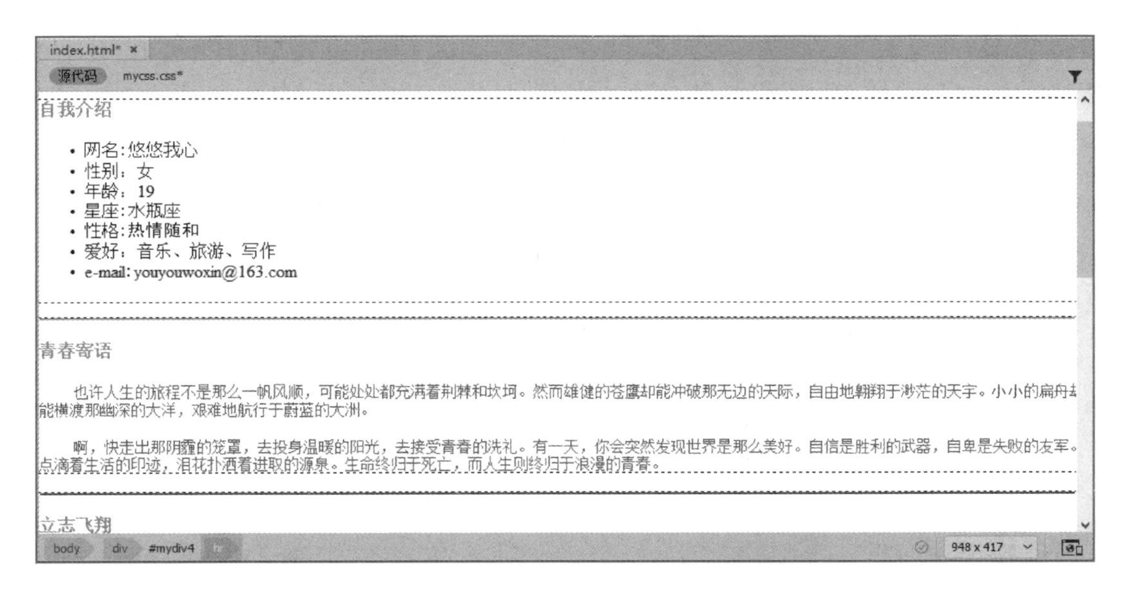

图 2-47　插入水平线

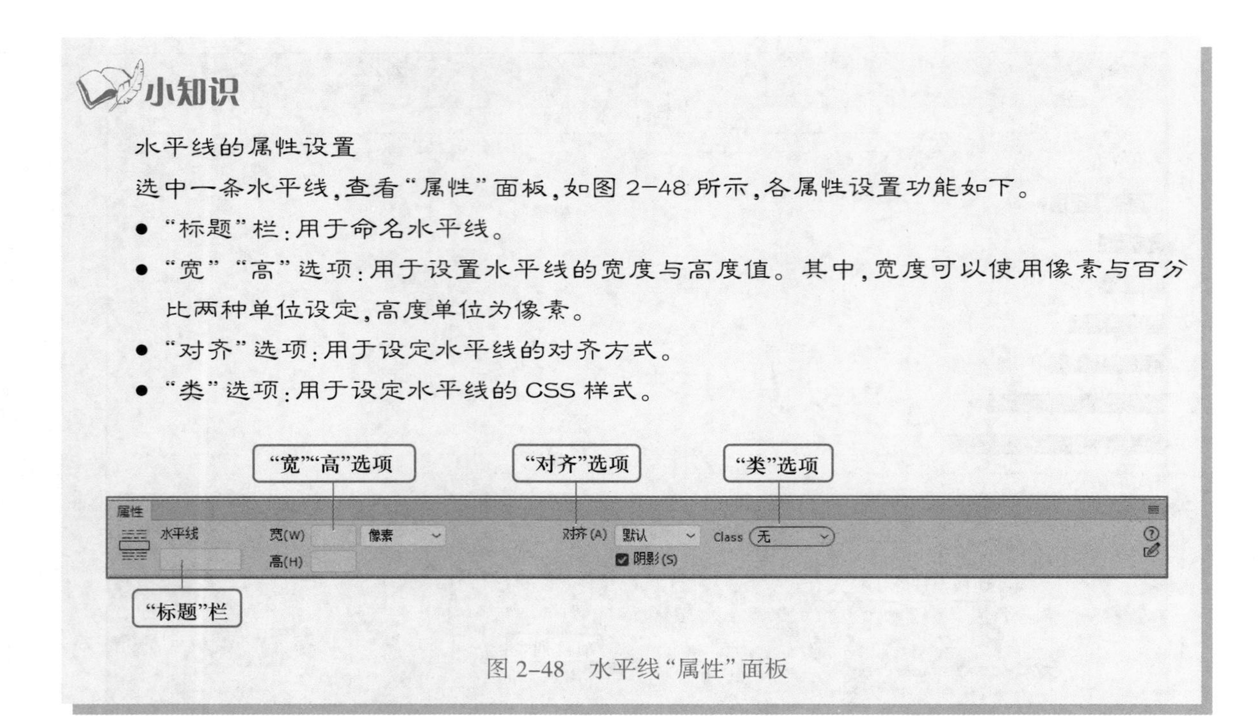

小知识
水平线的属性设置
选中一条水平线，查看“属性”面板，如图 2-48 所示，各属性设置功能如下。
● “标题”栏：用于命名水平线。
● “宽”“高”选项：用于设置水平线的宽度与高度值。其中，宽度可以使用像素与百分比两种单位设定，高度单位为像素。
● “对齐”选项：用于设定水平线的对齐方式。
● “类”选项：用于设定水平线的 CSS 样式。
“宽”“高”选项
“对齐”选项
“类”选项
属性
水平线
宽(W)
像素
高(H)
对齐(A)
默认
Class
无
阴影(S)
“标题”栏

图 2-48　水平线“属性”面板

举一反三

(1) 将本单元素材“举一反三”文件夹中的网页“practice2-4.html”复制到“D:\jyfs”文件夹中，在 Dreamweaver 中选择“举一反三”站点，打开文件“practice2-4.html”，为每一段文字设置不同的文本样式。

(2) 在“举一反三”站点中，新建一个网页“practice2-5.html”，插入 5 条水平线，使用“属性”面板进行不同的宽、高、对齐与阴影属性设置，预览页面并比较不同属性的设置效果。

(3) 在“举一反三”站点中，新建“班级荣誉”页面，文件名为“practice2-6.html”，列举班级成员所获奖励，设置为编号列表，修改文本样式，用不同的文本大小、颜色区分奖励的等级，保存并预览页面。尝试先设文本样式后设编号列表，观察有何区别。

任务 4　添 加 图 像

任务描述

页面中输入了文本，设置了文本的样式，使网页内容充实起来。但是，如果缺少了精美的图像，文本内容再丰富，也未免会使网页过于单调。本任务将通过为首页添加图像来介绍添加和编辑图像的方法。

自己动手

步骤 1　需求分析

需求：为首页添加图像内容。

分析：图像是网页中经常使用的元素，图像的插入方法比较简单，但需要区分图像的格式，因为并不是所有的图像都能在网页中正常显示。插入图像后需要熟悉“属性”面板及其设置。

步骤 2　插入图像

小知识

在网页中插入图像前最好先把要使用的图像复制到站点内，这样使用起来会方便很多。

不是所有的图像资源都可以在网页中使用，通常在网页中使用“.jpg”“.gif”和“.png”3种格式的图像文件，它们各有各的特点。

- JPG 格式是应用最广泛的图像格式之一，它采用一种特殊的有损压缩算法，将不易被人眼察觉的图像颜色删除，从而达到较大的压缩比（可达到 2：1 甚至 40：1）。因为 JPG 格式的文件尺寸较小，下载速度快，所以是互联网上最广泛使用的格式之一。
- GIF 格式最大的特点是不仅可以是一张静止的图像，也可以是动画，并且支持透明背景图像，适用于多种操作系统，文件很小，网上很多小动画都是 GIF 格式。但是其颜色有限，只支持 256 种颜色。
- PNG 格式与 JPG 格式类似，网页中有很多图像都是这种格式，压缩比高于 GIF，支持图像透明，可以利用 Alpha 通道调节图像的透明度。

在插入图像之前，将本单元素材文件夹中的“images”文件夹下的全部图像素材复制到本网站根目录下的“images”(D:\mysite\images)文件夹中，方便以后的制作。复制完毕后，可以通过“文件”面板查看和使用“images”文件夹中的图像资源，如图 2–49 所示。

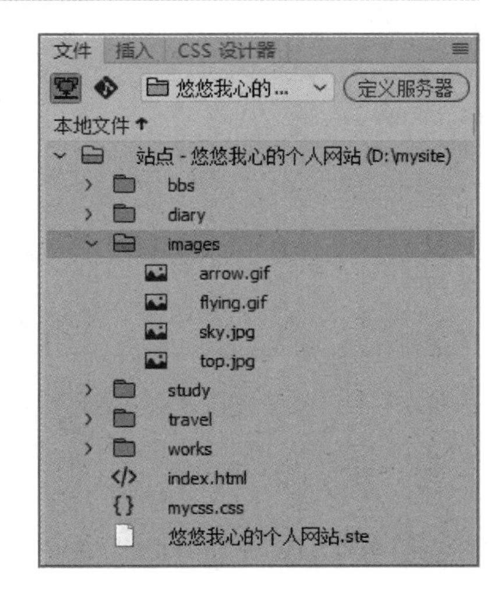

图 2–49　网页中所需的图像资源

(1) 使用“文件”面板插入图像。如图 2–50 所示，选中“top.jpg”图像，按住鼠标左键拖动到“自我介绍”标题前，插入“top.jpg”图像完毕。

右击插入的图像，在弹出菜单中选择“对齐”→“右对齐”命令，如图 2–51 所示。设置完成后的页面效果如图 2–52 所示。

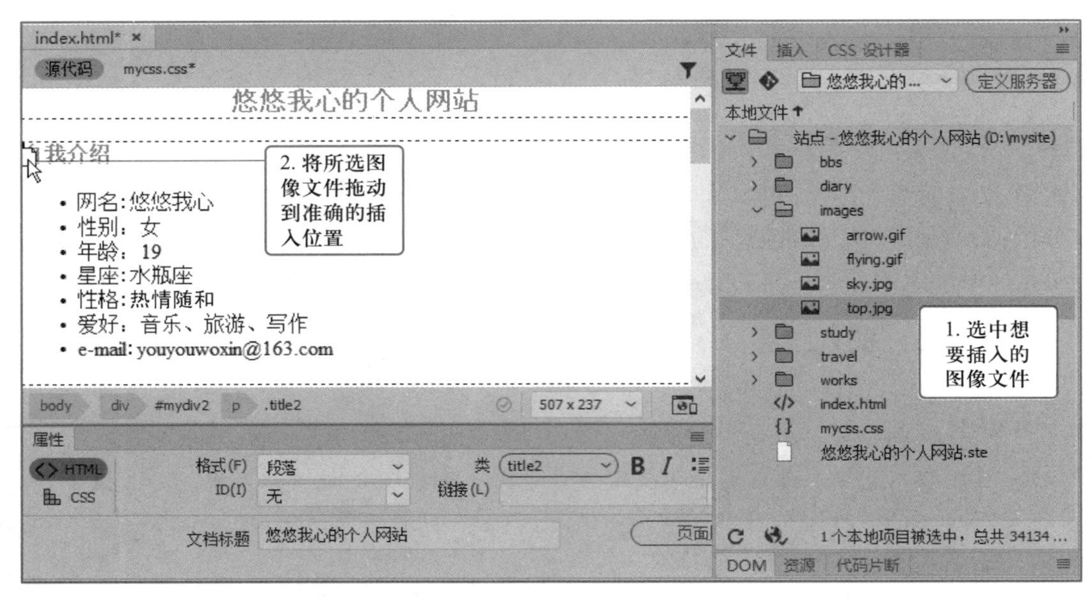

图 2-50　使用“文件”面板插入图像

图 2-51　设置图像对齐方式

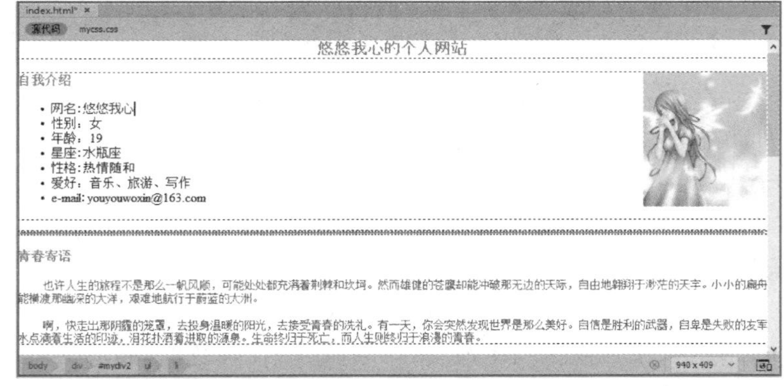

图 2-52　插入图像效果

图像“属性”面板参数介绍，如图 2–53 所示。

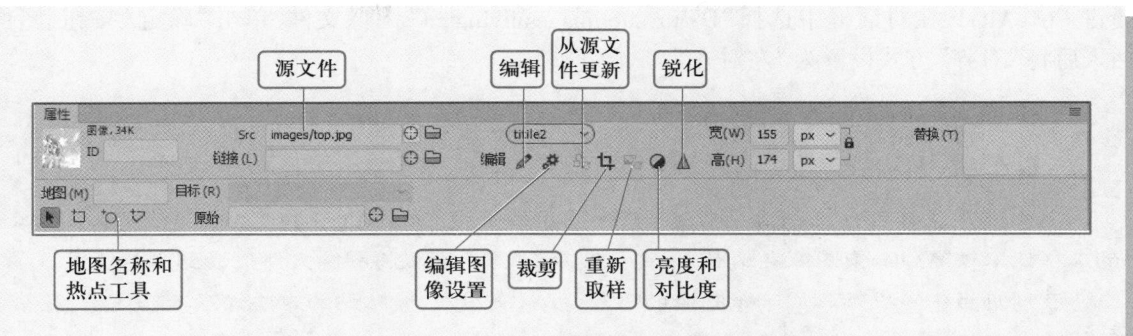

图 2-53　图像"属性"面板

- ID：设置图像的名称或编号。
- 宽和高：以像素为单位指定图像的宽度和高度。
- 源文件：指定图像的源文件路径。
- 链接：添加指定图像的超链接。将在第 5 单元详细介绍。
- 替换：设置鼠标指向图像时显示的文本（不同浏览器的显示方式有所区别）。
- 地图名称和热点工具：用于命名、绘制、编辑热点。将在第 6 单元详细介绍。
- 目标：设置链接文件在哪个窗口打开，具体应用方法在以后的内容中详细介绍。当图像没有链接到其他文件时，此选项不可用。
- 原始：JPG、PNG 格式的图像对应的源文件。
- 编辑：启动在"首选参数"中指定的"外部编辑器"编辑选定的图像。
- 编辑图像设置：用于设置图像的格式类型的属性。
- 从源文件更新：启动外部编辑器并打开源文件进行编辑及更新。
- 裁剪：用于修剪图像的大小，从所选图像中删除不需要的区域。
- 重新取样：用于对已调整大小的图像进行重新取样，提高新图像的品质。
- 亮度和对比度：用于调整图像的亮度和对比度。
- 锐化：用于调整图像的清晰度。

(2) 使用"插入"菜单插入图像。将插入光标定位到"立志飞翔"部分的第 1 段文字"我低头"前，选择"插入"→"Image"命令，如图 2-54 所示，在对话框中选择"D:\mysite\images\flying.gif"图像文件，单击"确定"按钮，图像插入后右击，在弹出菜单中将"对齐"方式设置为"左对齐"。

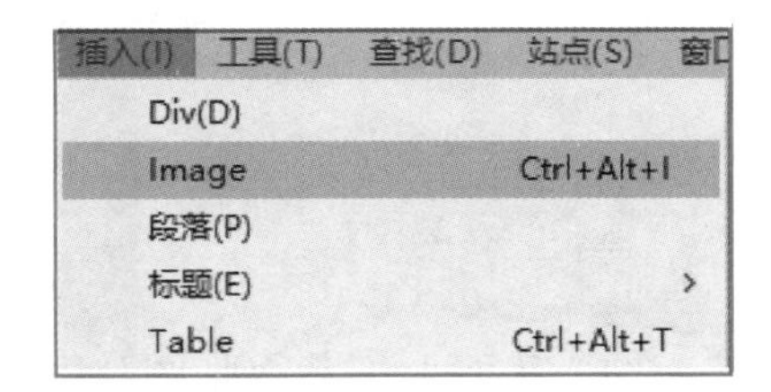

图 2-54　使用"插入"菜单插入图像

(3) 使用"插入"面板插入图像。将光标定位到"立志飞翔"部分的第 3 段文字"听着"前，选择"插入"面板"HTML"类别中的 Image 按钮，在弹出的对话框中选择"D:\mysite\images\flying.gif"图像文件，单击"确定"按钮，图像插入后将"对齐"方式设置为"右对齐"。

(4) 使用快捷键插入图像。将光标定位到"立志飞翔"部分的第 5 段文字"但我"前，使用快捷键 Ctrl+Alt+I，在对话框中选择“D:\mysite\images\flying.gif”图像文件，单击“确定”按钮，图像插入后将“对齐”方式设置为“左对齐”。

提个醒

上文使用了 4 种插入图像的方法，其中使用快捷键 Ctrl+Alt+I 和“文件”面板插入图像的工作效率较高。如果图像在站点内，建议使用“文件”面板将图像文件拖动到插入位置。

在网页当中多次插入同一张图像的时候，可以使用复制、粘贴的方法提高工作效率，在粘贴图像之前，需要准确定位插入位置。

插入图像后，如图 2-55 所示，在“属性”面板修改图像大小。

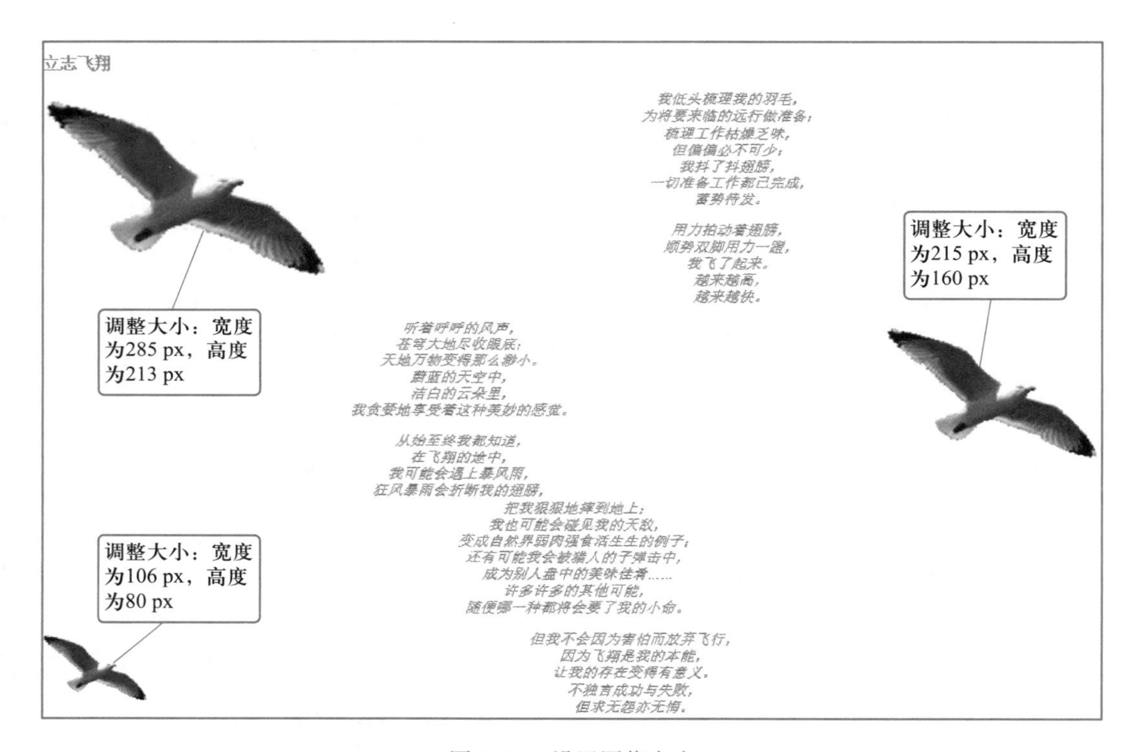

图 2-55　设置图像大小

举一反三

（1）从网上下载 3 张图片，文件类型分别为“jpg”“gif”“png”，然后在“举一反三”站点中，使用不同的方法插入到一个新建页面“practice2-7.html”中。

（2）在“举一反三”站点中，将本单元素材文件夹中的“JYFS2-2.jpg”插入到一个新建页面“practice2-8.html”中，裁剪后宽度为 200 px，高度为 100 px，并设置边框宽度为 5 px，完成后预览页面。（提示：最好把图像先复制到站点中。尝试一下图像复制到站点外的现象）

(3) 在“举一反三”站点中，新建网页“practice2-9.html”，插入本单元素材文件夹中的“JYFS2-3.jpg”，尝试使用 Dreamweaver 的图像编辑功能修改图像的亮度并进行锐化设置。

任务 5　创建与应用 CSS 美化网页

任务描述

在前面的任务当中，在首页中插入了文本和图像，使用 CSS 规则对文本进行了简单的设置。在网页制作过程中，CSS 规则的应用非常广泛，定义一种 CSS 规则，可以反复应用到网页的不同位置，因此，熟练应用 CSS 可以大大简化网页的开发过程。本任务将继续使用 CSS 规则来美化网站的首页，介绍常用 CSS 规则的定义、应用、修改、删除的方法。

自己动手

步骤 1　需求分析

需求：美化首页中的内容。

分析：页面中的各种对象都可以使用 CSS 规则进行定义。创建 CSS 规则时需要明确样式种类，准确应用各种类型的样式。本任务将通过文本样式、背景样式、列表样式和边框样式的创建与应用，对首页进行美化。

步骤 2　创建与应用 CSS 文本样式

在 Dreamweaver 中打开网站首页文件“index.html”，选择“窗口”→“CSS 设计器”命令，打开“CSS 设计器”面板，单击“全部”选项卡，选择“源”窗格中的“所有源”，如图 2-56 所示。在当前面板中可以看到已经存在 5 个规则，其中“.title1”“.title2”“.normal”和“.poem”4 个规则是在任务 3 中定义的 4 种文本样式。

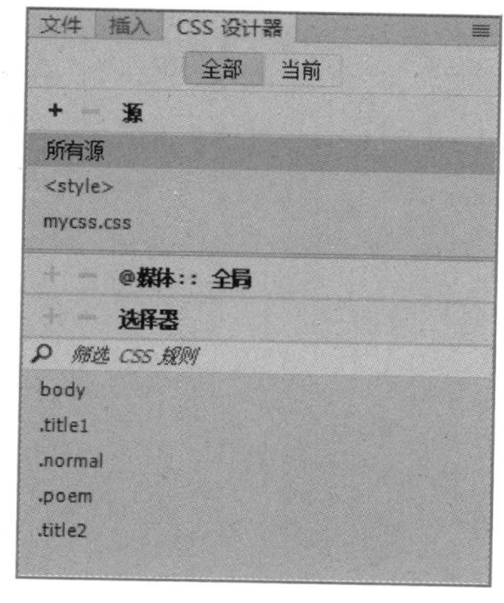

图 2-56　“CSS 设计器”面板

单击“源”窗格中的“<style>”，“选择器”窗格中将显示“<style>”中定义的规则，如图 2-57 所示。

选中“源”窗格中的“mycss.css”，“选择器”窗格中将显示“mycss.css”中定义的规则，如图 2-58 所示。

小知识

“CSS 设计器”面板的“源”窗格和“选择器”窗格中都有“删除”按钮[−]。在进行删除操作前，需先选中某个源或选择器。单击“选择器”窗格的“删除”按钮，将删除选中的规则；单击“源”窗格的“删除”按钮，将删除选中的“源”和“源”中定义的所有规则，请慎用。

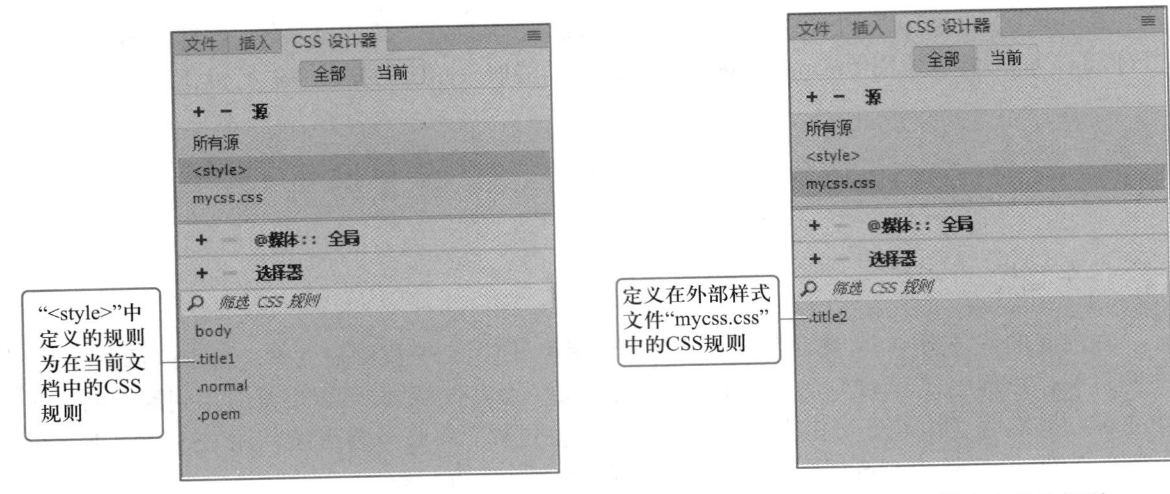

图 2-57　"<style>"中定义的规则　　图 2-58　"mycss.css"文件中定义的规则

按照任务 3 中在页面内定义 CSS 规则的方法，在"<style>"中新建规则".title3"，设置文本样式如下：font-size（字体大小）为"16 px"，font-weight（粗细）为"bolder（加粗）"，line-height（行高）为"16 px"，color（颜色）为"#CC6666"，如图 2-59 所示。

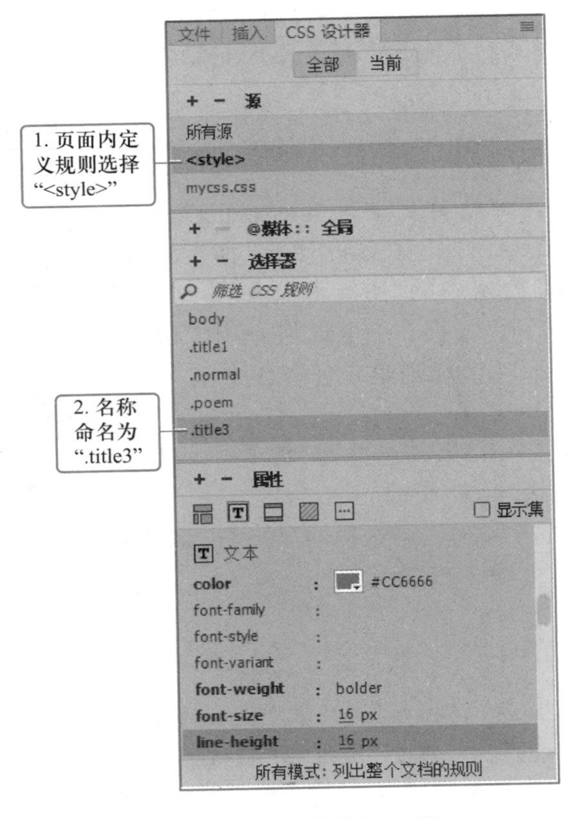

图 2-59　新建规则".title3"

小知识

CSS 规则的 4 种类型

使用“CSS 设计器”面板创建新的 CSS 规则时，在“选择器”窗格要定义选择器类型和名称，其中包含“类”“ID”“标签”和“复合内容”4 种类型，分别具有如下特点。

- “类”选择器：通常以“. 名称”表示。前面定义的规则均属于“类”选择器。“类”选择器是最为灵活的一种类型的样式，它可以任意定义名称并且应用到网页中的各种对象上。但是这种类型的样式在定义之后，需要选择对象并应用后才会生效。
- “ID”选择器：通常以“# 名称”表示。定义一个“ID”选择器后，页面中同一 ID 的网页元素都会应用该选择器样式。
- “标签”选择器：通常以“标签名称”表示。“标签”选择器的定义是建立在 HTML 语言基础上的，可以针对网页中的各种标签进行定义，所以用这种类型的样式定义的名称仅限于固定的标签名称。“标签”选择器定义后，直接被应用到页面中相应的标签对象中。
- “复合内容”选择器：这种选择器包含了定义超链接的 4 种状态，所以可定义的样式名称也只有相应的 4 种，分别是：“a:link”用于定义超链接初始状态；“a:visited”用于定义已经访问过的超链接状态；“a:hover”用于定义鼠标经过超链接对象时的状态；“a:active”用于定义超链接的活动状态。

将光标定位到“青春寄语”部分的标题文字，在“属性”面板 HTML 模式下的“类”列表项中选择“.title3”，替换原来使用的“.tilte2”，效果如图 2-60 所示。

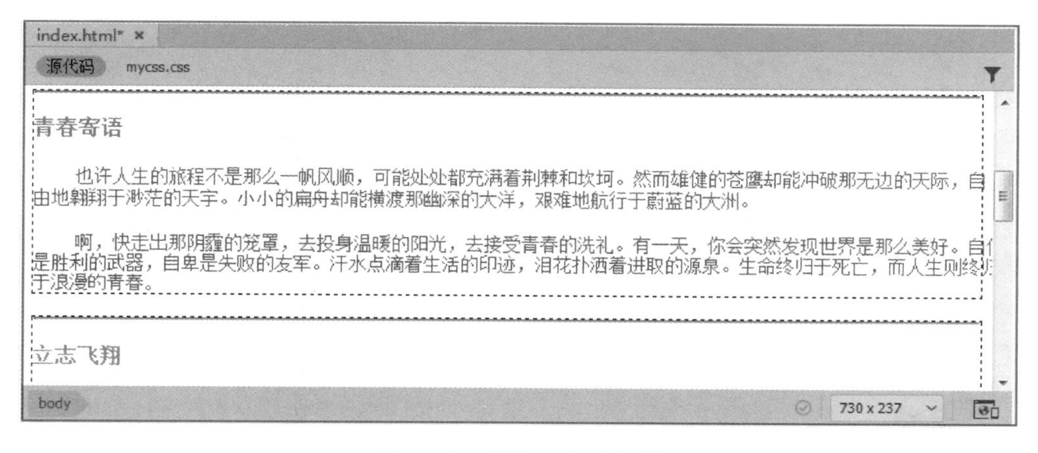

图 2-60　应用“.title3”规则

观察新应用的规则，只替换了“青春寄语”标题的样式，而之前应用了“.title2”规则的标题没有受到影响。

步骤 3　创建与应用页面背景样式

在“CSS 设计器”面板中，选择“源”窗格中的“<style>”，选中“选择器”窗格中的“body”，在“属性”窗格“背景”类别中进行设置：background-image（背景图像）url（路径）为“images\sky.jpg”，background-repeat（背景重复）为“no-repeat（不重复）”，background-attachment（背景附加模式）为“fixed（固定）”，background-position（背景位置）为“0%，100%（左侧底部）”，如图 2-61 所示。

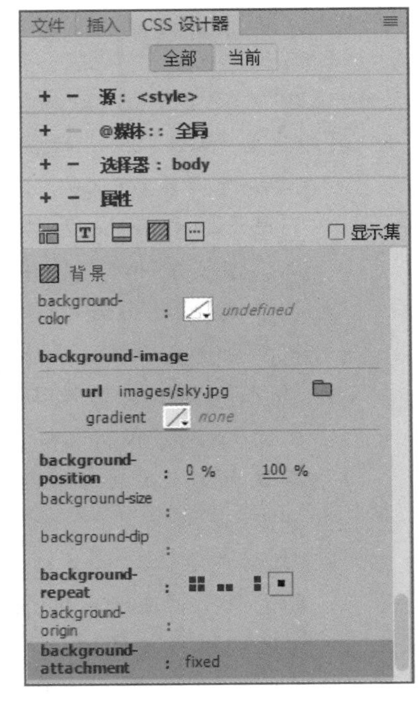

图 2-61　定义“背景”样式

提个醒

创建标签选择器时，可以在页面中选中标签，在“选择器”窗格中添加。也可以直接在“选择器”窗格中直接输入准确的标签名称，如“body”“li”等，不能自定义名称。关于 HTML 语言和标签，请参照附录部分的介绍。

设置完成后，预览首页查看定义的背景效果，如图 2-62 所示。

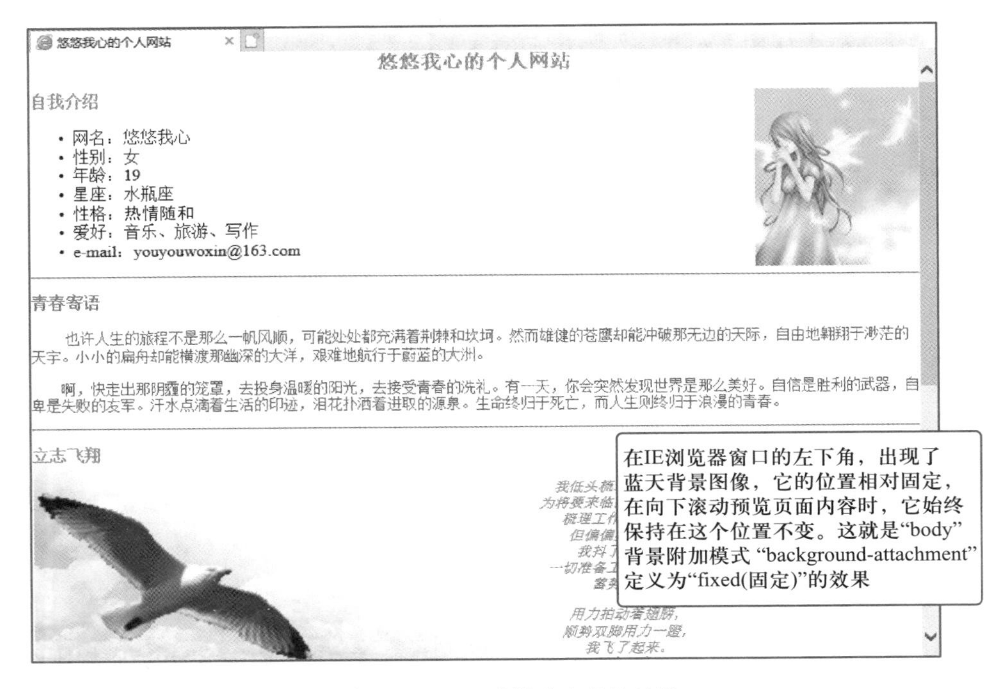

图 2-62　“body”样式定义的效果

步骤 4　创建与应用列表项样式

在“CSS 设计器”面板中，选择“源”窗格中 的“<style>”，在“选择器”窗格中添加“li”标签，如图 2-63 所示。

在“属性”窗格“文本”类别中进行设置：font-size（字体大小）为“14 px”，color（颜色）为“#069”，list-style-image（列表项目符号图像）url（路径）为“images\arrow.gif”，如图 2-64 和图 2-65 所示。

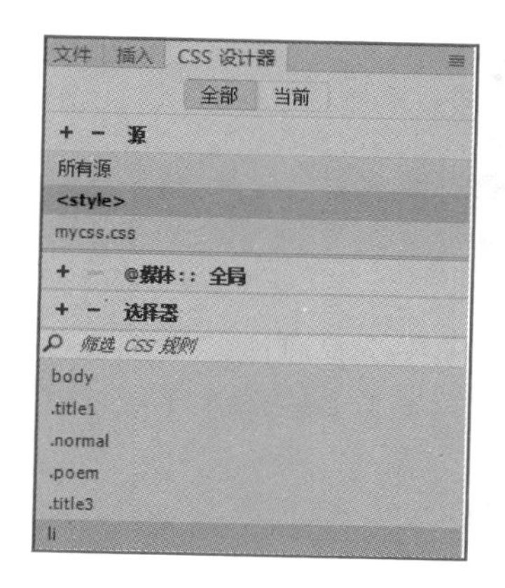

图 2-63　添加“li”标签

图 2-64　定义“字体大小”和“颜色”

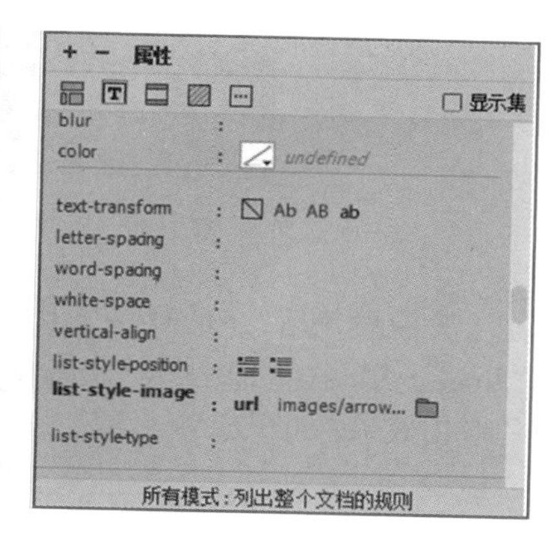

图 2-65　定义“列表”选项

完成设置后，预览首页查看定义的列表效果，如图 2-66 所示。

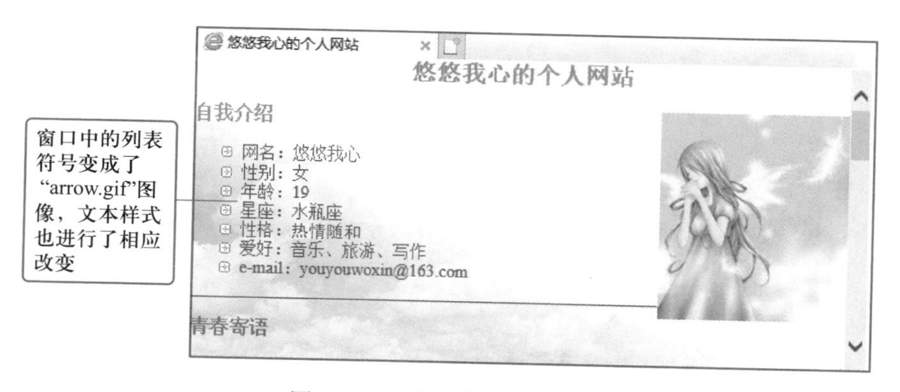

图 2-66　“li”样式定义的效果

步骤 5　创建并应用水平线样式

在“CSS 设计器”面板中，选择“源”窗格中的“<style>”，在“选择器”窗格中添加“.line”，如图 2-67 所示。

在“属性”窗格“边框”类别中选择上边框选项，设置 style（样式）为“dotted（点状线）”，width（宽度）为“thin（细线）”，color（颜色）为“#069”，如图 2-68 所示。

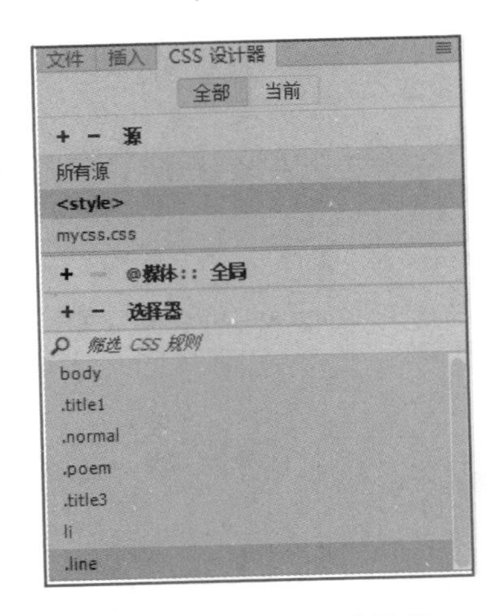

图 2-67　添加“line”样式

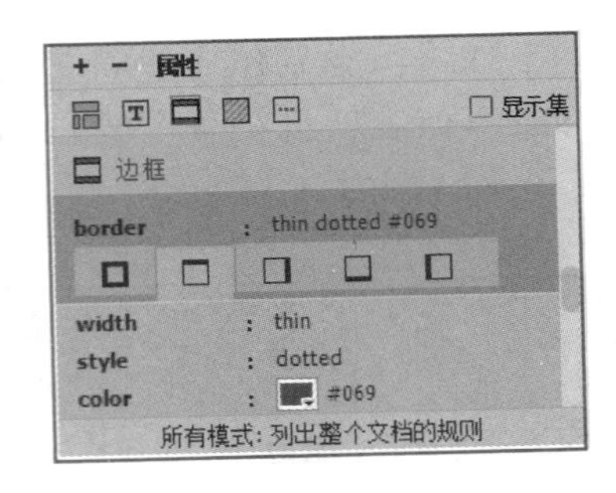

图 2-68　定义“边框”选项

完成设置后，在页面中选中“青春寄语”上方的水平线，在“类”选项中选择刚刚定义的规则“.line”。用同样的方法为“立志飞翔”上方的水平线应用规则“.line”。预览首页查看水平线样式的应用效果，如图 2-69 所示。

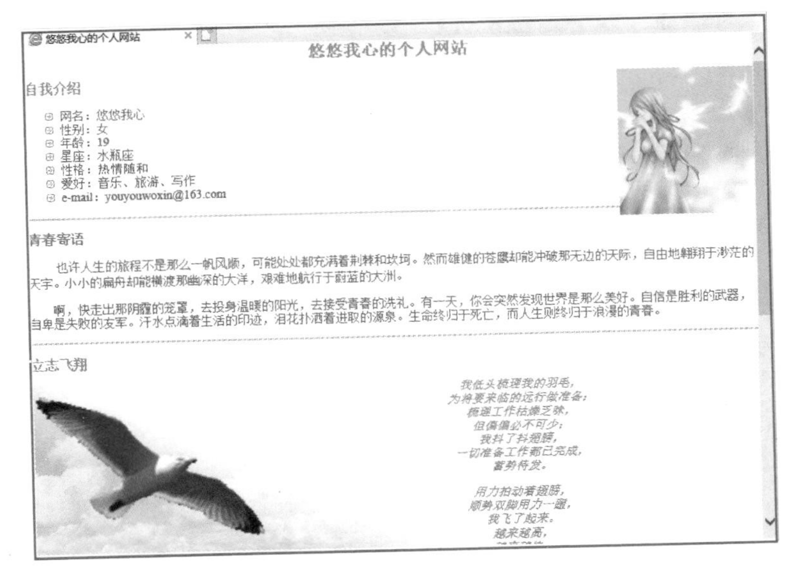

图 2-69　“.line”规则应用的效果

提个醒

CSS 规则的实际应用非常广泛，一般是在网站建设的初期通过定义 CSS 样式文件来统一整个网站的样式风格。本任务中只介绍了 CSS 规则的定义和基本用法，实际应用将在之后相应单元中详细介绍。

举一反三

（1）在“举一反三”站点中，新建网页“practice2-10.html”，插入3条水平线，定义3种“类”样式“l1”“l2”“l3”，定义过程中修改样式中的边框属性，使其具有不同的效果。分别将三种样式应用在三条水平线上，最后预览页面。

（2）在“举一反三”站点中，新建网页“practice2-11.html”，插入本单元素材“举一反三”文件夹中的“JYFS2-4.jpg”和一条水平线，在“CSS设计器”面板定义“line1”类样式，如图练2-2所示修改样式中的边框属性。

分别将该样式应用在页面中的图片与水平线上，预览页面，分析样式设置的结果。

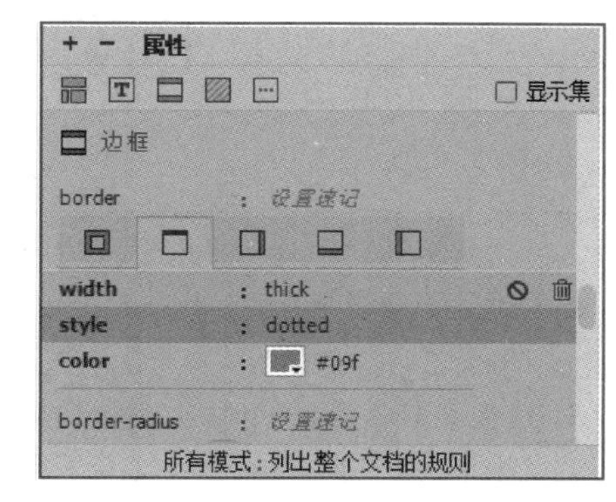

图练2-2 举一反三(2)

（3）将本单元素材“举一反三”文件夹中的网页“practice2-12.html”复制到“D:\jyfs”，打开页面，定义“p”标签样式，设置文本大小与颜色，保存后预览页面观察效果。之后在“CSS设计器”面板定义“p1”类样式，设置不同的文本大小与颜色，并应用于页面中标题文本，浏览页面观察效果，总结类样式与标签样式的区别。

本单元知识梳理

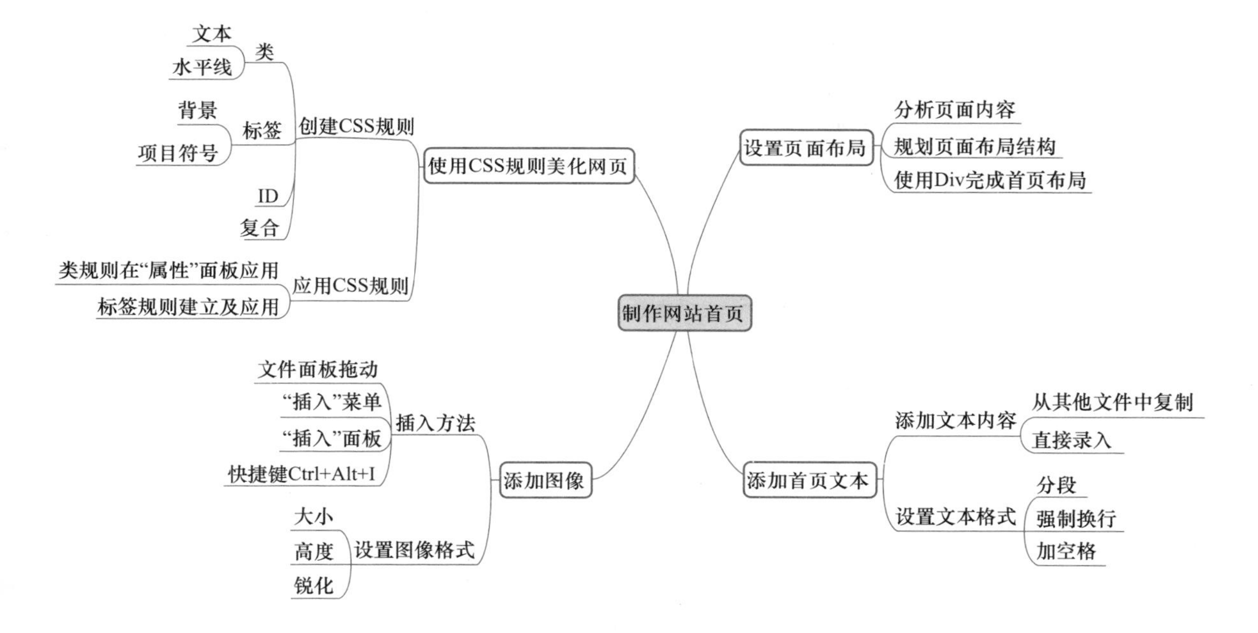

第 3 单 元

创建与应用网站模板

网站制作过程中，应用模板可以统一网站风格，使站点中的各个页面拥有相同的风格与功能，也可以加快网页的制作、更新和浏览的速度。

当前网站制作中，网页布局包括 Div+CSS 和表格两种主流布局方式。其中 Div+CSS 布局方式具有布局灵活、效果丰富、页面加载速度快、便于修改等优点，很多网站都采用了这种布局方式。

本单元将采用 Div+CSS 布局方式，通过“规划网站模板布局”和“使用 Div+CSS 制作模板”两个任务，完成“悠悠我心的个人网站”的模板制作；通过“把首页套用到模板”任务，把首页应用到网站模板。在完成任务的过程中，学习 Div+CSS 布局、制作与应用网站模板的相关知识与技能。网站模板完成后的效果如图 3-1 所示。

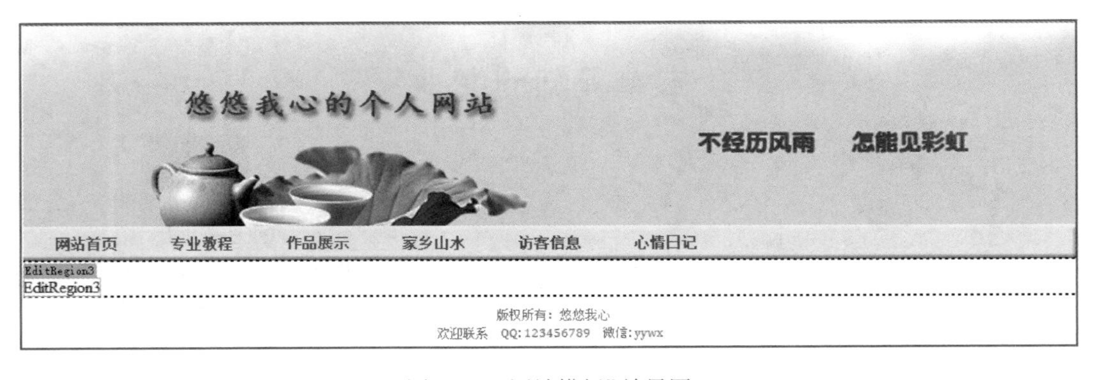

图 3-1　“网站模板”效果图

任务 1　规划网站模板布局

任务描述

在创建网站模板之初，应首先规划网站中包含的页面，分析各个页面相同风格的地方与不同风格的地方，之后把相同风格的地方制作成网站的模板。在制作网站模板前，需要规划一下模板的布局结构。

自己动手

步骤 1　需求分析

需求：规划网站模板的布局结构。

分析：对将要制作的网站各网页结构进行分析，分析模板要包含的内容，规划模板的布局结构。

步骤 2　分析各页面内容

规划好网站的各个栏目后，设计各个页面的风格、内容与结构，"悠悠我心的个人网站"中大部分网页都规划为 4 部分：标题图片、导航菜单、主体内容、底部信息，如图 3-2 所示。

图 3-2　"网站模板"分析

步骤 3　规划页面结构

根据以上分析，规划页面布局结构图，并为各部分进行命名，如图 3-3 所示。

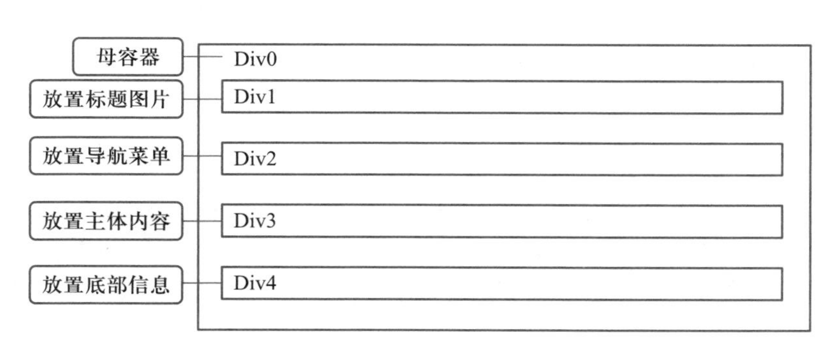

图 3-3　"网站模板页面布局结构图"分析

标题图片、导航菜单、底部信息内容在"悠悠我心的个人网站"中大部分网页都包含，并且位置相同，通过模板进行布局可避免重复制作。主体内容网页各不相同，需要独立编辑，在模板中可以通过插入"可编辑区域"实现。

小知识

可编辑标记属性，它可以解除模板中某个标记属性的锁定，以便模板用户在使用模板制作网页时能够编辑该属性。

举一反三

(1) 打开本单元素材“举一反三”中“par3-1”文件夹中的“index.html”，浏览网页内容，如图练 3-1 所示，分析网页由几部分组成，画出页面布局结构图。

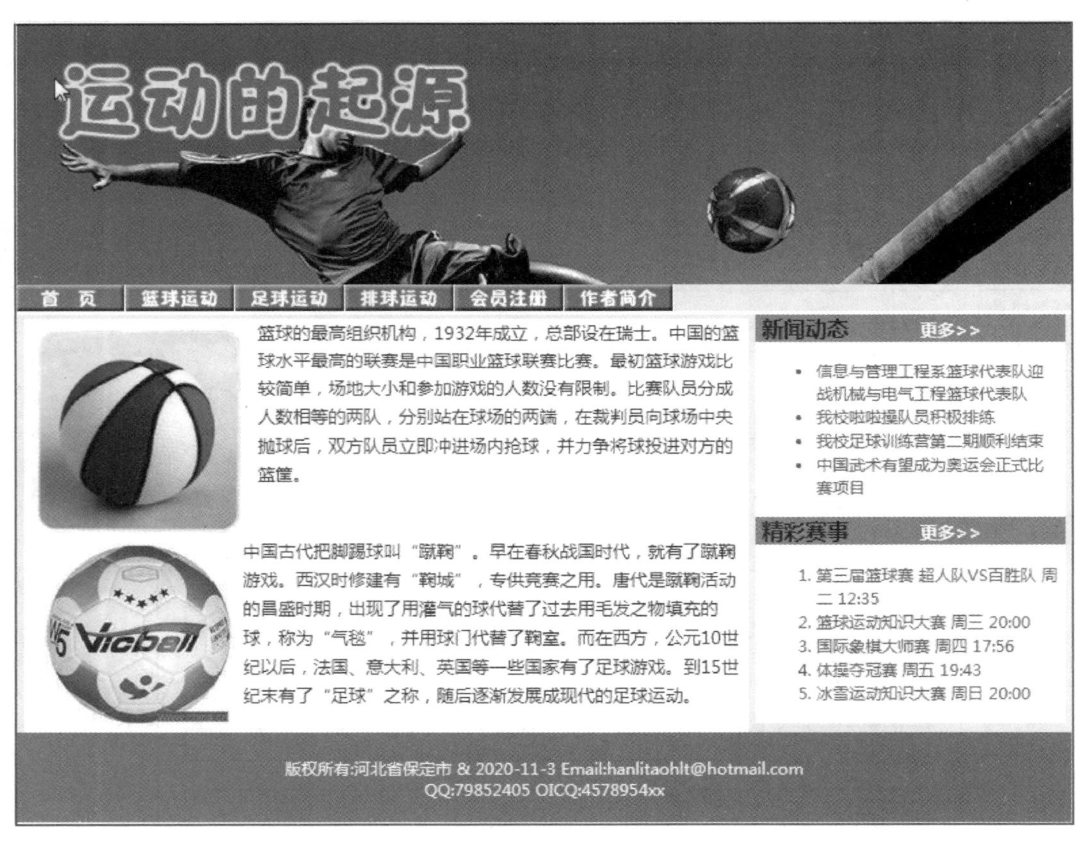

图练 3-1　举一反三(1)

(2) 打开本单元素材“举一反三”中“par3-1”文件夹中的“index.html”，浏览网站内容，使用本任务所学知识，对网站进行分析，确定哪些是网站各网页中的共同元素，哪些是不同元素。

任务2 使用 Div+CSS 制作模板

任务描述

制作模板的方法有两种：一种方法是新建一个模板文件，另一种方法是通过“另存为模板”将已有页面转存为模板文件。本任务采用第一种方法，根据任务 1 布局结构分析，采用 Div+CSS 布局模式创建网站模板。

小知识

(1) Div+CSS 布局：根据前面学习的 Div 标签的定义，可以把 Div 标签中的内容视为一个独立的对象，通过 CSS 规则控制，这就是 Div+CSS 布局。

(2) Div+CSS 布局网页的优势：

- 页面布局灵活、效果丰富：Div+CSS 布局拥有强大的文字控制和排版能力，能够在大部分设备上表现已经构建好的网页布局。
- 页面载入速度更快：由于将大部分页面代码写在了 CSS 样式文件当中，减少了页面代码，使页面文件更小，实现了内容和样式的分离；在打开页面的时候，逐层加载，所有内容加载完后，再调用相关 CSS 规则对内容进行渲染，所以速度更快。
- 改版或修改设计时更有效率：内容和结构分离，在修改页面的时候更加容易；根据区域内容标记，到 CSS 样式文件里找到相应的规则，使得修改页面的时候更加方便，也不会破坏页面其他部分的布局样式，在团队开发中更容易分工合作并减少相互间的关联性。
- 容易保持各个页面视觉的一致性：同一网站各网页使用统一的 CSS 样式文件管理，使不同的页面达到界面风格的统一。
- 方便搜索引擎搜索：由于将大部分 HTML 代码和内容样式写入了 CSS 样式文件中，这就使得网页中代码更加简洁，正文部分更为突出明显，便于被搜索引擎采集、收录。
- 支持更多浏览器：CSS 包含丰富的样式，使页面设计更具灵活性，可以根据不同的浏览器进行参数设置，实现显示效果的统一和不变形，这样就可以让使用不同浏览器的用户看到的网页内容、外观一样。

(3) Div+CSS 布局网页的缺陷：

- 设计复杂度增加：对于 CSS 的高度依赖使得页面设计变得比较复杂，比表格定位复杂得多，在一定程度上影响了 XHTML 网站设计语言的普及应用。
- CSS 文件异常将影响整个网站的正常浏览：网站的设计元素通常放在一个或几个 CSS 样式文件中，这些文件有可能相当复杂，甚至比较庞大，如果 CSS 文件调用出现异常，那么整个网站浏览效果将出现异常。

- 兼容性问题比较突出。虽然说 Div+CSS 解决了大部分浏览器兼容问题，但在部分浏览器中也会出现异常，所以 Div+CSS 还有待各个浏览器厂商在相关规则上的进一步统一。

自己动手

步骤 1　需求分析

需求：创建网站模板。

分析：根据任务 1 规划的网站页面结构，采用 Div+CSS 布局，制作网站模板文件。

步骤 2　模板素材准备

将本单元素材文件夹中的 3 个图片复制到网站目录“D:\mysite\images”文件夹中。

步骤 3　新建模板文件

(1) 运行 Dreamweaver，选择“文件”→“新建”命令，弹出“新建文档”对话框，选中左侧的“新建文档”，选择“文档类型”中的“</>HTML 模板”选项，选择“布局”中的“无”选项，如图 3-4 所示。

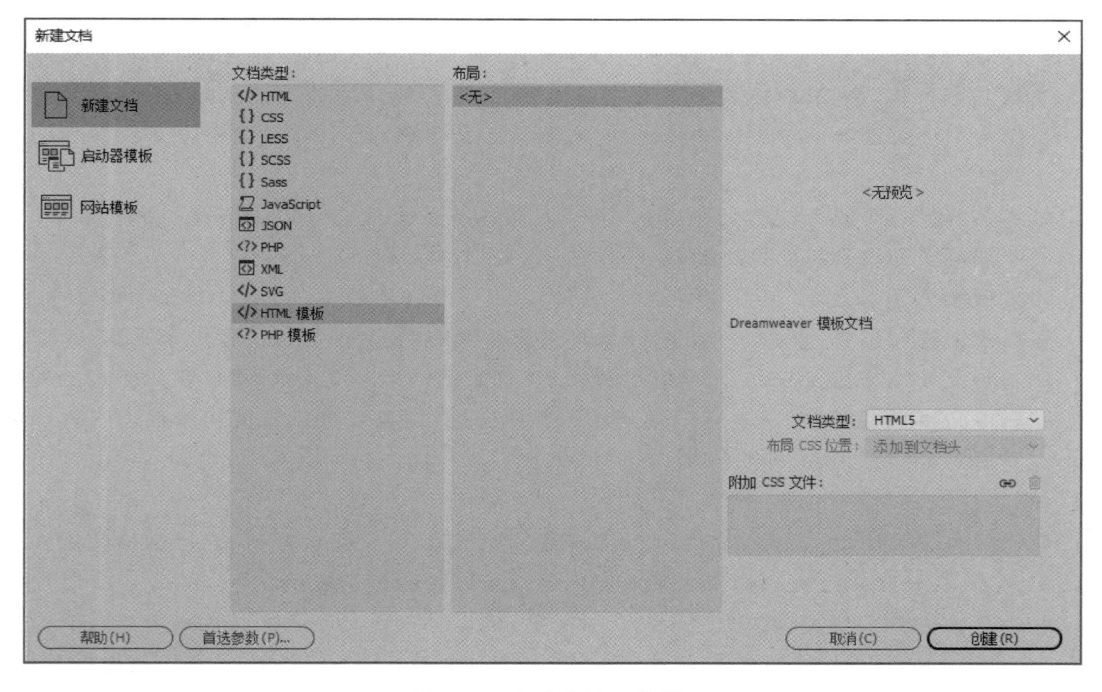

图 3-4　“新建文档”对话框

(2) 单击“创建”按钮，新建一个空白模板页面。选择“文件”→“保存”命令，弹出提示对话框，如图 3-5 所示。

(3) 单击“确定”按钮，打开“另存模板”对话框，选中“悠悠我心的个人网站”站点，“另存为”文本框中输入模板名称“model”，如图 3-6 所示，单击“保存”按钮，保存模板。此时“文件”面板中增加了一个“templates”文件夹，其中有一个模板文件“model.dwt”。

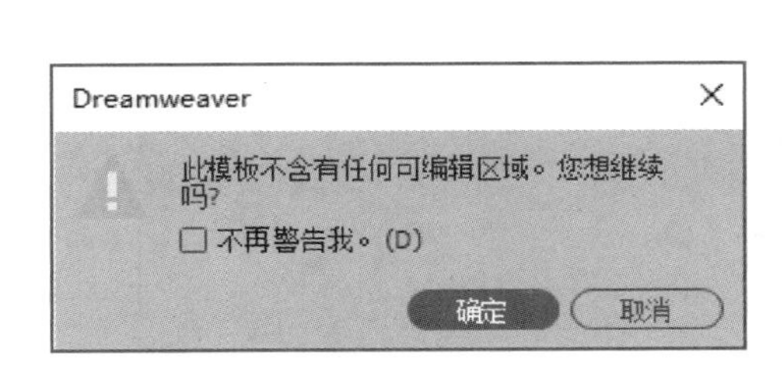

图 3-5　提示对话框

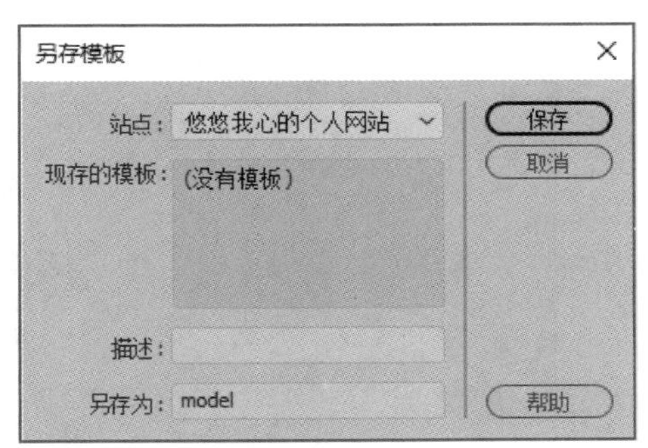

图 3-6　“另存模板”对话框

步骤 4　添加 Div 标签

(1) 在“页面属性”对话框中将“外观(HTML)”中上边距和左边距设置为 0。

(2) 添加 div0。

① 选择“插入”→“Div”命令，打开“插入 Div”对话框，在“插入”下拉列表框中选择“在插入点”，“ID”组合框中输入“div0”，如图 3-7 所示。

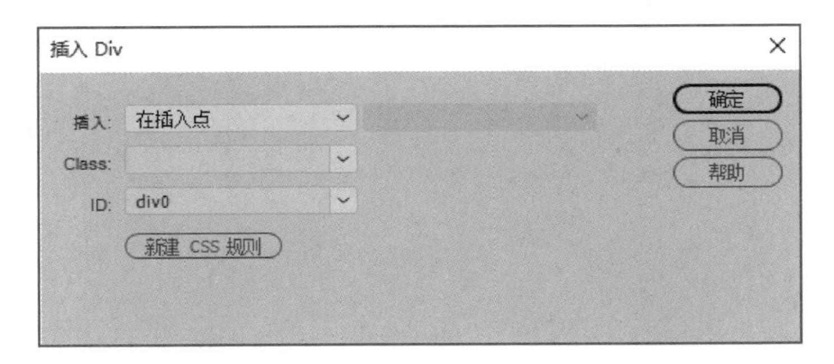

图 3-7　“插入 Div”对话框 1

② 在“插入 Div”对话框中，单击“新建 CSS 规则”按钮，打开“新建 CSS 规则”对话框，按图 3-8 所示进行设置，表示本 CSS 规则将应用到该文档中 ID 为“#div0”的所有 Div 上。

③ 单击“确定”按钮，打开“#div0 的 CSS 规则定义”对话框，选择“背景”选项，设置 Background-color(背景颜色)为“#FFF”，选择“方框”选项，设置 Div 的 Width(宽)为“1 000 px”，Margin(边界)Top(上)、Bottom(下)均为“0 px”，Left(左)、Right(右)均为“auto(自动)”，如图 3-9 所示，单击“确定”按钮，完成“#div0”的 CSS 规则定义。

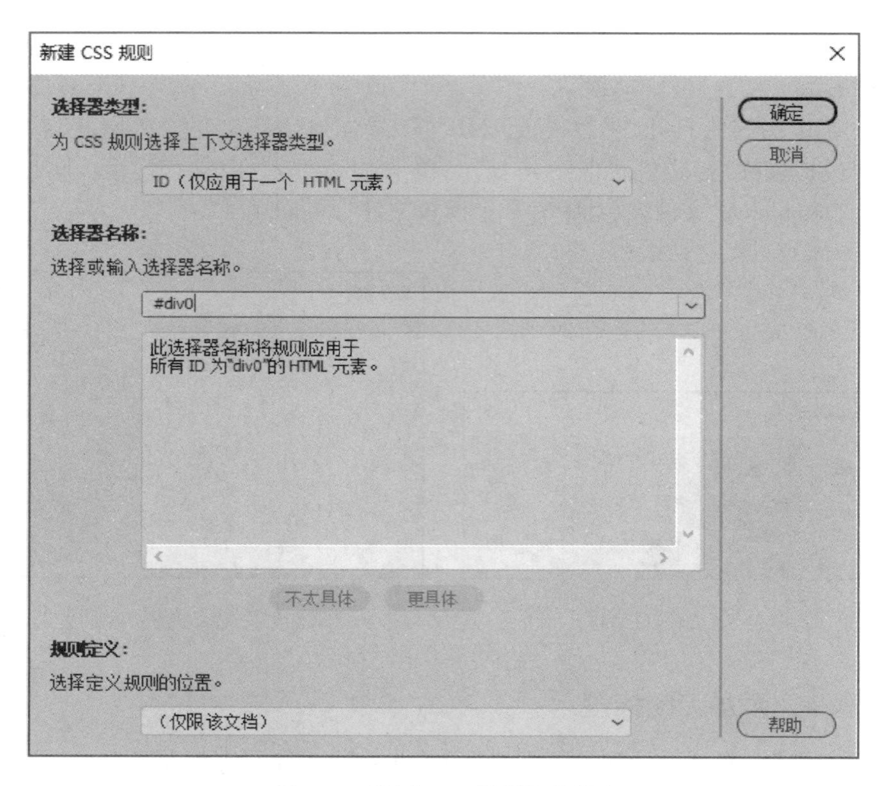

图 3-8　“新建 CSS 规则”对话框

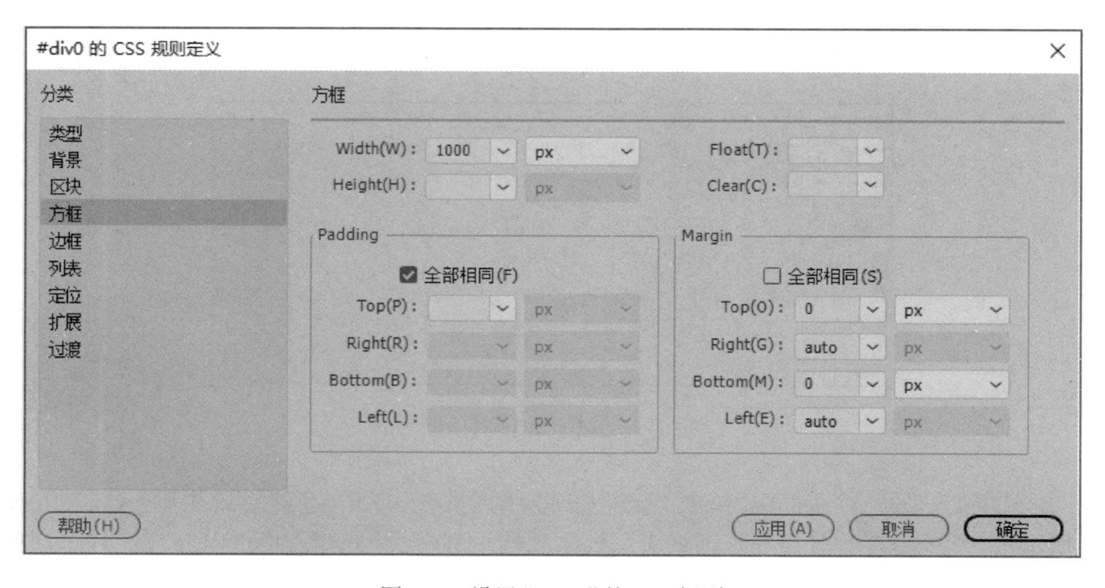

图 3-9　设置“#div0”的 CSS 规则

小知识

1. “方框”属性列表

- Width(宽)、Height(高):设置页面元素的宽度和高度。
- Padding(填充):设置元素中的内容距离边框的距离。
- Margin(边界):设置元素距离其他元素的距离。

2. Div 方框水平居中对齐

通过 CSS 规则设置 Div 的 Margin(边界)属性时,“方框”Left(左)、Right(右)边界值设置为“auto(自动)”,可实现 Div 的水平居中对齐。

④ 在“插入 Div”对话框中单击“确定”按钮,完成 ID 为“#div0”的 Div 的创建,如图 3-10 所示。

图 3-10　插入“#div0”标签

(3) 在 div0 中添加 div1。删除 div0 中的默认文本“此处显示 id ‘div0’的内容”。把光标放在其中,选择“插入”→“Div”命令,打开“插入 Div”对话框,在“插入”下拉列表框中选择“在插入点”,“ID”组合框中输入“div1”。单击“新建 CSS 规则”按钮,设置“#div1”的 CSS 规则:“方框”属性中设置 Width(宽)为“1 000 px”,Height(高)为“200 px”。效果如图 3-11 所示。

(4) 在 div0 中的 div1 下方继续添加 div2。光标在 div1 中,选择“插入”→“Div”命令,在“插入”下拉列表框中选择“在标签后”“<div id="div1">”,“ID”组合框中输入“div2”,如图 3-12 所示。新建“#div2”的 CSS 规则:“背景”属性中设置 Background-image(背景图片)为“images”文件夹中的“dh.jpg”,“方框”属性中设置 Width(宽)为“1 000 px”,Height(高)为“34 px”。

(5) 在 div0 中的 div2 下方继续添加 div3。打开“插入 Div”对话框,在“插入”下拉列表框中选择“在标签后”“<div id="div2">”,在 ID 组合框中输入“div3”。新建“#div3”的 CSS 规则:“方框”

图 3-11　插入“#div1”标签

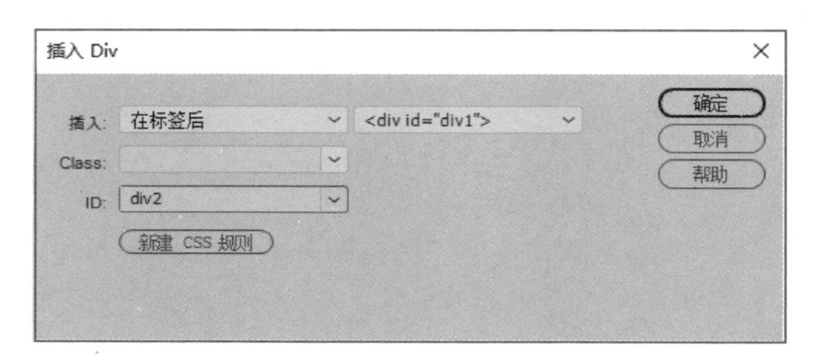

图 3-12　“插入 Div”对话框 2

属性中设置 Width（宽）为“1 000 px”。

（6）在 div0 中的 div3 下方继续添加 div4。打开“插入 Div”对话框，在“插入”下拉列表框中选择“在标签后”“<div id="div3">”，在 ID 组合框中输入“div4”。新建“#div4”的 CSS 规则：“类型”属性中设置 Font-size（文字大小）为“12 px”，Color（文字颜色）为“#7E7E7E”，Line-height（行高）为“18 px”；“区块”属性中设置 Text-align（对齐）为“Center（居中）”；“方框”属性中设置 Width（宽）为“1 000 px”，Height（高）为“40 px”，Padding（填充）Top（上）为“10 px”，Bottom（下）、Left（左）、Right（右）填充为“0 px”。

至此，5 个 Div 添加完毕，其中 div0 是其他 4 个 Div 的容器，由于已经删掉了 div0 中的文本内容，所以 div0 在设计视图中看不到，如图 3-13 所示。

步骤 5　在 Div 内添加内容

（1）添加标题图片。删除 div1 中内容，把光标放在其中，插入“images”文件夹中图片“title.jpg”。

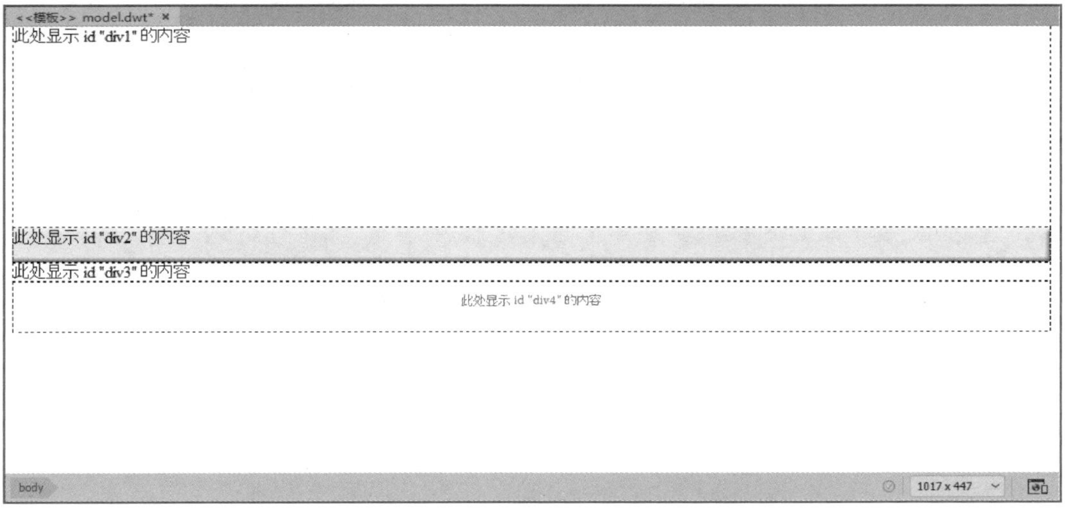

<<模板>> model.dwt* ×
此处显示 id "div1" 的内容
此处显示 id "div2" 的内容
此处显示 id "div3" 的内容
此处显示 id "div4" 的内容
body　1017 x 447

图 3-13　插入全部 Div 标签效果图

(2) 添加导航菜单。删除 div2 中的内容，把光标放在其中，选择“插入”→“项目列表”命令，输入“网站首页”，按回车键，继续输入“专业教程”并按回车键，同样方法继续完成“作品展示”“家乡山水”“访客信息”“心情日记”列表项，如图 3-14 所示。

图 3-14　添加项目列表后的设计视图

(3) 编辑导航菜单。

① 单击标签选择器中的列表标签“<ul>”，选中项目列表，在“CSS 设计器”面板中选中“源”窗格中的“<style>”，单击“选择器”窗格中的“添加选择器”按钮 + ，在弹出的文本框中默认有“#div0 #div2 ul”，如图 3-15 所示。使用默认值，按回车键确认。

小知识

图 3–15 中选择器名称“#div0 #div2 ul”表示此 CSS 规则只应用于 ID 为 div0 内的 div2 中的 ul 项目列表上。

设置选择器名称时，可以在 HTML 元素 ID 前加 HTML 容器 ID，表示此 CSS 规则只应用于指定容器内的 HTML 元素，容器外相同 ID 的 HTML 元素不会应用此 CSS 规则。

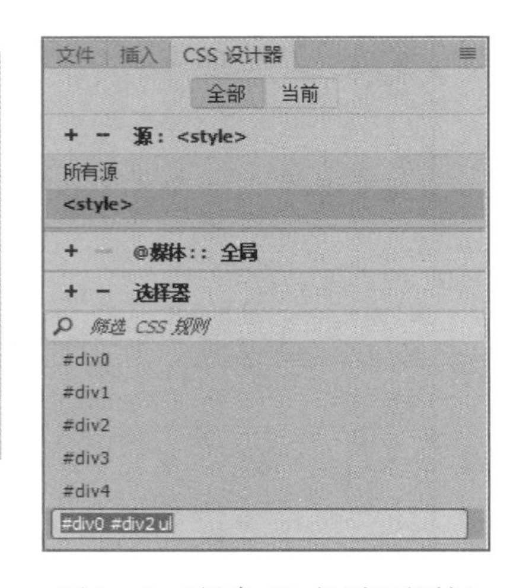

图 3–15　“新建 CSS 规则”对话框

② 使“属性”窗格“显示集”复选框处于未选中状态，在“布局”类别中设置 display（显示）属性为“inline（内嵌）”，如图 3–16 所示。

③ 选中一个列表项，单击标签选择器中的列表项标签“<li>”，在“CSS 设计器”面板中，单击“选择器”窗格中的“添加选择器”按钮 +，在弹出的文本框中默认有“#div2 ul li”，使用默认值，按回车键确认。在“属性”窗格“文本”类别中设置 font-size（文字大小）为“14 px”，font-weight（粗细）为“bolder（粗体）”，color（颜色）为“#366”。设置 list-style-type（列表项目标记类型）及 list-style- image（列表样式图像）为“none（无）”，如图 3–17 所示。

在“布局”类别中，设置 width（宽）为“80 px”，margin（边界）中 top（上）为“8 px”，left（左）为“30 px”，float（浮动）为“Left（左对齐）”，如图 3–18 所示。

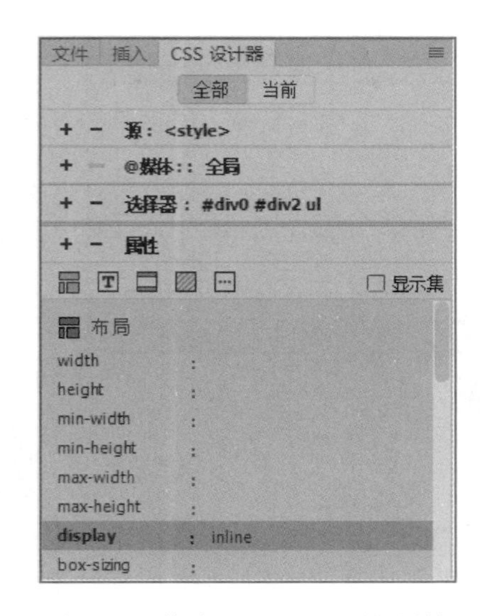

图 3–16　修改“display（显示）”属性

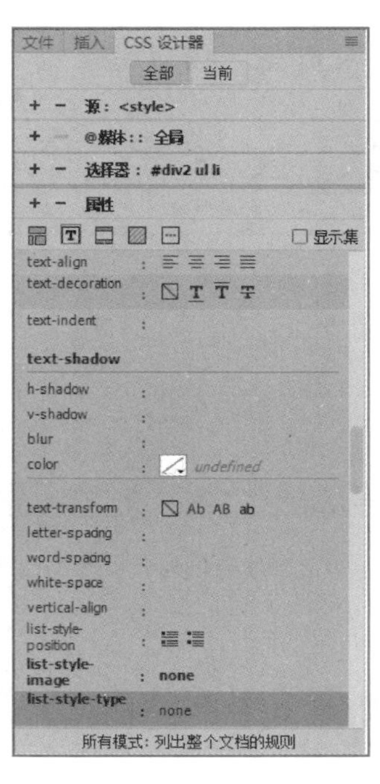

图 3–17　修改列表项属性

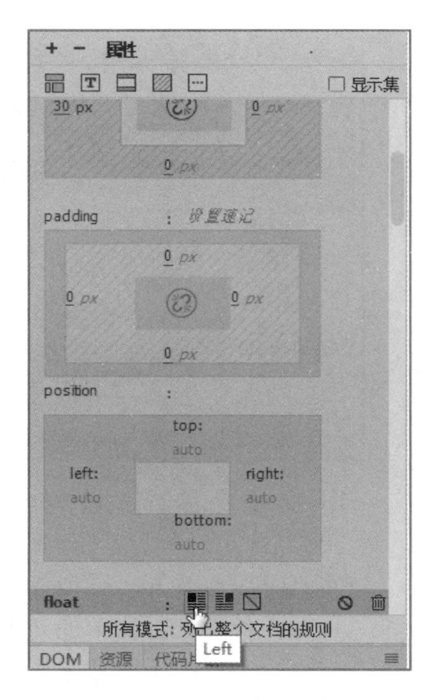

图 3–18　设置布局属性

（4）添加底部信息。删除 div4 中的内容，把光标放在其中，输入“版权所有：悠悠我心”，强制换行再输入“欢迎联系 QQ：123456789　微信：yywx”，如图 3–19 所示。

图 3–19　编辑完成导航菜单的设计视图

步骤 6　插入可编辑区域

（1）删除 ID 为 div3 中的内容，把光标放在其中，选择“插入”→“模板”→“可编辑区域”命令，打开“新建可编辑区域”对话框，如图 3–20 所示。

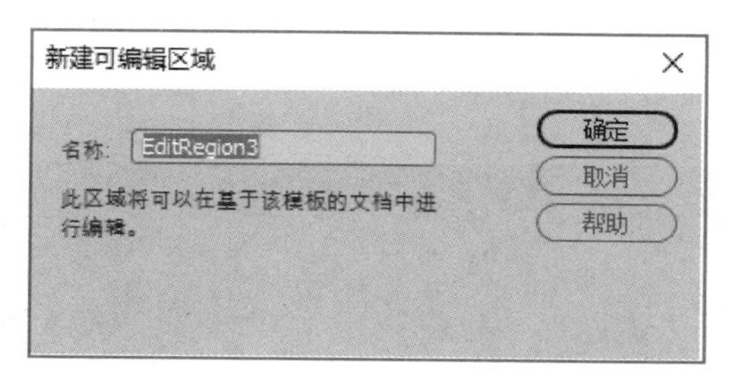

图 3–20　“新建可编辑区域”对话框

（2）单击“确定”按钮，插入可编辑区域，如图 3–21 所示。

图 3–21　插入“可编辑区域”

提个醒

图 3-21 中“EditRegion3”为可编辑区域，这个区域可以根据不同网页的需求，添加不同的内容；头部、底部及导航菜单为不可编辑区域，应用该模板的每个网页这 3 部分是一致的。

步骤 7　添加背景图像

在“页面属性”对话框中，设置背景图像为“images”文件夹中的“bgfill.jpg”。单击“文件”→“保存”命令，完成“悠悠我心的个人网站”模板。

举一反三

(1) 使用本任务所学列表知识，利用本单元素材“举一反三”中“par3-2\images”文件夹中的“btbg.png”图片制作网页导航，如图练 3-2 所示，网页文件名为“practice3-1.html”。

首　页　篮球运动　足球运动　排球运动　会员注册　作者简介

图练 3-2　举一反三(2)

(2) 使用本任务所学模板知识，利用本单元素材“举一反三”中的“par3-2”文件夹，创建站点“sport”并制作模板“modelsport”，如图练 3-3 所示。

图练 3-3　举一反三(3)

任务 3　把首页套用到模板

任务描述

应用网站模板制作网页的方法有两种：一种是应用模板新建网页，另一种方法是将模板套用到已有的网页中。在本任务中采用第 2 种方法，将模板套用到网站首页中，另一种将在后面单元中介绍。

自己动手

步骤 1　需求分析

需求：为网站首页套用模板。

分析：上一单元中完成了网站首页的制作，本任务将把模板套用到网站首页上。

步骤 2　套用模板到页

(1) 运行 Dreamweaver，打开在第 2 单元中建立的网站首页“index.html”，在“CSS 设计器”面板的“选择器”窗格中删除“body”规则，以避免与模板中的“body”规则发生冲突。选择“工具”→“模板”→“应用模板到页”命令。打开“选择模板”对话框，在其中的“站点”下拉列表框中选择站点“悠悠我心的个人网站”，在“模板”列表框中选择新建的“model”模板，勾选“当模板改变时更新页面”复选框，如图 3-22 所示。

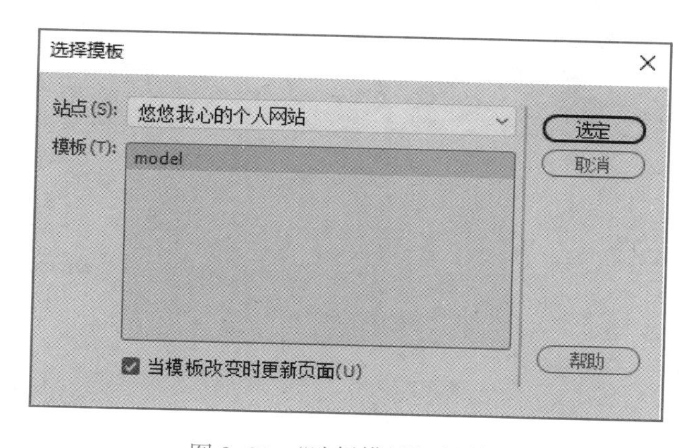

图 3-22　“选择模板”对话框

(2) 单击“选定”按钮，弹出“不一致的区域名称”对话框，如图 3-23 所示。选中“Document body”，在“将内容移到新区域”下拉列表框中选择“EditRegion3”，表示首页主体内容(<body> 标签中的全部内容)插入到 model 模板的可编辑区域 EditRegion3 中；选中“Document head”，在“将内容移到新区域”下拉列表中选择“head”，表示应用前后“<head>”标签中的内容不变。

(3) 单击“确定”按钮，模板套用到首页，修改网页标题为“悠悠我心的个人网站”，预览网站首页，效果如图 3-24 所示。

不一致的区域名称

此文档中的某些区域在新模板中没有相应区域。

名称	已解析
可编辑区域	
Document body	EditRegion3
Document head	head

将内容移到新区域：EditRegion3　用于所有内容

帮助　取消　确定

图 3–23　“不一致的区域名称”对话框

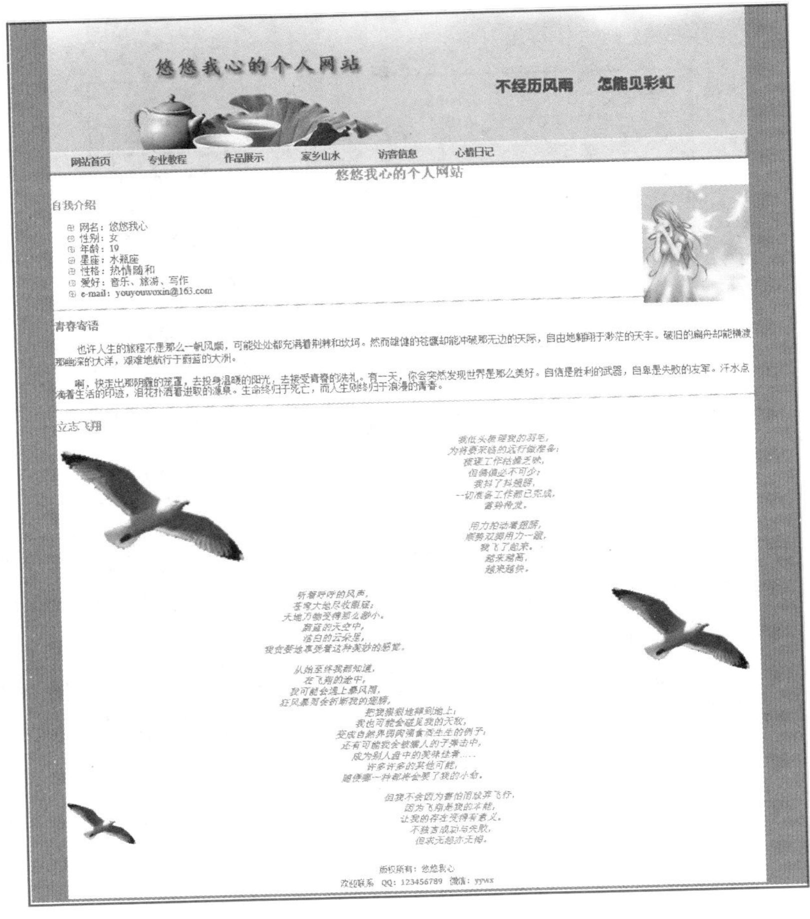

图 3–24　首页套用模板效果

小知识

“工具”菜单中的“模板”子菜单中，包含如下常用菜单项：

- 从模板中分离：使用模板制作网页后，只有可编辑区域中的内容可以修改，其他内部被锁定不能修改，单击“从模板中分离”命令可以使网页中所有内容可以修改。
- 更新当前页：如果应用模板后，模板内容修改了，可以使用此菜单项更新当前打开的网页，使当前网页应用更新后的模板。
- 更新页面：如果应用模板后，模板内容修改了，可以使用此命令更新站点中所有应用此模板的网页，使网页应用更新后的模板。

举一反三

(1) 打开本单元素材“举一反三”中“par3–2”文件夹中的网页“pq.html”，套用本单元任务 2 举一反三所制作模板“modelsport”，网页标题修改为“排球运动”。

(2) 打开本单元素材“举一反三”中“par3–2”文件夹中的网页“jj.html”，套用本单元任务 2 举一反三所制作模板“modelsport”，网页标题修改为“作者介绍”。

本单元知识梳理

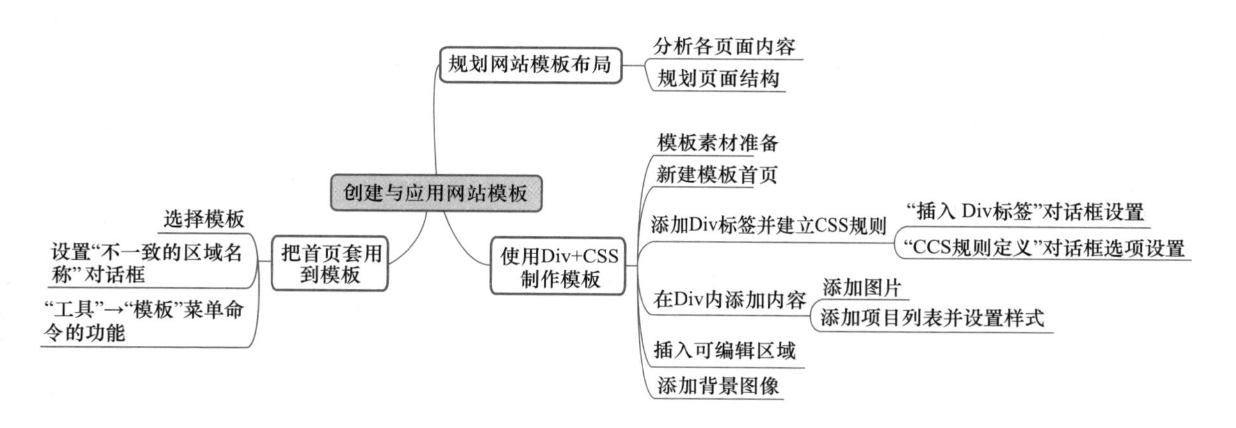

第 4 单元

制作“专业教程”网页

Div+CSS 具有布局灵活、效果丰富、页面加载速度快、便于修改等优点，所以很多网站都采用这种布局方式。第 3 单元中通过创建网站模板初步介绍了 Div+CSS 网页布局方法。

本单元将通过“页面规划”“使用 Div 进行页面布局”和“在 Div 内添加内容”3 个任务，应用第 3 单元制作的模板，完成“悠悠我心的个人网站”中“专业教程”栏目网页的制作，由此深入学习使用 Div+CSS 进行网页布局的知识与技巧，任务完成后的效果如图 4-1 所示。

图 4-1　“专业教程”网页效果图

任务 1 页面规划

任务描述

在使用 Div+CSS 技术创建网页之前，首先要构思并规划页面的布局结构。

自己动手

步骤 1 需求分析

需求：完成“专业教程”网页的页面规划。

分析：首先根据页面效果图，分析页面由哪几部分组成，各部分的嵌套关系，然后为各部分命名，最后设计出页面布局结构图。

步骤 2 分析页面布局结构

依据设计效果图，“专业教程”网页的标题图片和底部信息属于网站模板部分。本任务要完成的内容可分为“顶部”“主体”和“底部”3 个区域，如图 4-2 所示。“顶部”区域划分为左、右两部分，分别用于显示部分图片和文字。“主体”区域划分为左、中、右 3 部分，其中左、中部分又各自划分为上、下两部分，分别用于显示各类教程链接。“底部”区域用于显示友情链接。

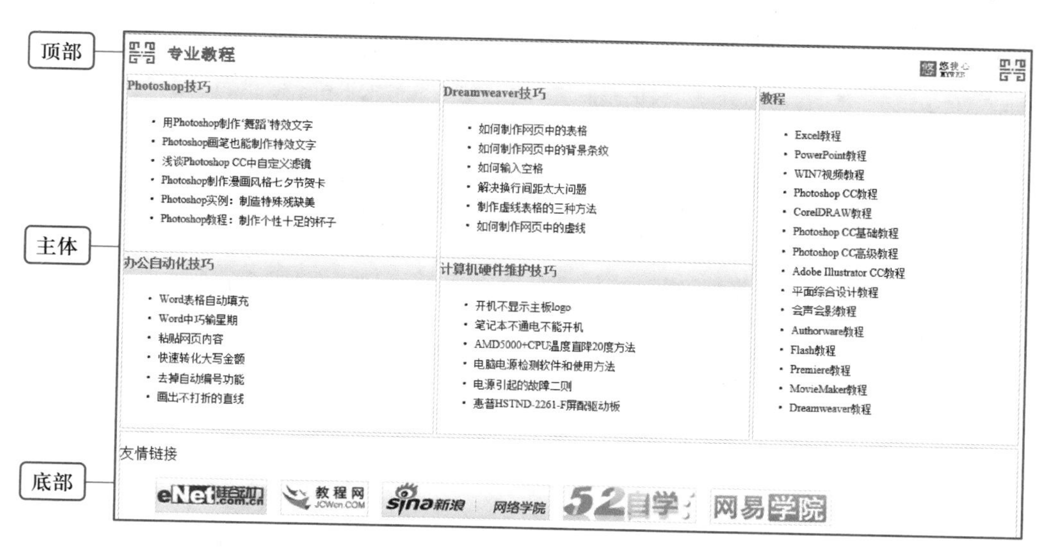

图 4-2 “专业教程”页面布局分析

根据以上分析，设计页面布局结构图，并为各部分进行命名，如图 4-3 所示。

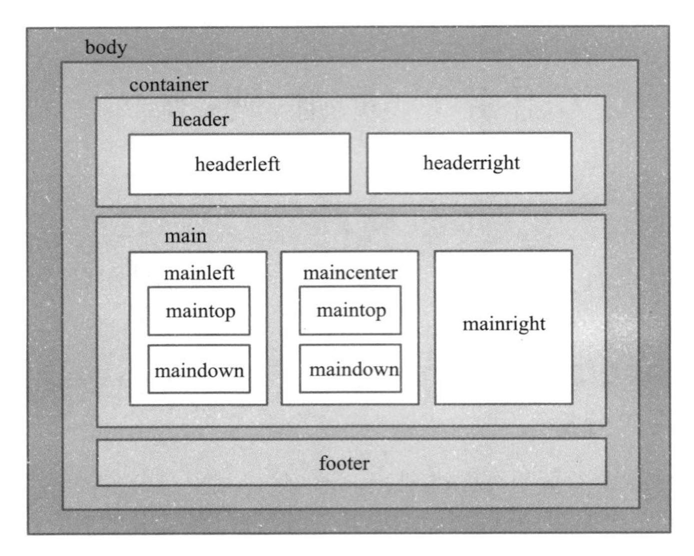

图 4–3　页面布局结构图

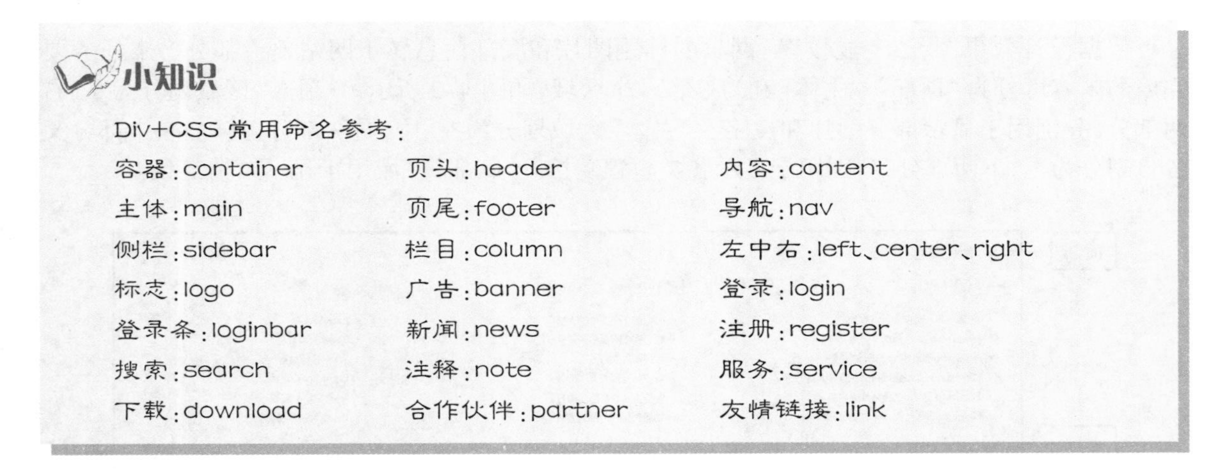

小知识

Div+CSS 常用命名参考：

容器：container	页头：header	内容：content
主体：main	页尾：footer	导航：nav
侧栏：sidebar	栏目：column	左中右：left、center、right
标志：logo	广告：banner	登录：login
登录条：loginbar	新闻：news	注册：register
搜索：search	注释：note	服务：service
下载：download	合作伙伴：partner	友情链接：link

步骤 3　设计层结构

“专业教程”网页使用层（Div）进行页面布局，根据页面布局结构图，设计层结构如图 4–4 所示。

举一反三

（1）请使用本任务所学知识，对图练 4–1 所示的网页效果图进行分析，规划出合理的页面布局，画出对应的页面布局结构图，并为页面布局结构图中各部分进行命名。

（2）请使用本任务所学知识，对图练 4–2 所示的网页效果图进行分析，规划出合理的页面布局，画出对应的页面布局结构图，然后设计层结构图。

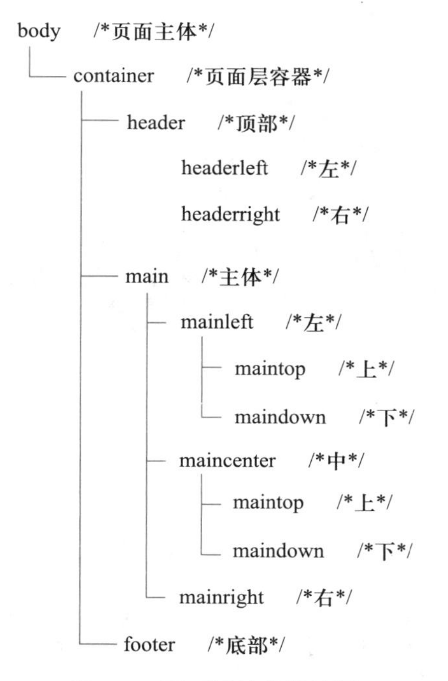

图 4–4　页面层结构设计图

图练 4–1　举一反三(1)

图练 4-2　举一反三(2)

任务 2　使用 Div 进行页面布局

任务描述

本任务通过完成任务 1 中设计好的页面布局，介绍使用模板创建网页、设置 Div 样式，以及用 Div 进行页面布局的方法。

自己动手

步骤 1　需求分析

需求：根据任务 1 画出的页面布局结构图，利用网站模板创建网页，实现“专业教程”页面布局。

分析：观察页面布局结构图，把整个页面分为上、中、下 3 个部分，每部分中又嵌套若干个 Div。本任务按顺序从上至下添加 Div，并设置 Div 的 CSS 规则。

步骤 2　利用网站模板新建网页文件

(1) 依据第 1 单元建立的网站目录结构，本单元“专业教程”栏目建立在“study”文件夹中。

运行 Dreamweaver，选择“文件”→“新建”命令，弹出“新建文档”对话框，选中左侧的“网站模板”，站点选择“悠悠我心的个人网站”，模板选择“model”，如图 4–5 所示。

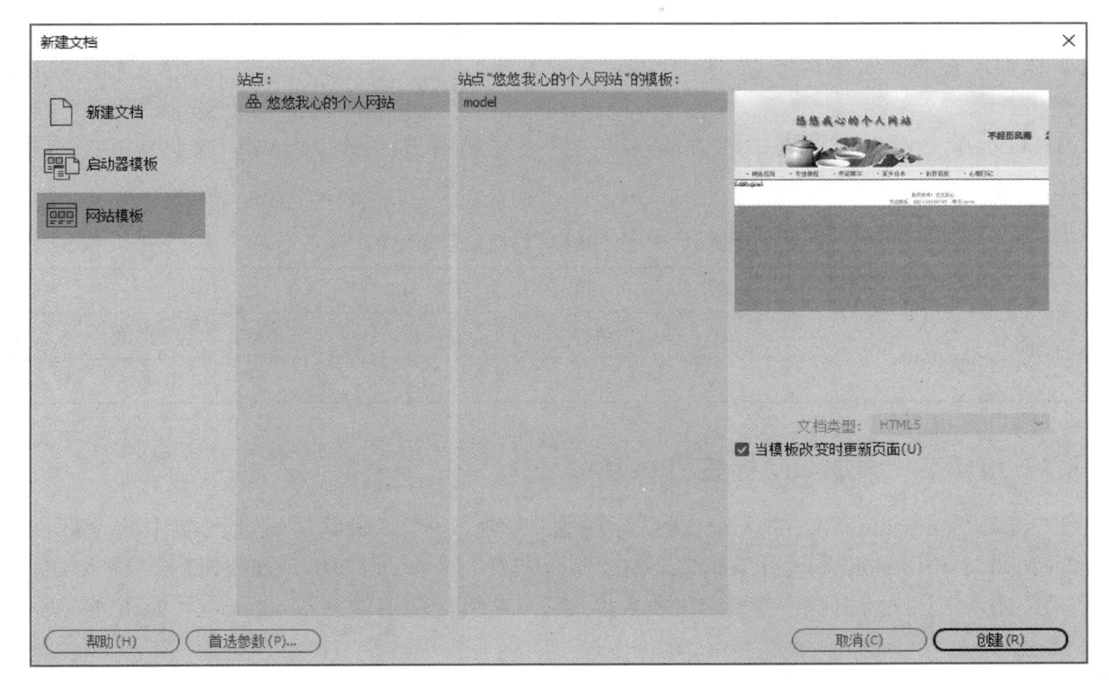

图 4–5　“新建文档”对话框

(2) 单击“创建”按钮，利用模板新建了一个网页，如图 4–6 所示。选择“文件”→“保存”命令，保存网页文件，文件名为“study.html”，保存至“D:\mysite\ study”文件夹中。

图 4–6　利用模板新建网页

当前网页是模板文件“model”的全部内容，除了“可编辑区域”（EditRegion3）能够改变外，其他部分都属于固定区域，不能修改。

（3）将本单元素材文件夹中的“images”文件夹复制到“D:\mysite\study”文件夹中。本栏目目录结构见表 4–1。

表 4–1　“专业教程”栏目的目录结构

所在路径	文件 / 文件夹的名字	说明
D:\mysite\ study	study.html	“专业教程”页面
	<images>	图像文件夹

步骤 3　添加 Div 标签“header”

（1）打开“study.html”文件，修改网页标题为“专业教程”。删除可编辑区域中的全部文本，将光标放到“EditRegion3”的可编辑区域中，然后选择“插入”→“Div”命令，打开“插入 Div”对话框，在“插入”下拉列表框中选择“在插入点”，“ID”组合框中输入“container”，如图 4–7 所示。

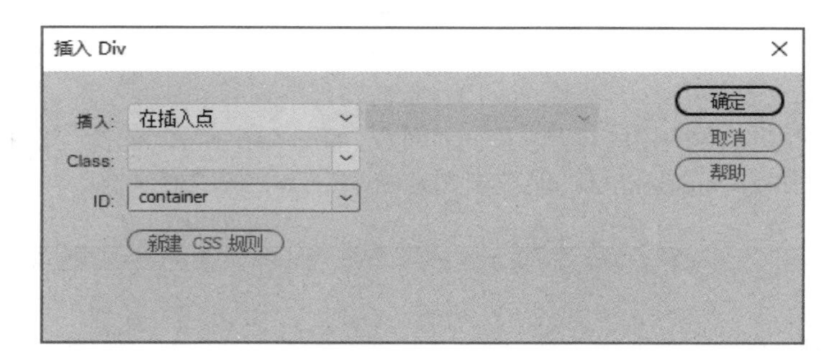

图 4–7　“插入 Div”对话框

（2）单击“插入 Div”对话框中的“新建 CSS 规则”按钮，打开“新建 CSS 规则”对话框，如图 4–8 所示。

（3）在“新建 CSS 规则”对话框中，“选择器名称”采用默认名称“#container”，单击“确定”按钮将打开“#container 的 CSS 规则定义”对话框，选择“方框”选项，设置 Div 的 Width（宽）为“1 000 px”，Height（高）为“550 px”，Margin（边界）中 Top（上）和 Bottom（下）均为“0 px”，Left（左）和 Right（右）均为“auto（自动）”，如图 4–9 所示，单击“确定”按钮，删除 ID 为 container 的 Div 中的内容，完成 ID 为 container 的 Div 设置。

（4）将光标放在 ID 为“container”的 Div 中，插入一个新的 Div。在“插入 Div”对话框中，选择“在插入点”，在 ID 中输入“header”。单击“新建 CSS 规则”按钮，设置“#header”的 CSS 规则：

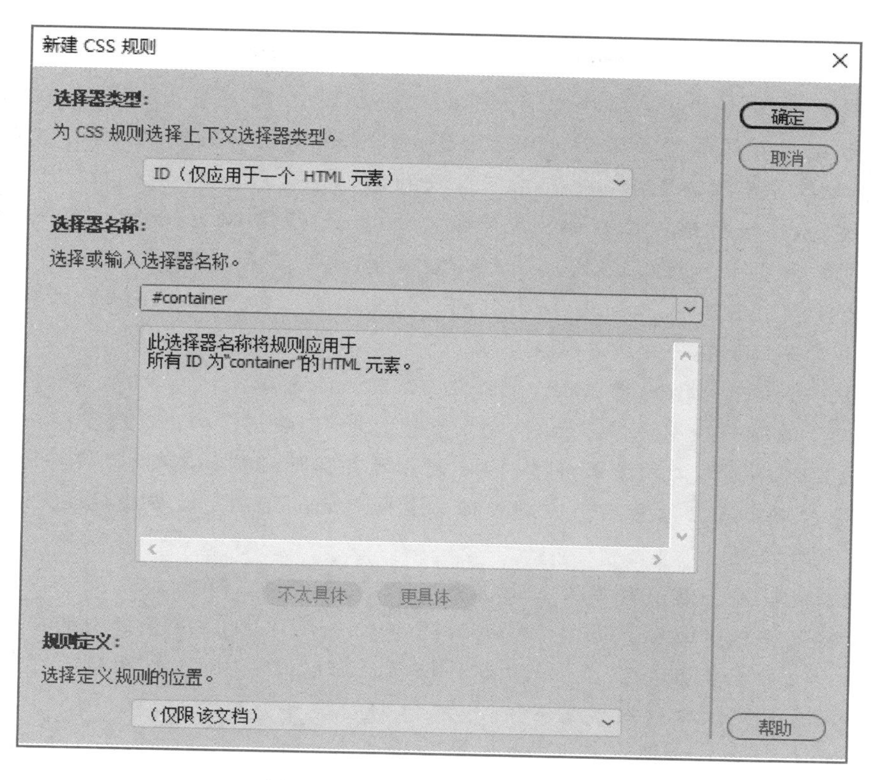

图 4-8　“新建 CSS 规则”对话框

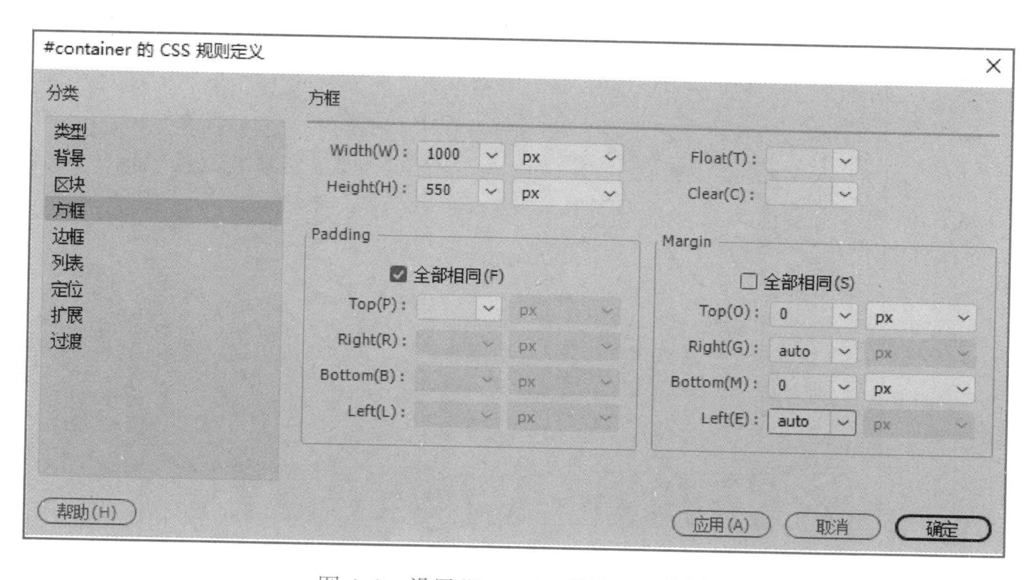

图 4-9　设置“#container”的 CSS 规则

“方框”属性中设置 Width（宽）为“1 000 px”，Height（高）为“33 px”，Margin（边界）中 Top（上）和 Bottom（下）均为“5 px”、Left（左）和 Right（右）均为“auto（自动）”。单击“确定”按钮，完成 ID 为“header”的 Div 设置。

小知识

Div 宽度、高度和边界等参数的计算来源于如下盒子模型有关知识。本书中的所有 Div 宽度、高度和边界等参数都是在 w3c 标准下计算的。

盒子模型：盒子模型是从 CSS 诞生之时便产生的一个重要概念，理解了盒子模型才能更好地布局网页。网页中的大部分对象，如 Div、文本、图像等，实际呈现形式都是一个盒子形状对象（即块状对象）。在浏览器看来，所有的网页元素本质上都是以盒子的形式存在的，整个网页就是许多盒子排列在一起或者相互嵌套。

盒子组成：一个盒子由内容（Content）、边框（Border）、填充（Padding）和边界（Margin）这 4 部分组成。边框一般用于分离元素，它主要有 color（颜色）、width（宽度）和 style（样式）3 个属性。边框的外围即为元素最外围，因此计算元素实际的宽和高时，就要将边框纳入，换句话说边框会占据空间。填充用于控制内容与边框之间的距离。边界指的是元素与元素之间的距离，可以为负值。

盒子模型标准：盒子模型有标准 w3c 盒子和 IE 盒子两种。标准 w3c 盒子模型的宽度和高度只包括内容，不包括边框、填充和边界，如图 4–10 所示。而 IE 盒子模型的宽度和高度包括内容、填充和边框的宽度和高度，如图 4–11 所示。所以 IE 盒子模型的实际宽度或高度是内容、边框和填充的宽度总和或高度总和。

使用 Dreamweaver 创建的网页，会自动添加 doctype 声明（在“代码”视图能看到），此时浏览器采用标准 w3c 盒子模型解释盒子；假如去掉 doctype，那么各个浏览器会根据各自

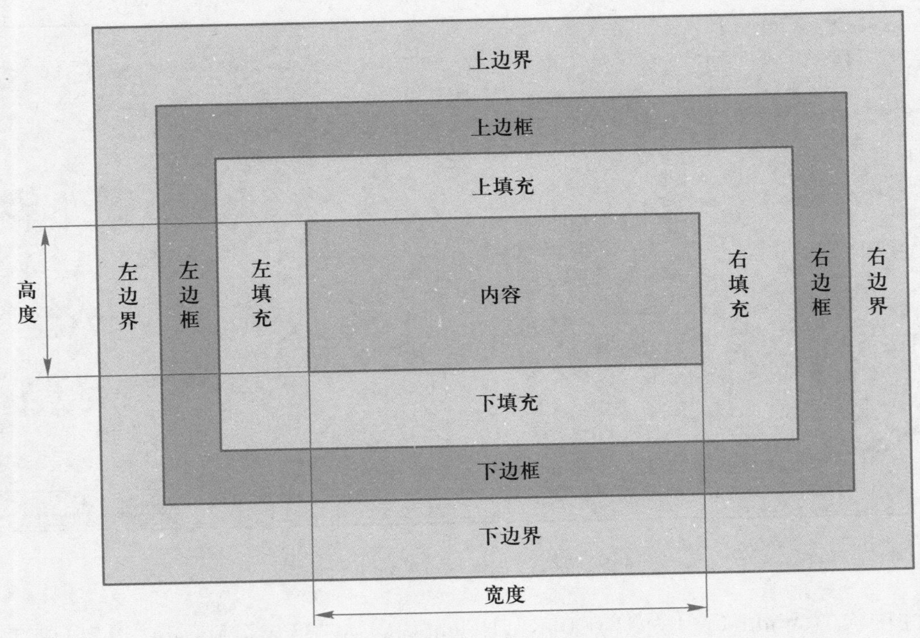

图 4–10　标准 w3c 盒子模型

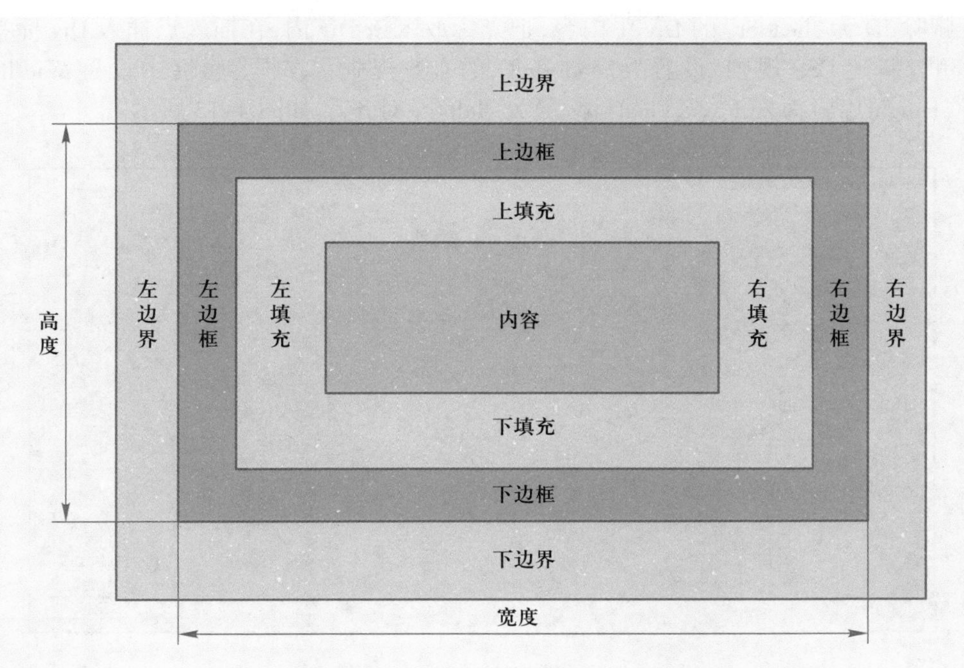

图 4-11　IE 盒子模型

的设置去解释盒子，这样就会出现同一网页在不同的浏览器中显示却各不相同。

边界叠加：第一个元素的底边界与第二个元素的顶边界相遇时会发生边界叠加，它们将形成一个边界，这个边界的高度等于两个发生叠加的边界中高度较大者，如图 4-12 所示。

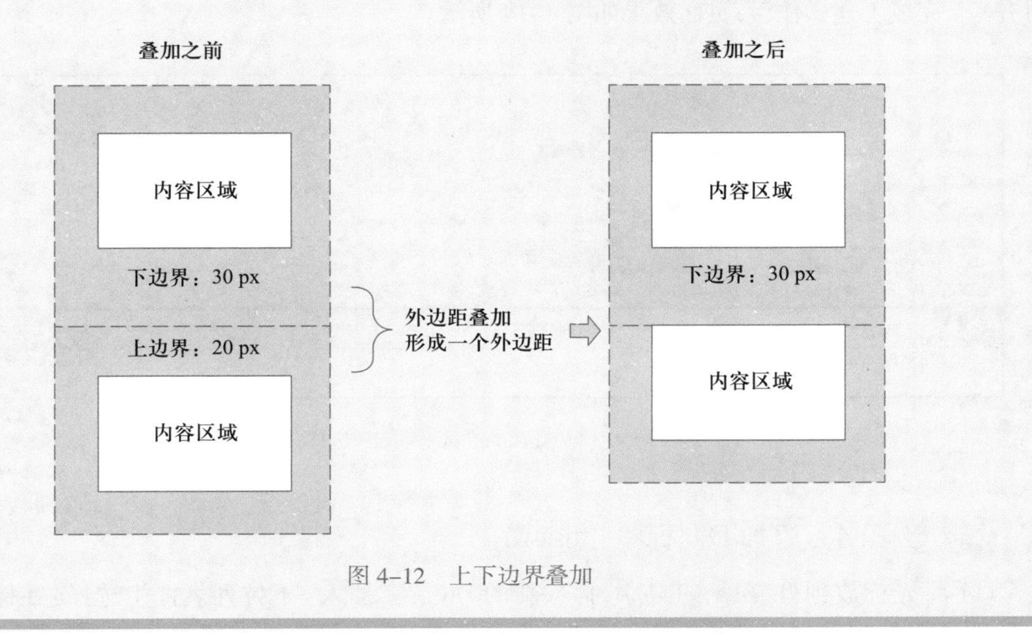

图 4-12　上下边界叠加

(5) 删除 ID 为“header”的 Div 中内容，把光标放入该 Div 内，在插入点插入 Div 标签，ID 为“headerleft”，新建 CSS 规则，设置“#headerleft”的 CSS 规则：“方框”属性中设置 Width（宽）为“140 px”，Height（高）为“33 px”，Float（浮动）为“left（左对齐）”，如图 4-13 所示。

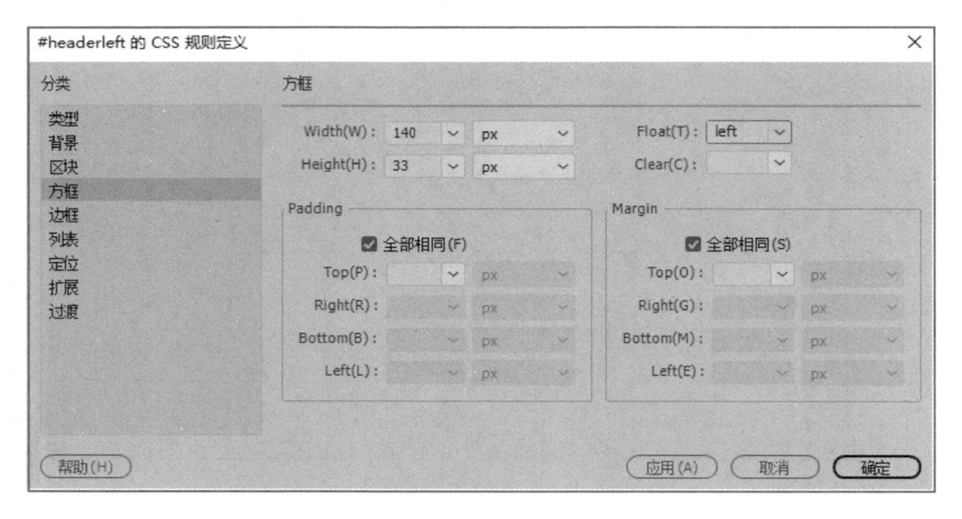

图 4-13　设置“#headerleft”的 CSS 规则

(6) 将光标放到“headerleft”中，再次插入 Div，在“插入”下拉列表框中选择“在标签后”，在后面的下拉列表框中选择“<div id= "headerleft">”，ID 为“headerright”，新建“#headerright”的 CSS 规则：“方框”属性中设置 Width（宽）为“126 px”，Height（高）为“33 px”，Float（浮动）为“right（右对齐）”。完成上述操作后，页面效果如图 4-14 所示。

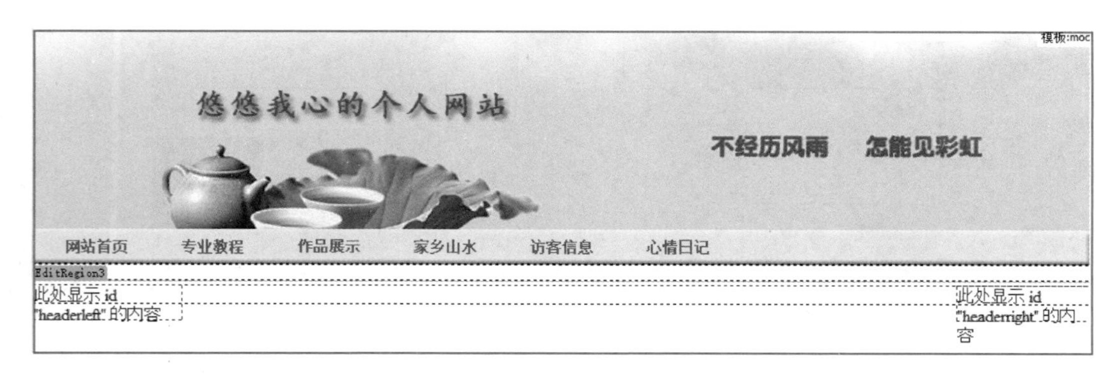

图 4-14　“header”部分页面效果图

步骤 4　添加 Div 标签“main”

(1) 将光标放到“headerright”中，插入新的 Div，在“插入”下拉列表框中选择“在标签后”，在后面的下拉列表框中选择“<div id="header">”，在 ID 中输入“main”，如图 4-15 所示。新建“#main”的 CSS 规则：“方框”属性中设置 Width（宽）为“992 px”，Margin（边界）中 Top（上）为“3 px”、

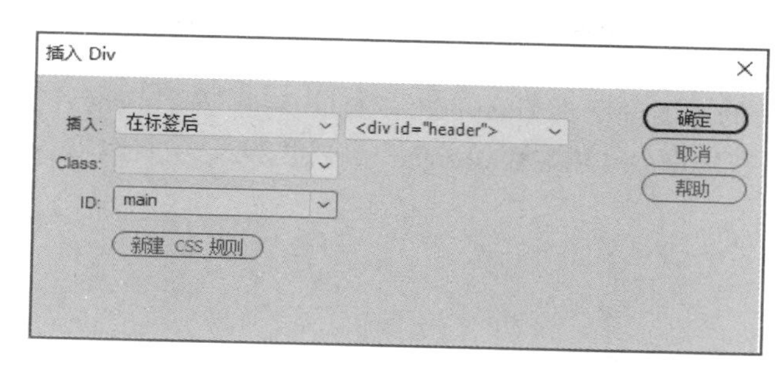

图 4-15　在标签后插入 Div

Bottom（下）为“0 px”、Left（左）和 Right（右）均为“4 px”，Float（浮动）为“left（左对齐）”。

（2）将光标放入“main”中，删除其中的内容，插入新的 Div，“插入”下拉列表框中选择“插入点”，ID 为“mainleft”。新建其 CSS 规则：“方框”属性中设置 Width（宽）为“344 px”，Height（高）为“400 px”，Float（浮动）为“left（左对齐）”，Margin（边界）中全部为“0 px”；“边框”属性中 Style（样式）、Width（宽度）、Color（颜色）选中“全部相同”复选框，Style（样式）为“solid（实线）”、Width（宽度）为“1 px”、Color（颜色）为“#d4d0c8”，如图 4-16 所示。

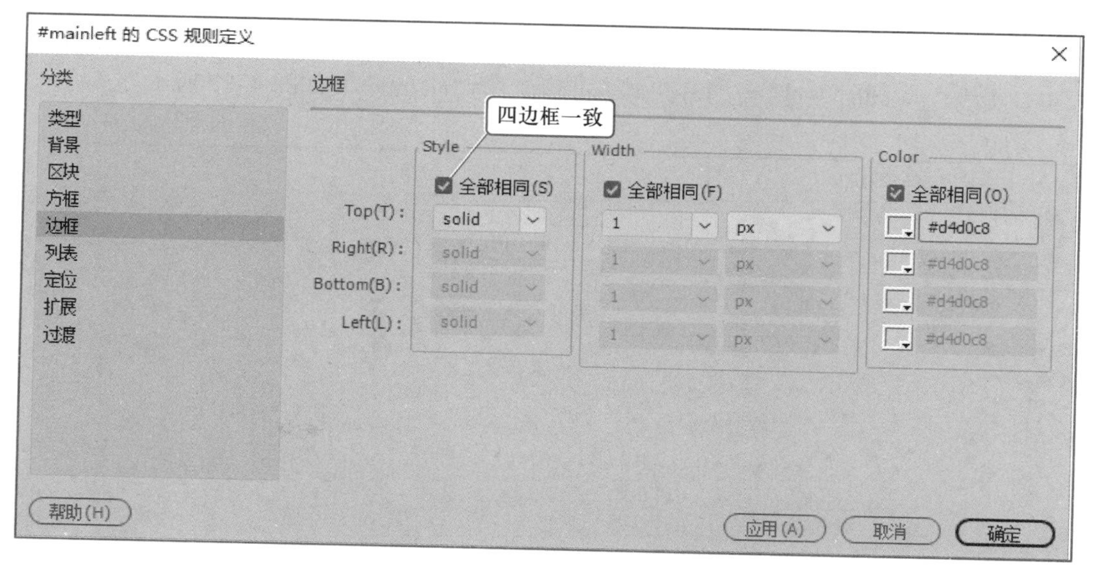

图 4-16　设置“#mainleft”的 CSS 规则

（3）在 ID 为“mainleft”的 Div 之后插入 ID 为“maincenter”的 Div，新建其 CSS 规则：“方框”属性中设置 Width（宽）为“344 px”，Height（高）为“400 px”，Float（浮动）为“left（左对齐）”，Margin（边界）中 Left（左）和 Right（右）均为“3 px”、Top（上）和 Bottom（下）均为“0 px”；“边框”属性中设置 Style（样式）为“solid（实线）”、Width（宽度）为“1 px”、Color（颜色）为“#d4d0c8”。

（4）同理，在 ID 为“maincenter”的 Div 之后插入 ID 为“mainright”的 Div，新建其 CSS 规则：“方框”属性中设置 Width（宽）为“292 px”，Height（高）为“400 px”，Float（浮动）为“left（左对齐）”，Margin（边界）全部为“0 px”；“边框”属性中设置 Style（样式）为“solid（实线）”、Width（宽度）为“1 px”、

Color（颜色）为“#d4d0c8”。

不难看出，“main”的宽度 992 为“mainleft”（宽度 344+ 左右边框各 1）、“maincenter”（宽度 344+ 左右边界各 3+ 左右边框各 1）和“mainright”（宽度 292+ 左右边框各 1）的宽度总和。

小知识

使用 Div 将页面布局分为多列的方法：

在容器中嵌套插入多个 Div，分别设置其宽和高，确认各个 Div 的宽度、边框、填充、边界总和不超过容器的宽度，并将各个 Div 的 Float（浮动）设为左对齐或右对齐，则实现了多列的布局模式。

(5) 删除 ID 为“mainleft”的 Div 中的内容，并在插入点插入 ID 为“maintop”的新 Div。新建“maintop”的 CSS 规则：“方框”属性中设置 Width（宽）为“344 px”，Height（高）为“200 px”，Margin（边界）全部为“0 px”。

(6) 插入 ID 为“maindown”的 Div，插入位置在“maintop”之后，新建其 CSS 规则：“方框”属性中设置 Width（宽）为“344 px”，Height（高）为“199 px”，Margin（边界）全部为“0 px”；“边框”属性中不选中 Style（样式）、Width（宽度）、Color（颜色）“全部相同”复选框，Top（上）设置 Style（样式）为“solid（实线）”、Width（宽度）为“1 px”、Color（颜色）为“#d4d0c8”，如图 4–17 所示。

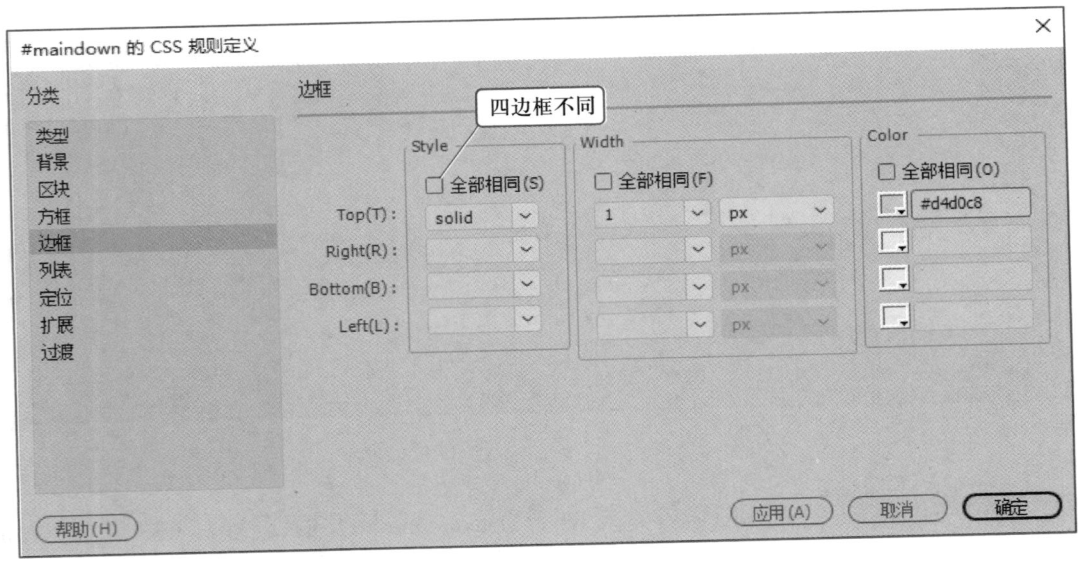

图 4–17　设置 ID 为“maindown”的 CSS 规则

不难看出，“mainleft”的高度 400 为“maintop”（高度 200）、“maindown”（高度 199+ 上边框 1）的高度总和。

(7) 删除“maincenter”中的内容，在其中插入 ID 同样为“maintop”的 Div(不再新建 CSS 规则)，单击“确定”按钮，将打开如图 4-18 所示的提示框，提示页面中已经有 ID 为“maintop”的 Div，单击“确定”按钮。

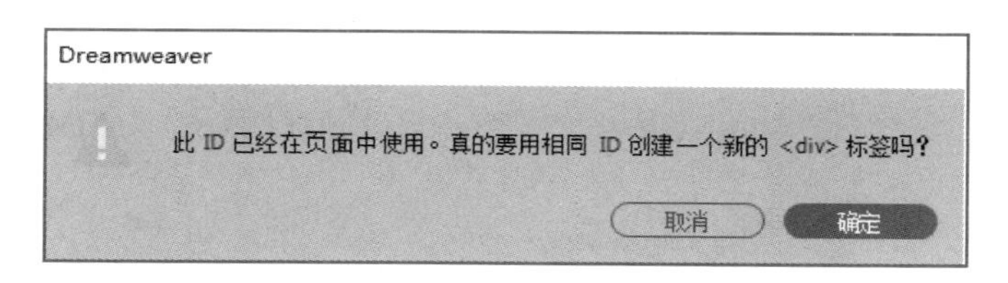

图 4-18　ID 重名提示框

在页面中可以有多个 ID 相同的元素，它们应用的是同一个 CSS 规则。

(8) 插入新的 Div，插入位置选择“在标签结束之前”，在后面的组合框中选择“<div id="maincenter">”，在 ID 中输入“maindown”，单击“确定”按钮，在随后弹出的提示信息对话框中同样选择“确定”按钮。完成后浏览页面效果，如图 4-19 所示。

图 4-19　完成主体嵌套 Div 后的效果图

步骤 5　添加 Div 标签“footer”

在 ID 为“main”的 Div 之后插入“footer”。新建“footer”的 CSS 规则：“方框”属性中设置 Width（宽）为“990 px”，Height（高）为“100 px”，Float（浮动）为“left（左对齐）”，Margin（边界）中 Top（上）为“3 px”、Bottom（下）为“0 px”、Left（左）和 Right（右）均为“4 px”；“边框”属性中设置 Style（样式）为“solid（实线）”、Width（宽度）为“1 px”、Color（颜色）为“#d4d0c8”。预览网页如图 4-20 所示。

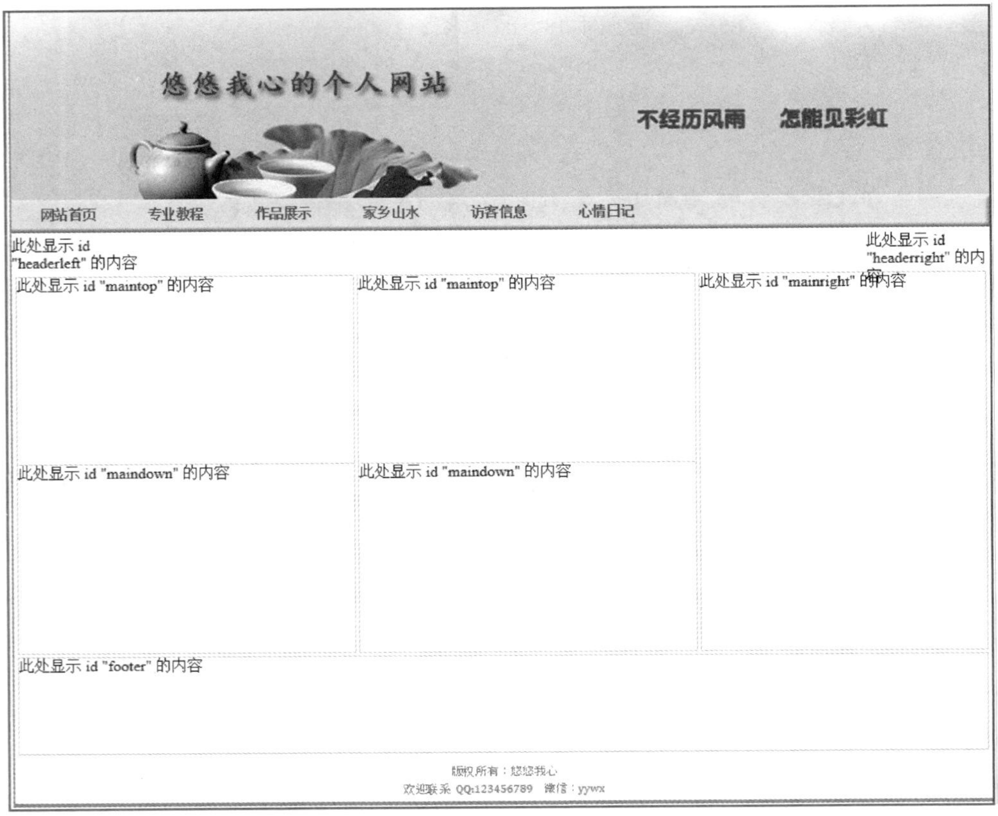

图 4-20　插入全部 Div 标签后预览效果图

用 Div+CSS 布局网页时，Dreamweaver 设计视图与浏览器显示效果有可能不完全一致，编辑页面时应以浏览结果为准。

举一反三

(1) 创建网页“practice4–1.html”“practice4–2.html”“practice4–3.html”实现图练 4–3 所示的页面布局，层宽度、高度、边框样式自己设置。要求：使用 Div+CSS 布局页面，为每个 Div 命名 ID，并设置相应 Div 的 CSS 规则，保存在对应网页中。

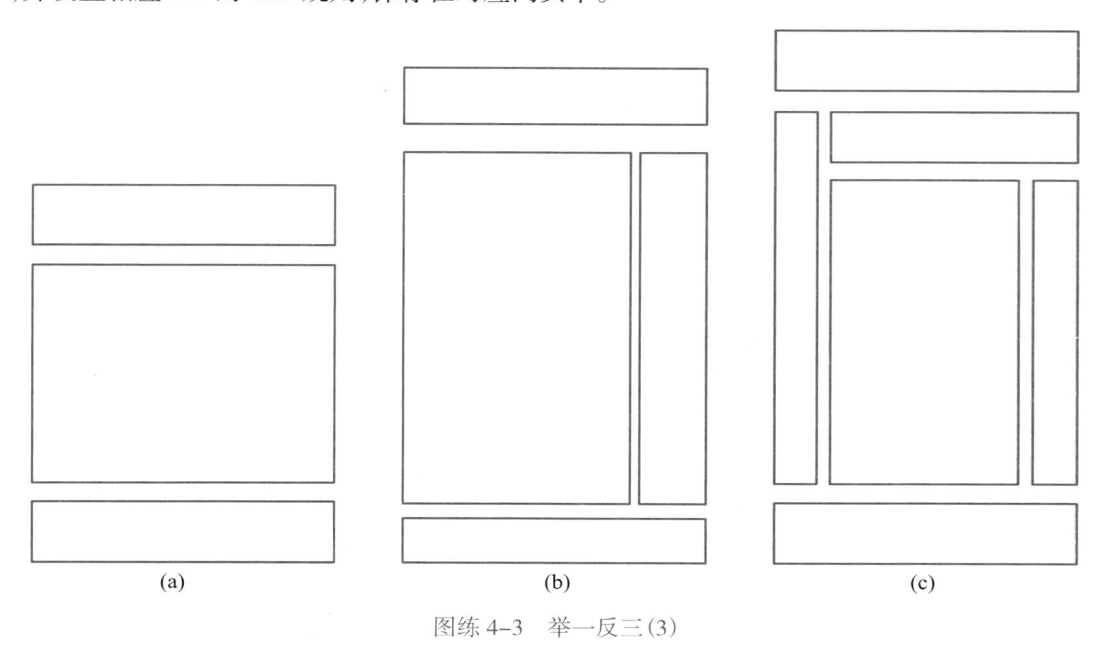

图练 4–3　举一反三(3)

(2) 利用“举一反三”中的素材“par4–1”和“par4–2”，完成任务 1“举一反三”中分析的页面。

任务 3　在 Div 内添加内容

任务描述

前面的任务使用 Div+CSS 进行了页面布局，本任务将在前面建立的 Div 中添加内容。Dreamweaver 可以通过键入、插入、粘贴等操作将文本、表格、图像、Flash 文件等网页元素添加到 Div 中。

自己动手

步骤 1　需求分析

需求：在 Div 中添加内容。

分析：任务 2 已完成“专业教程”网页的页面布局，本任务需要将准备好的内容添加到页面中，并设置其格式。

步骤 2　在 ID 为“header”的 Div 中插入图片

删除“headerleft”中的内容，插入“images”文件夹中的“zyjc.jpg”文件；删除“headerright”中的内容，插入“images”文件夹中的“yywx.gif”文件。

预览网页效果如图 4–21 所示。

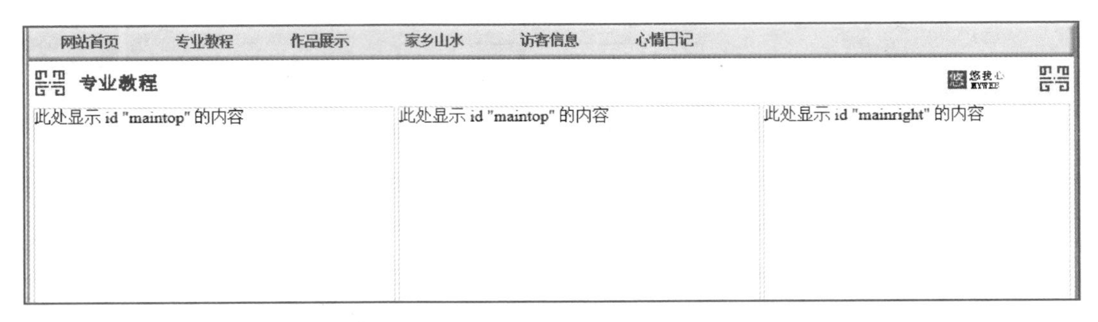

图 4–21　“header”中插入图像

步骤 3　添加主体内容的标题

为主体部分添加内容，首先添加左、中、右 3 部分共 5 个栏目的标题。

(1) 删除左侧的 ID 为“maintop”的 Div 标签中原有内容，选择“插入”→“标题”→“标题 3”命令，添加一个 3 级标题，输入内容“Photoshop 技巧”。

(2) 选中所输入的文本，在“CSS 设计器”面板中选中“源”窗格中的 <style>，单击“选择器”窗格中的“添加选择器”按钮 + ，在弹出的文本框中默认有“#mainleft #maintop h3”，将其修改为“#main h3”，如图 4–22 所示，可使所有主体“main”部分的“h3”标题都使用此种 CSS 规则，按回车键确认。

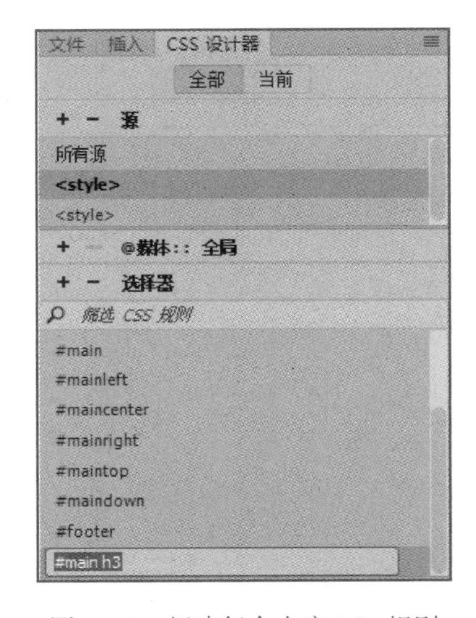

图 4–22　新建复合内容 CSS 规则

提个醒

在网页中首次插入设置了 CSS 规则的 Div 时，“CSS 设计器”面板中将自动生成一个包含此 Div 样式的内部样式表“<style>”。

模板的内部样式表“<style>”将跟随模板进入利用模板创建的网页中，若此网页需要创建并应用内部样式时，需要新建自己的内部样式表“<style>”，不能使用模板中的“<style>”，模板的“<style>”是不允许编辑的。当网页中同时有 2 个“<style>”时，如图 4–22 所示，新建 CSS 规则前，要仔细辨别。

(3) 在“属性”窗格中使“显示集”复选框处于未选中状态，显示属性。选中“文本”类别，设置 Font-size(文字大小)为“14 px”，Line-height(行高)为“26 px”，Font-weight(粗细)为“bolder(粗体)”，Color(颜色)为“#366”；选中“背景”类别，设置 Background-image(背景图像)的 url(路径)为“study/images”文件夹中的“htbj.gif”文件；选中“布局”类别，设置 Margin(边界)值全部为“0 px”。预览网页效果如图 4-23 所示。

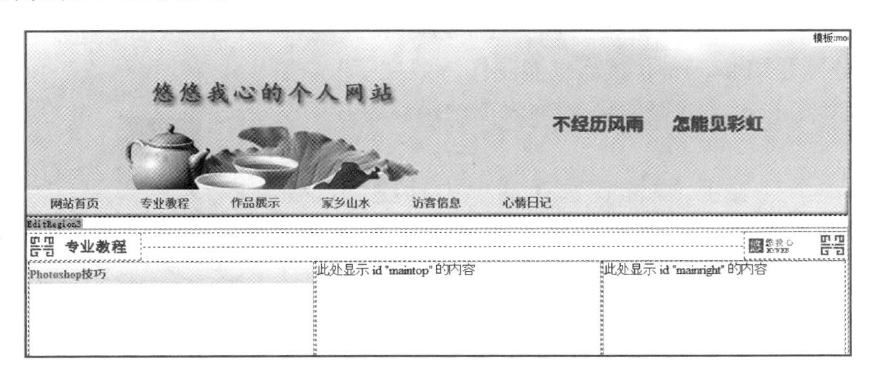

图 4-23　设置“Photoshop 技巧”标题效果图

(4) 删除左侧的 ID 为“maindown”的 Div 标签中原有内容，选择“插入”→“标题”→“标题 3”命令，添加一个 3 级标题，输入内容“办公自动化技巧”。

(5) 使用同样方法在其他 Div 中插入各板块标题，分别为“Dreamweaver 技巧”“计算机硬件维护技巧”和“教程”。预览网页效果如图 4-24 所示。

图 4-24　完成专业教程标题效果图

步骤 4　添加各类教程列表

(1) 将光标插入标题“Photoshop 技巧”后，按回车键分段，在新的段落中选择“插入”→“项目列表”命令，插入项目列表。输入内容“用 Photoshop 制作‘舞蹈’特效文字”。

(2) 在列表文本后按回车键，继续插入列表项，将其他教程目录输入，分别是“Photoshop 画笔也能制作特效文字”“浅谈 Photoshop CC 中自定义滤镜”等，各列表项的链接将在第 9 单元添加。

(3) 选中一个列表项，在标签选择器选中标签“li”，在“CSS 设计器”面板中，单击“选择器”窗格中的“添加选择器”按钮 + ，在弹出的文本框中默认有“#maintop ul li”，修改为“#main ul li”，如图 4-25 所示，使 ID 为“main”的 Div 标签中的列表项都使用此种规则，按回车键确认。

(4) 在“属性”窗格中，选中“文本”类别，设置 Font-size（文字大小）为“12 px”，Line-height（行高）为“22 px”。预览效果如图 4-26 所示。

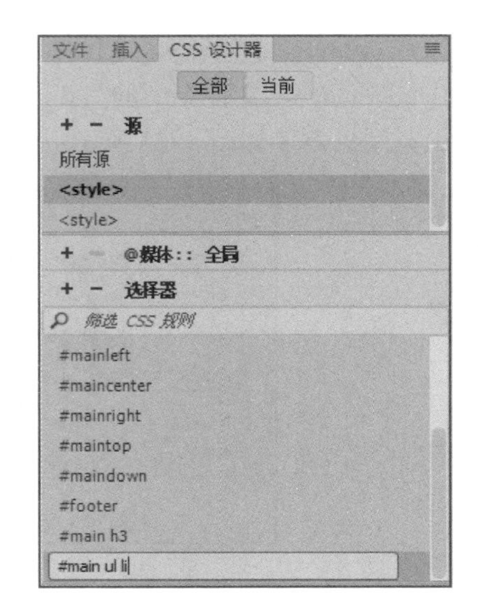

图 4-25　新建 CSS 规则

图 4-26　Photoshop 技巧列表效果图

(5) 为其他板块中添加相应内容，最终效果如图 4–27 所示。

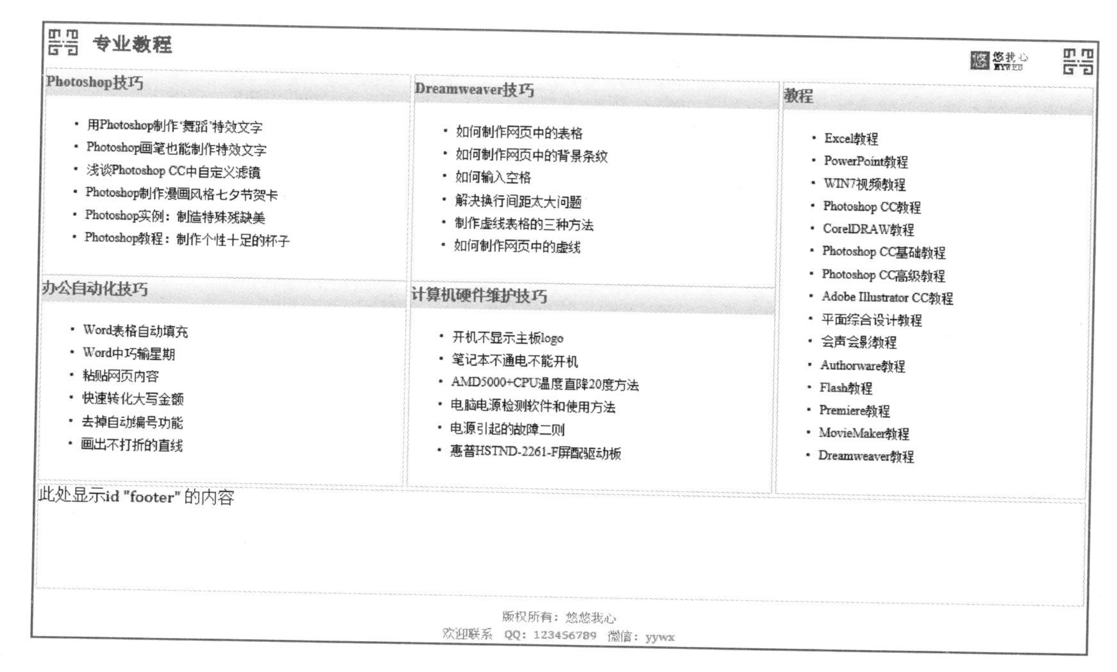

图 4–27　各类列表效果图

步骤 5　在 ID 为“footer”的 Div 中添加友情链接

(1) 删除“footer”中的内容并输入本文“友情链接”，按回车键分段。

(2) 添加项目列表，并插入“images”文件夹中的图像“guigudongli.jpg”，超链接将在第 9 单元添加，如图 4–28 所示。

(3) 按回车键插入新的列表项，插入图像“jiaocheng.jpg”；以此类推，插入图像“xinlangxueyuan.jpg”“zixue52.jpg”“wangyixueyuan.jpg”。

(4) 选中列表中的第一张图像，在标签选择器选中标签“li”，在“CSS 设计器”面板中选中“源”窗格中的“<style>”，单击“选择器”窗格中的“添加选择器”按钮 + ，在弹出的文本框中默认有“#footer ul li”，按回车键确认。

图 4–28　插入列表项

(5) 选中“属性”窗格中的“文本”类别，设置“List-style-type”（列表项目标记类型）及“List-style-image”（列表样式图像）为“none（无）”；选中“布局”类别，设置 Margin（边界）中 Top（上）、Bottom（下）、Left（左）均为“0 px”，Right（右）为“15 px”，Float（浮动）为“left（左对齐）”。

预览效果如图 4–29 所示，至此完成“专业教程”页面制作。

图 4-29　专业教程页面效果图

举一反三

(1) 利用本单元素材“举一反三”中的“par4-3”文件夹制作网页，在 Div 中添加项目列表创建如图练 4-4 所示的菜单，要求：当光标放在除“首页”以外的导航按钮上时，文字成红色、背景图片变为“btnhui.jpg”。(提示：项目列表中列表项的宽度和高度依据背景图片的大小来设置；设置“a:hover”的 CSS 规则：在“背景”属性中设置 Background-image(背景图片)为“btnhui.jpg”，在“类型”属性中设置 color(文本颜色)为“#FF0000”，在“区块”属性中设置 Display(显示)为“block(块)”)

图练 4-4　举一反三(4)

(2) 利用本单元素材“举一反三”中“par4-4”文件夹，参照图练 4-5，制作一个用户注册页面。(提示：带背景的按钮可以用表单元素中的“图像按钮”完成)

(3) 利用本单元素材“举一反三”文件夹中“par4-5”文件夹，参照图练 4-6，将本网页中没完成的导航部分和页脚部分完成。(提示：导航部分为一个 Flash 导航，并设置该 Flash 导航为透明)

用户姓名：

密　　码：

确认密码：

电子邮箱：

联系电话：

注 册　　重 至

图练 4-5　举一反三(5)

图练 4-6　举一反三(6)

本单元知识梳理

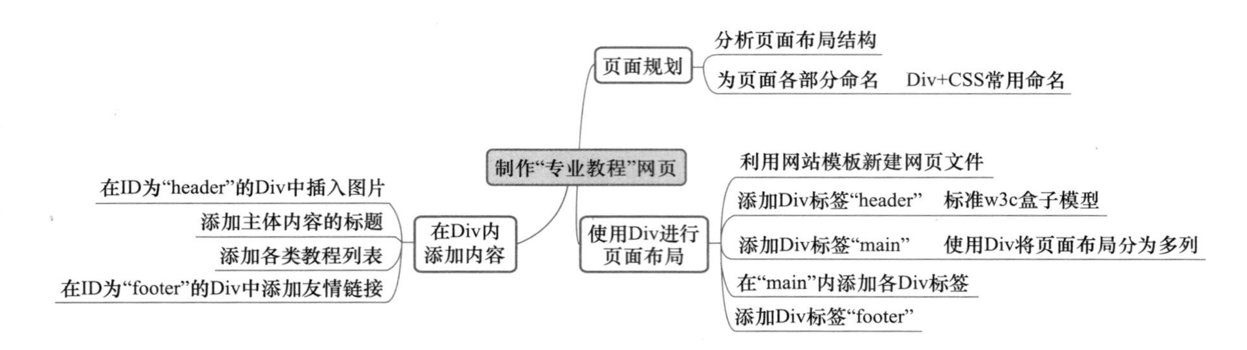
制作“专业教程”网页
页面规划
分析页面布局结构
为页面各部分命名
Div+CSS常用命名
使用Div进行页面布局
利用网站模板新建网页文件
添加Div标签“header”
标准w3c盒子模型
添加Div标签“main”
使用Div将页面布局分为多列
在“main”内添加各Div标签
添加Div标签“footer”
在Div内添加内容
在ID为“header”的Div中插入图片
添加主体内容的标题
添加各类教程列表
在ID为“footer”的Div中添加友情链接

制作“作品展示”网页

要制作美观的网页，不仅要有精美的图像，更重要的是要有合理的布局结构，第 4 单元介绍了 Div+CSS 布局，本单元介绍表格布局。在 Dreamweaver 中，表格是用于在页面上显示表格式数据及对文本和图像等元素进行布局的强有力的工具。

本单元通过“创建表格”“编辑表格”“添加表格内容”“建立超链接”4 个任务，完成“悠悠我心的个人网站”中的“作品展示”栏目网页的制作，在完成任务的过程中，学习如何使用表格进行网页布局。任务完成后效果如图 5-1 所示。

图 5-1　“作品展示”网页效果图

任务1 创建表格

任务描述

根据设计效果图，分析页面的布局结构，创建页面布局所需的表格，学习创建表格的方法与技巧。

自己动手

步骤1 需求分析

需求：需要按照设计效果图，分析页面布局结构，然后创建布局表格。

分析：如页面效果图5-1所示，页面标题图片、导航及底部信息属于模板部分，中间部分为本任务要完成的网页内容，可以划分为“作品展示、友情链接”和“网页作品、Flash作品、3D作品”两部分。“网页作品、Flash作品、3D作品”部分可以细分为网页作品、Flash作品、3D作品及其标题行，共计6行。

步骤2 规划页面布局结构

本任务要完成的网页内容可以划分为两个区域，分别放置在“table1”和“table2”两个表格内，如图5-2所示。

“table1”是一个1行4列的表格。第1列和第4列为空白区域，第2列和第3列分别用于放置“作品展示”和“友情链接”两幅图像。

“table2”是一个1行3列的表格，第1、3列为空白区域，第2列用于放置作品分类标题和图像。在表格“table2”第2列中嵌套一个6行1列的表格“table2-1”，表格“table2-1”的每一行分别嵌套一个表格，其中第1、3、5行分别嵌套一个1行2列的表格“web1”“flash1”“3D1”，嵌套表格用于放置小图标及作品标题；第2、4、6行分别嵌套一个1行5列的表格“web2”“flash2”“3D2”，嵌套表格的第1、5列为空白区域，第2至4列用于放置3幅作品图像。

小知识

通常使用表格布局页面时，应该遵循以下规则：

- 整个网页不要放在一个表格里，尽量使用多个表格来进行布局。
- 表格的嵌套层次尽量要少。
- 单一表格的结构尽量整齐，不要太复杂。

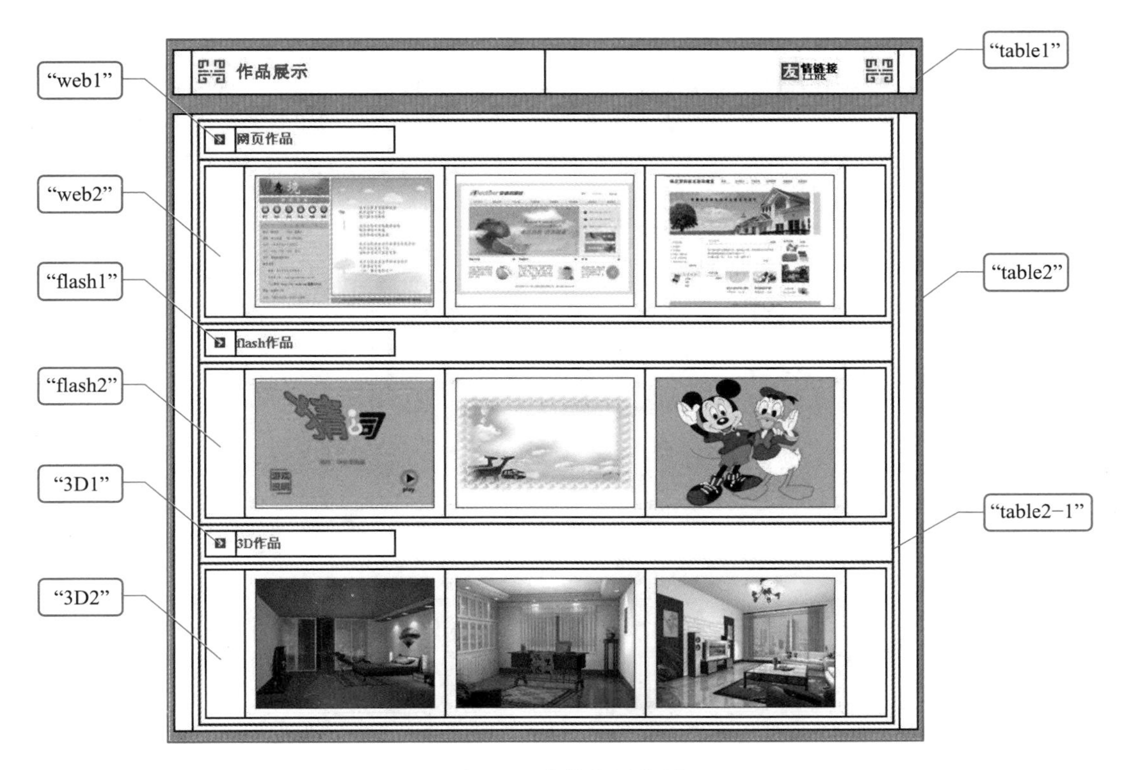

图 5-2 表格布局分析

步骤 3 建立本栏目目录结构

在 Dreamweaver 中打开"悠悠我心的个人网站",利用模板"model.dwt"新建一个网页文件,设置网页标题为"作品展示",将网页文件命名为"works.html",保存在"悠悠我心的个人网站"的"works"文件夹中,然后把本单元素材中的"wkimages""flash"和"links"文件夹复制到"works"文件夹中。"作品展示"栏目的目录结构见表 5-1。

表 5-1 "作品展示"栏目的目录结构

所在路径	文件 / 文件夹的名字	说明
D:\mysite\works	works.html	"作品展示"网页
	<wkimages>	存放本栏目的图像
	<flash>	存放 Flash 作品
	<links>	存放用于链接的作品网页

步骤 4 创建表格

打开"works.html",在该页面中使用不同的方法创建表格。

1. 使用“插入”菜单创建表格“table1”

(1) 删除可编辑区域中的内容，将光标放入其中，选择“插入”→“Table”命令，打开“Table(表格)”对话框，设置表格行数为 1，列数为 4，表格宽度为“1 000 px”，边框粗细、单元格边距和单元格间距均为“0 px”，“标题”选择“无”，其他选项取默认值，如图 5-3 所示，单击“确定”按钮。

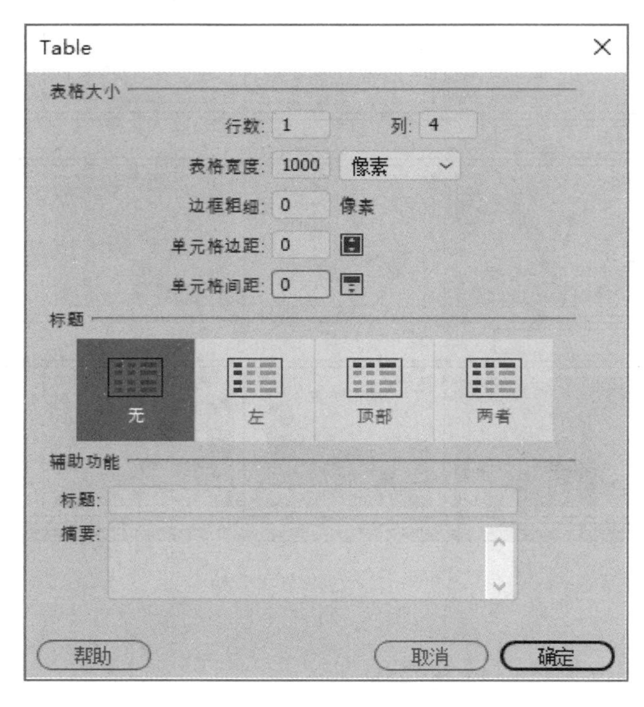

图 5-3　“Table(表格)”对话框

(2) 插入表格后，页面如图 5-4 所示，在表格“属性”面板的“表格”文本框中，把该表格命名为“table1”。表格和单元格的属性将在下一个任务中详细介绍。

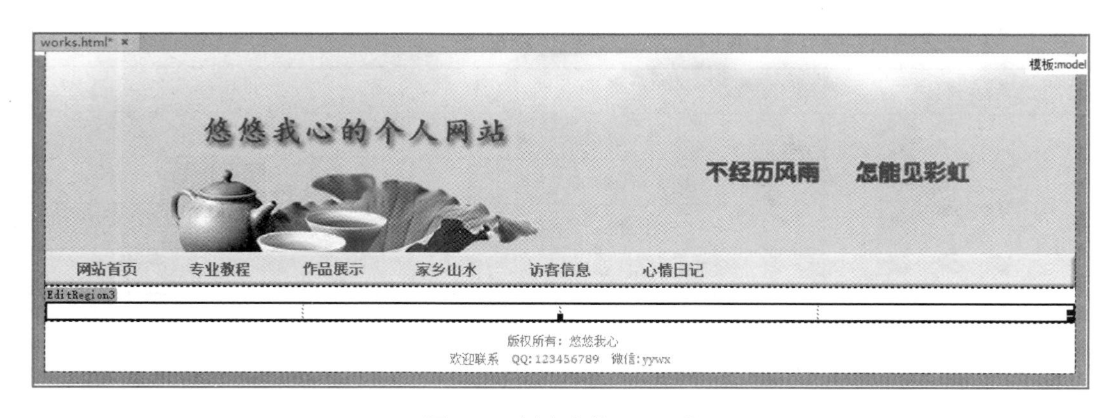

图 5-4　创建表格“table1”

小知识

（1）图5-3所示“Table(表格)”对话框中有关表格的各部分名称如图5-5所示。

- 行数：确定表格行的数目。
- 列数：确定表格列的数目。
- 表格宽度：以像素为单位或按占所属父元素的百分比指定表格的宽度。
- 边框粗细：表格边框的宽度像素数。
- 单元格间距：指定相邻单元格之间的像素数。
- 单元格边距：指定单元格边框与单元格内容之间的像素数。
- “标题”选项组：选择标题单元格的位置。无：表格没有标题列或标题行。左：将表格的第一列作为标题列。顶部：将表格的第一行作为标题行。两者：同时设置标题列和标题行。“标题”：输入表格标题文字，标题文字显示在表格外部。“摘要”：添加备注文本，该文本不会显示在浏览器中。

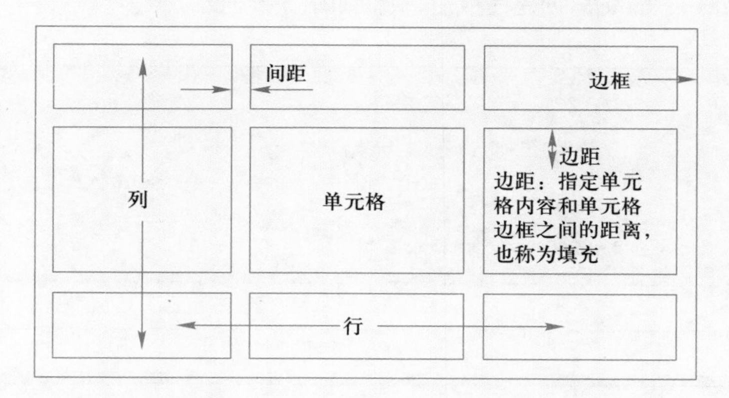

图5-5 表格各部分名称

（2）大多数浏览器默认显示单元格间距为2 px，若要确保浏览器显示的表格没有间距，必须把单元格间距设置为0 px。

（3）创建表格后，表格上方默认显示带有表格宽度数字的绿色框线，为便于操作，一般将框线去掉，方法是选择“查看”→“设计视图选项”→“可视化助理”命令，将“表格宽度”前面的“√”去掉。

（4）在网页制作过程中，有很多元素的长度单位可以用像素或百分比来表示。像素是组成图像的最小单位，使用像素为长度单位表示该值是一个绝对值；百分比是指元素针对其所属父元素所占的比例。使用百分比为长度单位说明这个值是相对的，其大小会随所属父元素的大小变化而发生变化。

（5）选择表格后，可以在表格“属性”面板中命名表格，也可以用Delete键删除表格。

本书中制作表格时如无特殊说明，表格边框、单元格边距和单元格间距均设置为 0 px，“标题”选择“无”，其他选项取默认值。这种表格在浏览网页时不可见，浏览者只能看到表格中插入的内容。

2. 使用“插入”面板创建表格“table2”

(1) 定位光标：将光标放到“table1”任意单元格中，在标签选择器中单击“#table1”标签，选中表格“table1”，然后在键盘上按右方向键“→”，将光标放在“table1”右边界外侧。

(2) 插入表格：在“插入”面板“HTML”类别中单击“Table”选项，同样也会打开图 5-3 所示的“Table(表格)”对话框，在对话框中设置表格行数为 1，列数为 3，表格宽度为 1 000 px，“边框”“边距”“间距”均为 0，“标题”为无。表格创建好后，在表格“属性”面板中将其命名为“table2”。

(3) 表格“table1”“table2”创建完成后，页面如图 5-6 所示。

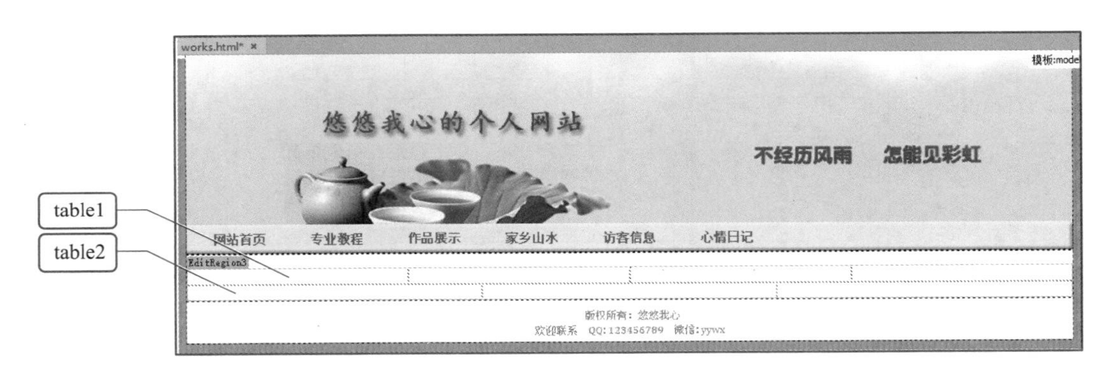

图 5-6　创建布局表格“table1”和“table2”

步骤 5　插入嵌套表格

依据步骤 1 的布局规划，需要在表格“table2”中插入多级嵌套表格。

小知识

插入嵌套表格是指在表格的单元格中插入新的表格。若要在表格单元格中插入嵌套表格，只需将光标放入该单元格，然后再插入表格即可。嵌套表格的宽度受所在单元格宽度的限制。

(1) 在表格“table2”第 2 列单元格内插入一个 6 行 1 列、宽 100% 的嵌套表格，“边框”“边距”“间距”均为 0，“标题”为无，命名为“table2-1”。其中第 1、3、5 行用于放置作品分类标题，第 2、4、6 行用于放置展示的作品图像，效果如图 5-7 所示。

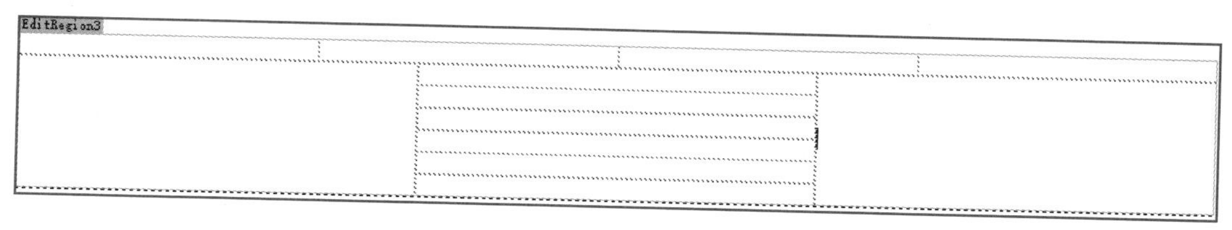

图 5-7　在表格“table2”中插入嵌套表格“table2-1”

（2）在“table2-1”的第 1、3、5 行中分别插入一个 1 行 2 列、宽 200 px 的表格（“边框”“边距”“间距”均为 0，“标题”为无），分别命名为“web1”“flash1”和“3D1”。

（3）在“table2-1”的第 2、4、6 行中分别插入一个 1 行 5 列、宽 100% 的表格（“边框”“边距”“间距”均为 0，“标题”为无），分别命名为“web2”“flash2”和“3D2”，完成后的效果如图 5-8 所示。

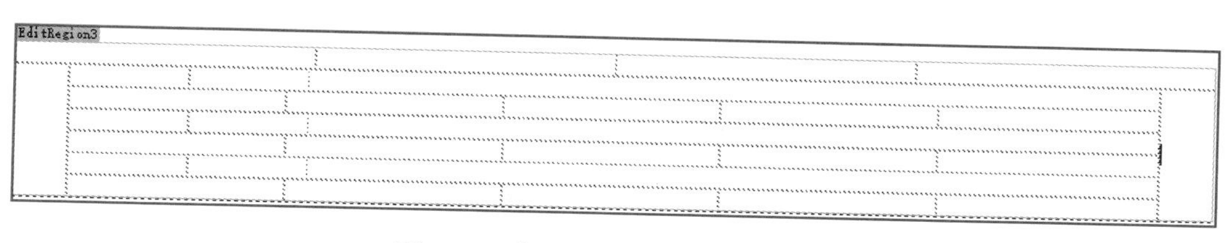

图 5-8　“作品展示”页面表格的创建

知识拓展

通常情况下，当图像填满整个单元格时，很难直接将光标定位在单元格中，为了解决这个问题，Dreamweaver 提供了“扩展表格模式”。在“扩展表格模式”下，Dreamweaver 临时给文档中的所有表格添加单元格边距和间距，并且增加表格的边框宽度以使编辑操作更加容易。利用这种模式，可以方便地选择表格中的内容或者精确地定位插入点。打开“扩展表格模式”的方法是：选中表格后右击，在弹出的快捷菜单中选择“表格”→“扩展表格模式”命令，如图 5-9 所示。

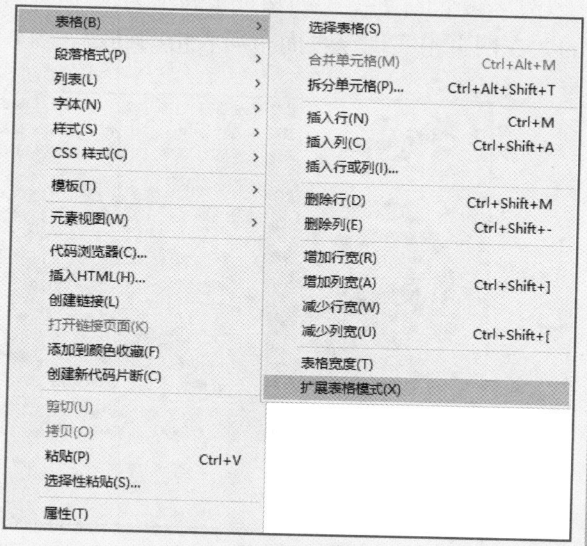

图 5-9　“扩展表格模式”命令

举一反三

（1）在“举一反三”站点中，制作网页“practice5-1.html”，在网页中插入一个 6 行 5 列的表格，宽 500 px，边框粗细与单元格间距均为 5 px，标题行选择“顶部”类型，标题文本为“产品信息”，保存并预览网页。

（2）分析图练 5-1 中的网页是如何使用表格实现排版布局的，根据分析，在“举一反三”站点中制作网页“practice5-2.html”，在网页中实现该页面布局表格的创建。（提示：为了在预览网页时能看清楚表格结构，设置表格边框为 1 px）

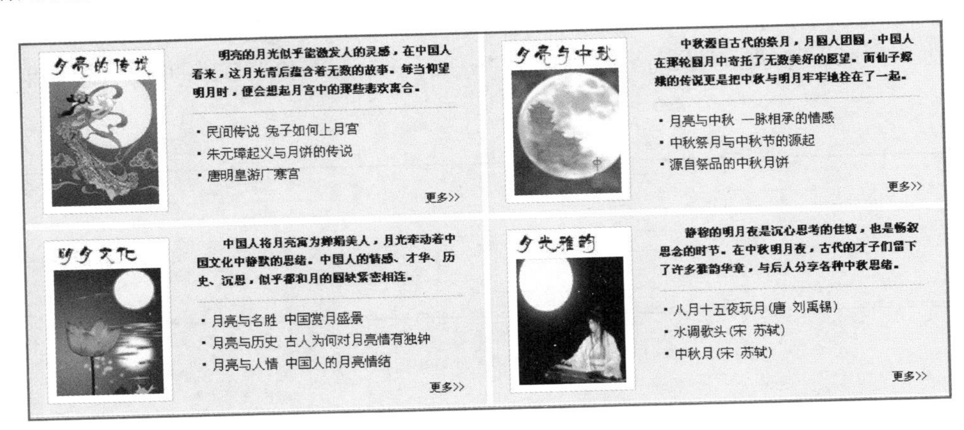

图练 5-1　举一反三(1)

（3）分析图练 5-2 中的网页布局结构，根据分析，在“举一反三”站点中，制作网页“practice5-3.html”，在网页中实现该页面布局表格的创建。

图练 5-2　举一反三(2)

(4) 常见的网页布局结构有“三”字形布局、“川”字形布局、“国”字形布局、“匡”字形布局、封面型布局、标题文本型布局、框架型布局、Flash 布局等。上网查找了解各种网页布局结构，对各类结构的网页进行布局分析与特色欣赏，分别描述各类网页布局结构的特点及其应用领域。

任务 2　编辑表格

任务描述

学习了表格的创建及表格的嵌套，还要熟练地掌握表格的编辑，才能得心应手地使用表格布局页面。在本任务中，继续对任务 1 中创建的表格进行编辑，介绍更改表格边框和背景颜色，添加、删除行或列，调整行高、列宽及表格大小，拆分或合并单元格等方面的知识和技巧。

自己动手

步骤 1　需求分析

需求：在任务 1 中，已创建好布局网页所需的表格，还需要进一步对这些表格进行编辑，以满足页面布局要求。

分析：观察设计效果图，对比任务 1 中创建的表格，需要分别对表格“table1”“table2”及其嵌套表格进行对齐、行高与列宽、背景颜色、背景图和边框等属性的设置。

步骤 2　编辑表格

1. 选择表格“table1”

单击表格边框，使表格“table1”处于选中状态，被选中的表格其下边缘、右边缘和右下角将会出现控制柄，如图 5-10 所示。

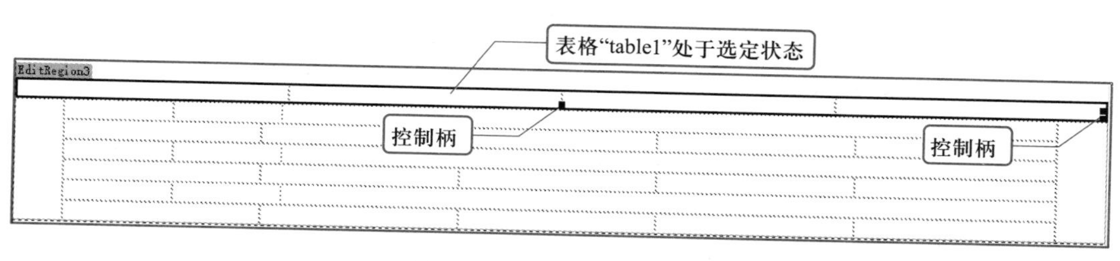

图 5-10　选中表格“table1”

小知识

要编辑表格、行、列或单元格，必须先选中它们。

1. 选择表格的方法

方法 1：单击表格中的某个单元格，然后在标签选择器中，通过单击“table”标签选择表格，如图 5–11 所示。

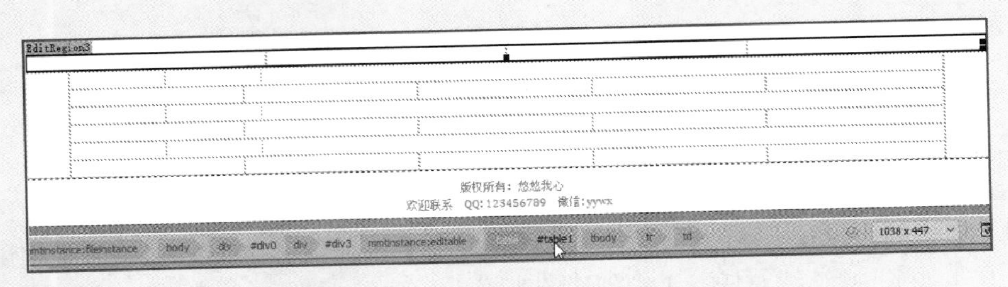

图 5–11　单击“table”标签选择表格

方法 2：单击表格单元格，然后选择“编辑”→“表格”→“选择表格”命令。

方法 3：将光标放入表格的某个单元格内，右击，在弹出的快捷菜单里选择“表格”→“选择表格”命令。

方法 4：单击表格边框，选择表格。

2. 选择行的方法

在要选择的行中任意单元格内单击，然后在标签选择器中通过单击“tr”标签来选择一行。也可以用鼠标拖动选择多行。

3. 选择列的方法

用鼠标拖动选择多列。

4. 选择单个单元格的方法

方法 1：在要选择的单元格内单击，然后在标签选择器中单击“td”标签来选择。

方法 2：在要选择的单元格内单击，然后选择“编辑”→“全选”命令（或按快捷键 Ctrl+A）。（选中一个单元格后，再次选择“编辑”→“全选”命令，可以选择整个表格）

方法 3：按住 Ctrl 键在该单元格内单击。

方法 4：在该单元格内三击。

5. 选择多个单元格的方法

方法 1：相邻单元格可以用鼠标拖动选中。

方法 2：按住 Ctrl 键单击需要选中的单元格。（按住 Ctrl 键单击尚未选中的单元格会将其选中；单击已经被选中的单元格，则会取消选择）

提个醒

光标放到单元格中只表示定位插入点，不等于选择单元格。

选择表格和选择表格中的全部单元格是不同的概念，选择表格后只能对表格自身的属性进行编辑，如果要编辑单元格属性，应直接选择单元格。

表格格式设置优先顺序是：单元格、行、表格。即单元格格式设置优先于行格式设置，行格式设置又优先于表格格式设置。如果将整个表格的某个属性设置为一个值，而将其中某个单元格的属性设置为另一个值，则单元格格式设置优先于表格格式设置。

2. 编辑表格“table1”

(1) 在“CSS 设计器”面板的“源”窗格中添加“<style>”，在“选择器”窗格中新建 CSS 规则“.table1”，在“属性”窗格中，选择“布局”类别，设置“height（高）”为“50 px”。选中表格“table1”，在表格“属性”面板“Class（类）”选项的下拉列表中选择“.table1”，为表格“table1”应用 CSS 规则，如图 5-12 所示。

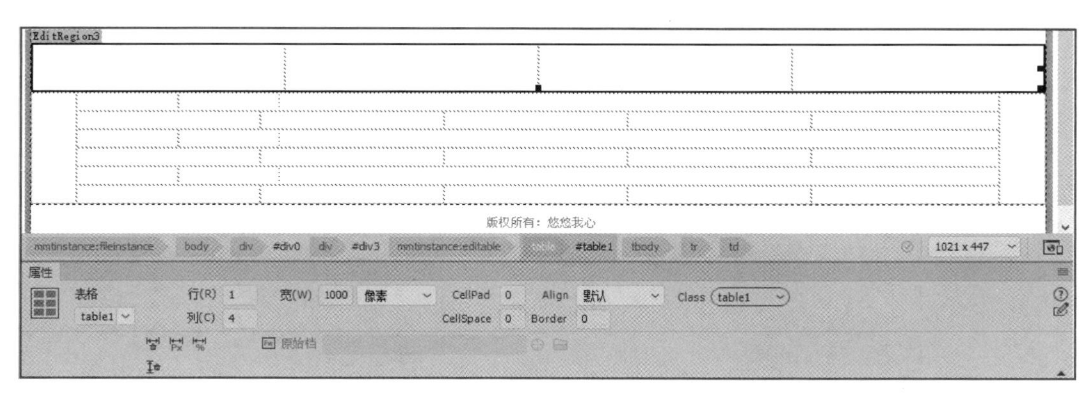

图 5-12　表格“table1”及表格“属性”面板

小知识

表格“属性”面板参数介绍：

- “表格”：在“表格”下方的文本框中，可以为表格命名。
- “行”和“列”：表格中行、列的数目。
- “宽”：以像素为单位或按百分比指定表格宽度。
- “CellPad（填充）”：指的是单元格边距，即单元格内容和单元格边框之间的距离，单位为像素。
- “CellSpace（间距）”：指的是单元格间距，即相邻单元格之间的距离，单位为像素。
- “Align（对齐）”：确定表格相对于同一段落中其他元素（例如，文本和图像）的显示位置。
- “Border（边框）”：指定表格边框的宽度，单位为像素。
- “Class（类）”：为该表格设置一个 CSS 规则。
- “清除列宽”按钮：从表格中删除所有明确指定的列宽。
- “清除行高”按钮：从表格中删除所有明确指定的行高。

- “将表格宽度转换成像素”按钮：将表格中每列的宽度设置为以像素为单位的当前宽度，同时将整个表格的宽度设置为以像素为单位的当前宽度。
- “将表格宽度转换成百分比”按钮：将表格中每列的宽度设置为按百分比表示的当前宽度，同时将整个表格的宽度设置为按百分比表示的当前宽度。

(2) 分别单击表格“table1”的第 1 列和第 4 列，在“属性”面板中将列宽均设置为 20 px，表格“table1”编辑后的效果如图 5-13 所示。

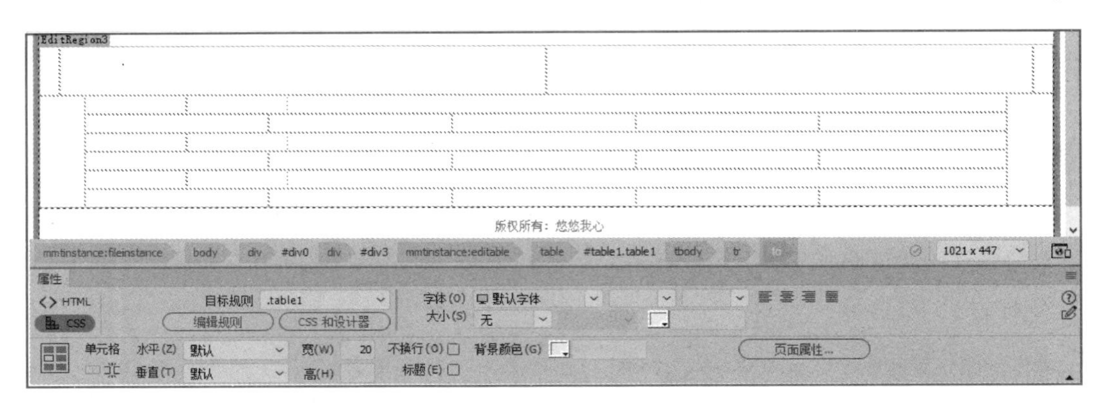

图 5-13　单元格“属性”面板及“table1”编辑效果

小知识

单元格“属性”面板参数介绍

- “合并单元格”按钮：将所选的单元格、行或列合并为一个单元格。
- “拆分单元格”按钮：将一个单元格拆分成多个单元格。一次只能拆分一个单元格；如果选择的单元格多于一个，则此按钮不可用。
- “水平”：设置单元格、行或列内容的水平对齐方式。
- “垂直”：设置单元格、行或列内容的垂直对齐方式。
- “宽”和“高”：设置所选单元格的宽度和高度。可以以像素为单位或按占整个表格宽度或高度的百分比进行设置，若要指定百分比，要在值后面使用百分比符号(%)。若让浏览器根据单元格的内容及其他列和行的宽度和高度自动确定适当的宽度或高度，此文本框采取默认设置(空)。
- “不换行”：可以防止换行，从而使给定单元格中的所有文本都在同一行。如果启用了“不换行”，则当键入数据或将数据粘贴到单元格时，单元格会加宽来容纳所有数据。
- “标题”：可以将所选的单元格设置为表格标题单元格。默认情况下，表格标题单元格内容格式为粗体并且居中。
- “背景颜色”：设置所选单元格、行或列的背景颜色。

3. 编辑表格“table2”及其嵌套表格

（1）分别单击表格“table2”的第 1 列和第 3 列，列宽均设置为 20 px。表格“table2”编辑后的效果，如图 5-14 所示。

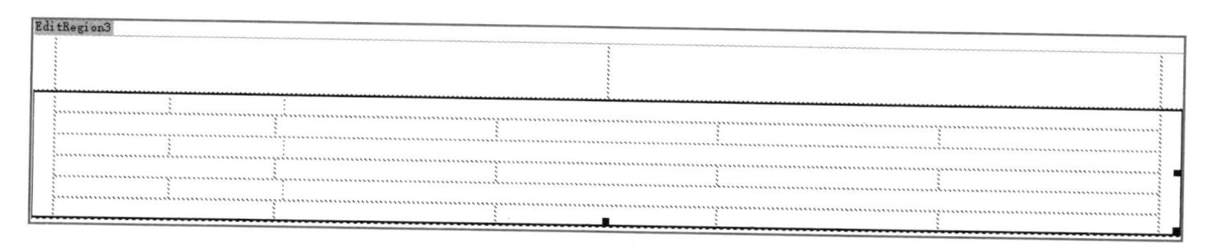

图 5-14　表格“table2”属性设置效果

（2）选择表格“table2-1”，在表格“属性”面板中设置“CellSpace（单元格间距）”为 1 px。

（3）在“CSS 设计器”面板中新建 CSS 规则“.table2-1”，在“属性”窗格中选择“背景”类别，设置 background-color（背景颜色）为“#CFCFCF”，如图 5-15 所示。

（4）选中表格“table2-1”，在其“属性”面板“Class（类）”选项的下拉列表中选择“.table2-1”，为表格“table2-1”应用 CSS 规则。

（5）拖曳选中表格“table2-1”的所有单元格，在单元格“属性”面板中设置“背景颜色”为“#FFFFFF（白色）”。

（6）预览网页，此时页面显示 6 行 1 列的细线表格，边框（实际上是单元格间距）为 1 px。

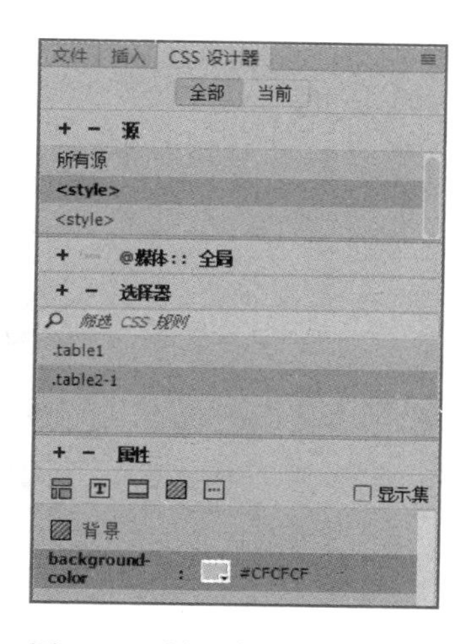

图 5-15　设置表格背景颜色

提个醒

在 Dreamweaver 中，可以应用 CSS 规则给表格设置背景颜色。如图 5-15 所示，在规则“.table2-1”中定义“背景”类别中“background-color（背景颜色）”为“#CFCFCF”，之后应用该规则到表格“table2-1”，为表格添加“#CFCFCF”背景色。之后选择表格“table2-1”的所有单元格，在单元格“属性”面板中设置“背景颜色”为“#FFFFFF（白色）”。由于表格的背景颜色为“#CFCFCF”，单元格间距为 1 px，单元格背景颜色为“#FFFFFF”，所以表格将显示 1 px 宽度的“#CFCFCF”色“细线边框”效果。

（7）在“CSS 设计器”面板的“选择器”窗格中新建 CSS 规则“.web1”，在“属性”窗格中选择“布局”类别，设置 height（高）为“30 px”，float（浮动）为“left（左对齐）”。将该规则应用于表格“table2-1”第 1、3、5 行单元格中嵌套的表格“web1”“flash1”和“3D1”。再通过单元格“属性”面板分别将每个表格的第 1 列列宽设置为 30 px。

（8）表格“table2-1”第 2、4、6 行单元格中嵌套的表格“web2”“flash2”和“3D2”的第 1 列和

第 5 列的列宽均设置为 50 px。设置完成后，页面如图 5-16 所示。

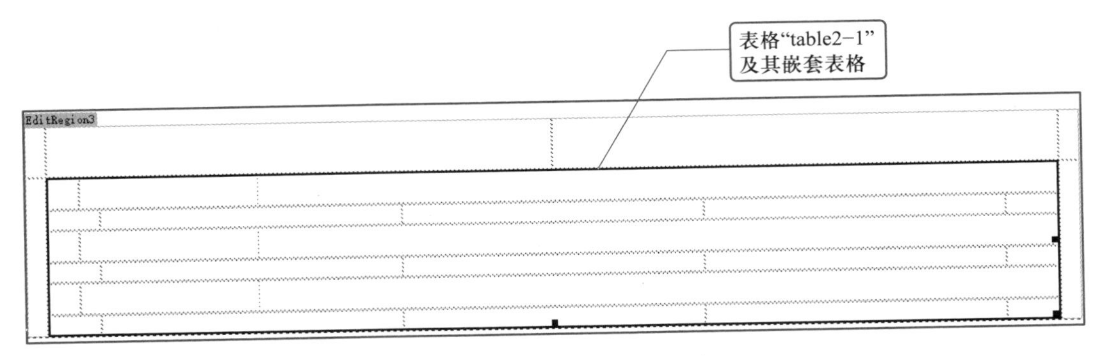

图 5-16　表格“table2-1”及其嵌套表格属性设置效果

(9) 至此，完成了“作品展示”网页中所有表格的编辑工作，此时在浏览器中预览“作品展示”网页，效果如图 5-17 所示。

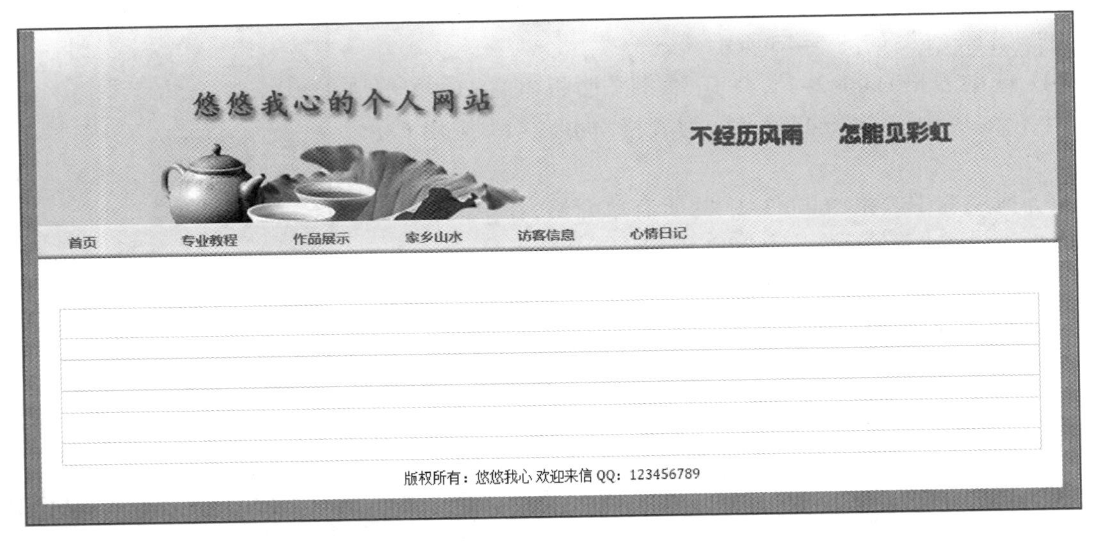

图 5-17　任务 2 完成效果图

1. 调整表格大小

调整表格大小，指的是更改表格的整体宽度或高度。当调整整个表格的大小时，表格的所有单元格按比例更改大小，即所有的行与列都将按比例改变行高或列宽。

选中表格后，可以利用表格“属性”面板精确指定表格的宽度，可以利用 CSS 规则精确指定表格的高度，还可以通过拖动控制柄调整表格大小。

2. 调整行高和列宽

选中相应行或列，利用行“属性”面板或列“属性”面板精确指定行高和列宽；还可以用鼠标指向相应边框，当鼠标指针显示为或时拖动鼠标改变行高或列宽。

举一反三

(1) 在“举一反三”站点中，创建网页“practice5-4.html”，插入图练 5-3 所示表格并按要求设置其属性：宽 400 px、高 100 px、单元格间距为 5 px、边框粗细为 3 px、边框颜色为“#FF0000”。表格第 1、3 列宽 100 px，第 2 列宽 200 px。

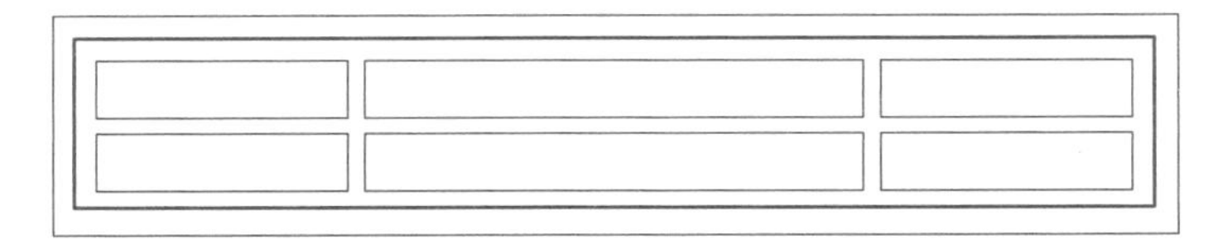

图练 5-3　举一反三(3)

(2) 在“举一反三”站点中，创建网页“practice5-5.html”，插入一个 4 行 3 列的表格，按图练 5-4 所示，对单元格进行合并与拆分。设置单元格间距和边距均为 0 px，设置表格边框粗细为 1 px、颜色为“#000000”，将表格第 1 行的背景颜色设置为“#3399CC”，第 2 行与第 3 行的第 1 列单元格，第 4 行第 1、2 列单元格的背景颜色设置为“#FFFFCC”。

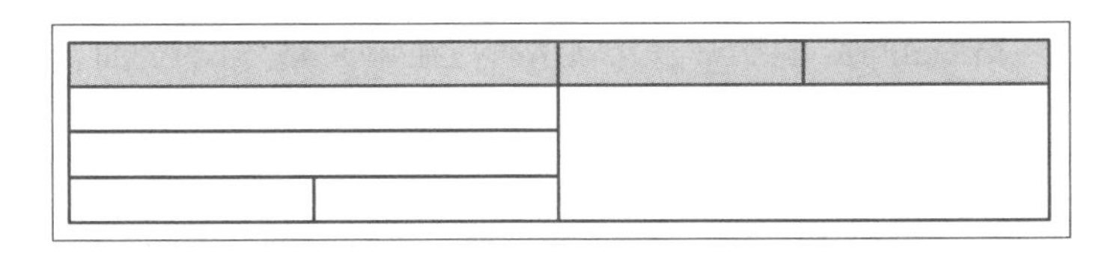

图练 5-4　举一反三(4)

(3) 将本单元素材“举一反三”文件夹下的“pra5-1”文件夹复制到“D:\jyfs”文件夹中，在 Dreamweaver 中打开其中的文件“practice5-6.html”，在图片下方插入一个 2 行 4 列的表格，表格宽度为 960 px，边框粗细为 1 px，单元格边距和间距均为 10 px，表格背景颜色为“#474747”，第一行行高为 162 px、背景颜色为“#D8D8D8”，保存并预览网页，效果如图练 5-5 所示。

图练 5-5　举一反三(5)

任务3　添加表格内容

任务描述

表格是为网页内容服务的，完成表格的创建与编辑后即可向其中添加内容。Dreamweaver 不仅可以通过输入、复制和粘贴等操作将文本添加到表格中，还可以在表格中添加图像、Flash 动画等其他网页元素。本任务将利用本书配套网络资源中的素材，在任务 2 编辑好的表格中添加内容。

自己动手

步骤 1　需求分析

需求：在表格中添加内容。

分析：任务 2 已完成“作品展示”页面表格布局，本任务需要将准备好的内容添加进去，并设置其格式。

步骤 2　在表格“table1”中添加内容

(1) 将光标放入表格“table1”的第 2 个单元格中，在单元格“属性”面板中设置单元格水平左对齐，添加图像“wkimages\works.jpg”。

(2) 将光标放入表格“table1”的第 3 个单元格中，在单元格“属性”面板中设置单元格水平右对齐，添加图像“wkimages\link.jpg”，效果如图 5-18 所示。

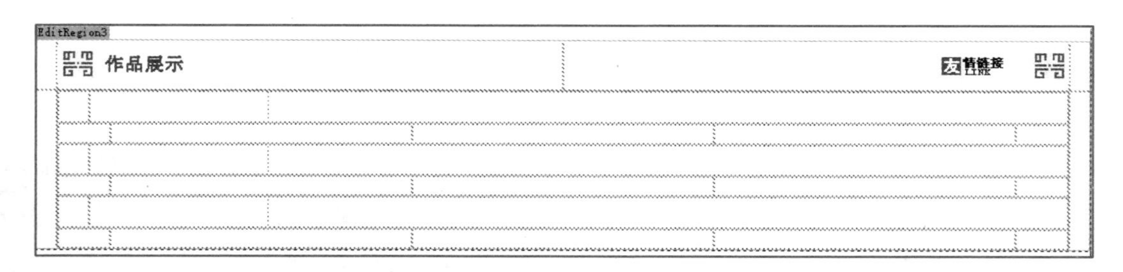

图 5-18　在表格“table1”中添加内容

任务 1 中建立“作品展示”栏目的目录结构时，已经把本任务所需要的全部图像素材复制到“D:\mysite\works\wkimages”文件夹中。本任务在表格中添加的图像都来自该文件夹，为了叙述简练，以后对添加素材的路径不再赘述。

小知识

在表格中添加内容时，按键盘上的方向键可以把插入点从一个单元格移动到另一个单元格；按 Tab 键可以把插入点移动到下一个单元格；按快捷键 Shift+Tab 移动到上一个单元格；在表格的最后一个单元格中按下 Tab 键会自动添加一行。

步骤 3　在表格“table2”中添加内容

(1) 将光标放入表格“web1”的第 1 个单元格中，在“单元格”属性面板中设置单元格水平对齐方式为“居中对齐”，在其中添加图像“arrow.gif”。然后将光标放入表格“web1”的第 2 个单元格中，输入文本“网页作品”。新建 CSS 规则“.txt”，在属性窗格中选择“文本”类别，设置 font-size（大小）为“14 px”，color（颜色）为“#336666”、font-weight（粗细）为“bolder（加粗）”。选中文本“网页作品”，应用 CSS 规则“.txt”。

(2) 使用同样方法在表格“flash1”和“3D1”中添加图像“arrow.gif”和文本，文本内容分别为“Flash 作品”和“3D 作品”，并应用 CSS 规则“.txt”。

(3) 选择表格“web2”的第 2~4 个单元格，在单元格“属性”面板中将单元格水平对齐方式设为“居中对齐”。在“web2”的第 2~4 个单元格中，分别添加图像“w1.gif”“w2.gif”“w3.gif”。添加好图像文件后，可以看到图像与所在行等高，为了网页美观，让图像与表格边框之间适当留白，将光标放到表格“web2”的任意单元格中，在单元格“属性”面板中设置行高为 159 px。

(4) 新建 CSS 规则“.pic1”，在“属性”窗格中选择“边框”类别，设置“border（边框）”为“所有边”，width（宽度）为“1 px”，style（样式）为“solid（实线）”，color（颜色）为“#666”，规则“.pic1”属性设置如图 5-19 所示。

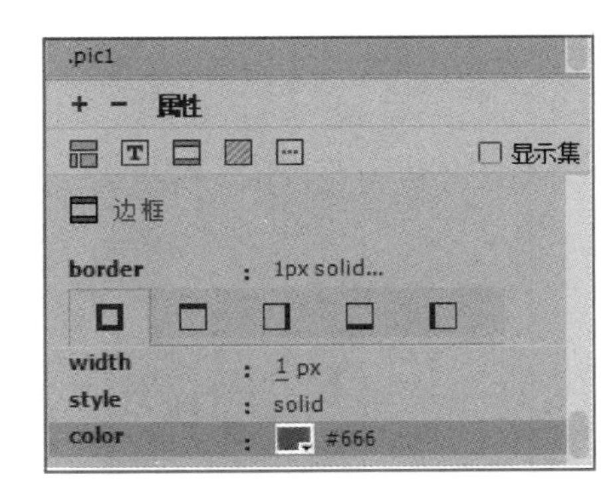

图 5-19　CSS 规则“.pic1”属性设置

(5) 分别选择上述 3 幅图像并应用规则“.pic1”，为这 3 幅图像添加边框。完成以上操作后，效果如图 5-20 所示。

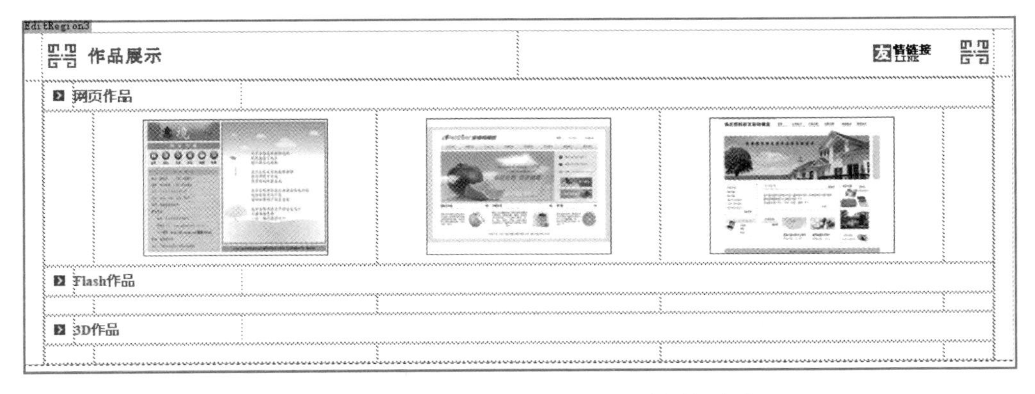

图 5-20　在表格“web1”和“web2”中添加内容

(6) 采用如上方法分别在表格“flash2”和“3D2”中添加内容：在表格“flash2”中添加的图像文件分别为“f1.gif”“f2.gif”和“f3.gif”；在表格“3D2”中添加的图像文件分别为“d1.jpg”“d2.jpg”和“d3.jpg”。

(7) 页面内容添加完毕后，效果如图 5-21 所示。

图 5-21　任务 3 完成效果图

举一反三

(1) 在“举一反三”站点中，创建网页“practice5-7.html”，插入图练 5-6 所示的课程表并填充内容。

(2) 将本单元素材“举一反三”文件夹下的“pra5-2”文件夹复制到“D:\jyfs”文件夹中，在“举一反三”站点中打开其中的文件“practice5-8.html”，完成网页中“学生天地”部分的制作。保存并预览网页，使预览效果如图练 5-7 所示。(提示：效果图中的表格为细线表格。可以通过设置表格边框为 0 px，间距为 1 px，再分别设置表格和单元格不同的背景颜色来实现细线表格的制作)

课程表

	1-2节	3-4节	5-6节	7-8节
星期一				
星期二				
星期三				
星期四				
星期五				

图练 5-6　举一反三(6)

图练 5-7　举一反三(7)

(3) 在“举一反三”站点中，创建网页“practice5-9.html”，学习制作“书友网”图书介绍网页，制作完成后网页效果如图练5-8所示，所需素材在本单元素材“举一反三”文件夹下的“pra5-3”文件夹中。

图练5-8　举一反三(8)

任务4　建立超链接

任务描述

在互联网中，超链接可谓是无处不在，它是各个网页之间的桥梁，使得网页之间能够进行自由跳转。各个网页链接在一起后，才能真正构成网站。本任务通过在“作品展示”网页及网页模板中建立超链接，介绍各种超链接的创建方法。

自己动手

步骤1　需求分析

需求：在“作品展示”网页上建立超链接，在网站模板上建立导航链接。

分析：在建立超链接之前，要明确与目标对象之间的链接关系和目标对象所在的位置，然后根据不同的超链接类型建立链接。本任务需要为“作品展示”页面的图像添加超链接；需要为网站模板的导航栏建立超链接。

小知识

超链接是指从一个网页指向一个目标的链接关系，这个目标可以是另一个网页，也可以是同一网页上的不同位置，还可以是一幅图片、一个电子邮件地址、一个文件，甚至是一个应用程序。而在一个网页中用来作为超链接的对象，可以是一段文本或者是一幅图片。当浏览者单击已经设置好链接目标的文字或图片后，链接目标将显示在浏览器中，并且根据目标的类型来打开或运行。

步骤 2　为图像建立超链接

（1）选择表格“web2”中的作品图像“w1.gif”，单击图像“属性”面板“链接”文本框右侧的“浏览文件”按钮，从弹出的对话框中选择链接对象，即“D:\mysite\works\links”文件夹中的“w1.html”。选择完毕后，观察“属性”面板，显示“链接”路径为“links/w1.html”。在“目标”列表框中选择“_blank”选项，如图 5-22 所示。

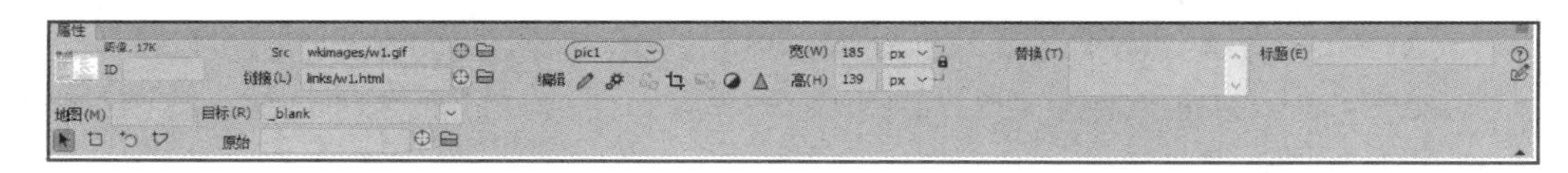

图 5-22　为图像建立超链接

（2）按 F12 键预览 works.html，当鼠标指向建立了超链接的作品图像“w1.gif”时，鼠标指针会变为手形，此时单击，会在一个新的浏览器窗口中打开链接的目标网页“w1.html”，如图 5-23 所示。

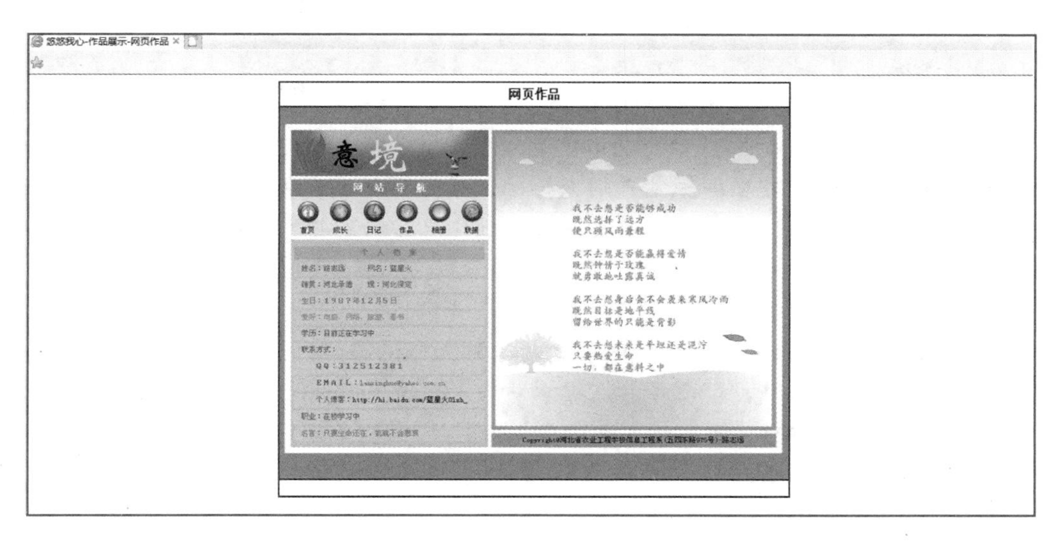

图 5-23　图像“w1.gif”链接的目标网页

(3) 采用如上方法分别为“web2”“flash2”和“3D2”表格中的另外 8 幅图像建立超链接，所链接的目标文件分别为“D:\mysite \works\links”文件夹下的“w2.html”“w3.html”“f1.html”“f2.html”“f3.html”“d1.html”“d2.html”和“d3.html”文件。

小知识

1. 超链接的添加方法

- 输入超链接路径：直接在“链接”列表框中输入目标对象的路径，如图 5-22 所示。
- “浏览文件”按钮：单击“链接”列表框右侧的“浏览文件”按钮，从弹出的对话框中选择链接对象。
- “指向文件”按钮：按住“链接”列表框右侧的“指向文件”按钮，将其拖动至右侧展开的“文件”面板中要链接的目标文件上。
- 使用鼠标右键菜单中的“创建链接”命令，也可以在指定位置插入文本并建立超链接。

2. “目标”列表选项简介

- “_blank”：将链接的文件载入到一个新的浏览器窗口中打开。
- “new”：将链接的文件始终载入到一个新的浏览器窗口中打开。
- “_parent”：将链接的文件载入到该链接所在的上一级浏览器窗口中打开。
- “_self”：将链接的文件载入到同一个浏览器窗口中打开。此选项为默认选项，所以通常不需要指定它。
- “_top”：将链接的文件载入到整个浏览器窗口中打开。

知识拓展

链接路径的 3 种类型

1. 绝对路径

绝对路径是指链接目标文件的完整路径。如果要链接站点外远程服务器上的网页或图像等文件，必须使用绝对路径进行链接，即使站点移动至其他位置也不会出现断链现象；如果链接的文件是内部链接（即在同一站点内文档的链接），用户也可以使用绝对路径进行链接，但一般情况下不建议采用这种方式，因为一旦将此站点移动到其他域或是更改站点名称，则所有本地绝对路径链接都将断开。

2. 站点根目录相对路径

站点根目录相对路径是指从站点的根文件夹到文档的路径。站点根目录相对路径以一个正斜杠“/”开始，该正斜杠“/”表示站点根文件夹。例如，“/index.html”是首页文件“index.html”的站点根目录的相对路径。如果不熟悉此类型的路径，最好使用文档相对路径。

3. 文档相对路径

一般情况下，在站点内经常使用文档相对路径。文档相对路径的基本思想是省略掉与当前文档路径中相同的部分，只输入路径不同的部分。具体情况如下。

(1) 若要链接到与当前文档处在同一文件夹中的其他文件，只需输入文件名。

(2) 若要链接到当前文档所在文件夹的子文件夹中的文件，只需提供子文件夹的名称，后跟一个正斜杠“/”，在其后添加该文件的名称即可。每个正斜杠“/”表示在文件夹层次结构中下移一级。

(3) 若要链接到当前文档所在文件夹的父文件夹中的文件，在文件名前添加“../”。“..”表示在文件夹层次结构中上移一级。

(4) 若成组地移动文件，例如，移动整个文件夹时，该文件夹内所有文件保持彼此间的相对路径不变，此时不需要更新这些文件间的文档相对链接。但是，当移动含有文档相对链接的单个文件或者移动文档相对链接所链接到的单个文件时，则必须更新这些链接。

默认情况下，Dreamweaver 使用文档相对路径创建指向站点中其他网页的链接。

步骤 3　建立“友情链接”

选择表格“table1”第 3 个单元格中的友情链接图像“link.jpg”，在其“属性”面板的链接文本框中输入“网页教学网”的绝对路径，在“目标”列表框中选择“_blank”选项。这样，在浏览器中预览网页时，单击友情链接图像“link.jpg”，即可在一个新的浏览器窗口中打开“网页教学网”的网站首页。

在测试网页与位于 Internet 上的目标对象间的超链接效果时，要求本地计算机与 Internet 间的连接必须保持畅通。

步骤 4　为模板文件中的导航文本建立超链接

(1) 在制作模板文件时，并没有为其中的导航文本建立超链接，现在为导航文本“网站首页”“专业教程”“作品展示”建立链接。打开模板文件“model.dwt”，用鼠标选中文本“网站首页”，在其“属性”面板选择“HTML”模式，单击“链接”列表框右侧的“浏览文件”按钮，从弹出的对话框中选择“站点首页”（即“D:\mysite\index.html”）为目标文件，“目标”选项保持默认，如图 5-24 所示。

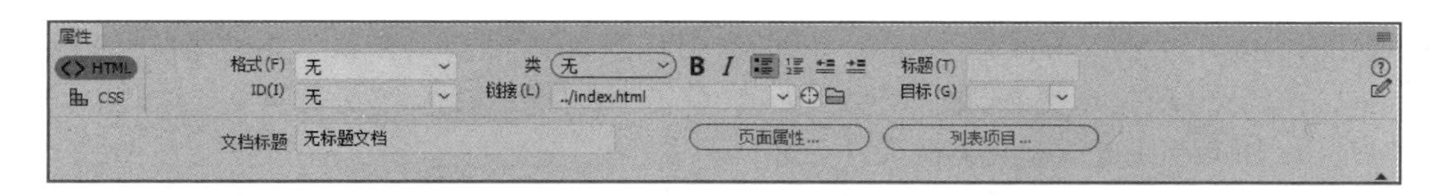

图 5-24　为导航文本建立超链接

(2) 为文本建立链接后，“网站首页”4字自动变为蓝色，同时添加了下划线。为保持页面风格的统一，需要设置文本超链接样式。单击“属性”面板中的“页面属性”按钮，打开“页面属性”对话框，选择“链接(CSS)”选项，此时对话框右侧显示出“链接(CSS)”项的相关选项，设置各项参数(文字大小保持默认值)，如图5-25所示。

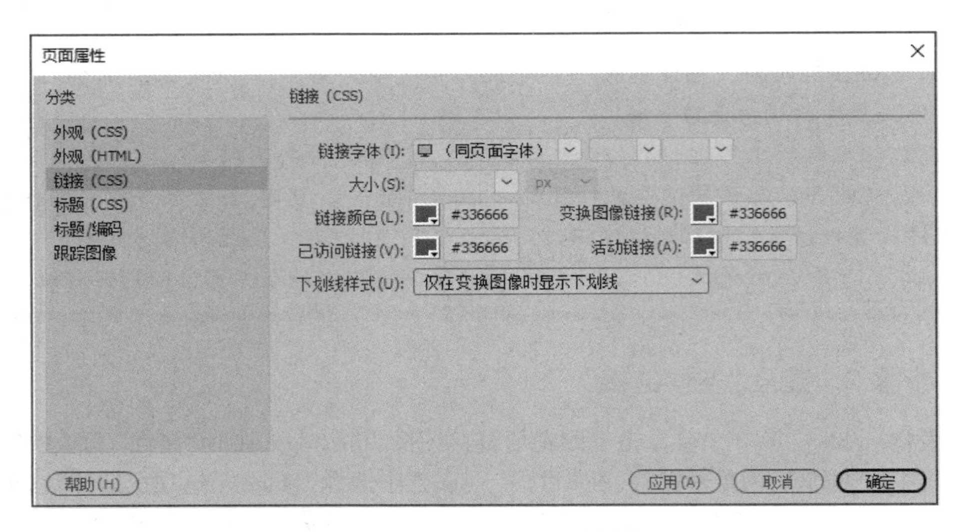

图5-25　设置文本超链接样式

小知识

在Dreamweaver中，未访问过的超链接文本默认显示蓝色字体、有下划线，用于区别普通文本，单击触发后其文本颜色会发生改变。该文本样式可以在页面属性的“链接(CSS)”分类中进行设置，如图5-25所示。

- “链接颜色”：指定应用于链接文本的颜色。
- “已访问链接”：指定应用于访问过的链接的颜色。
- “变换图像链接”：指定当鼠标指针位于链接上时应用的颜色。
- “活动链接”：指定当鼠标指针在链接上单击时应用的颜色。
- “下划线样式”：指定应用于链接的下划线样式。

文本超链接样式设置好后，该页面的所有链接文本都会自动应用该样式。

(3) 为导航文本“专业教程”和“作品展示”建立超链接，链接的目标文件分别为“D:\mysite\study\study.html”“D:\mysite\works\works.html”，“目标”选项全部保持默认。此时保存模板文件，Dreamweaver会自动提示更新，如图5-26所示，单击“是”按钮，弹出“更新页面”对话框，如图5-27所示。所有基于此模板建立的文件完成自动更新。

(4) 至此，“作品展示”栏目的制作全部完成，保存并预览网页，检查制作效果。

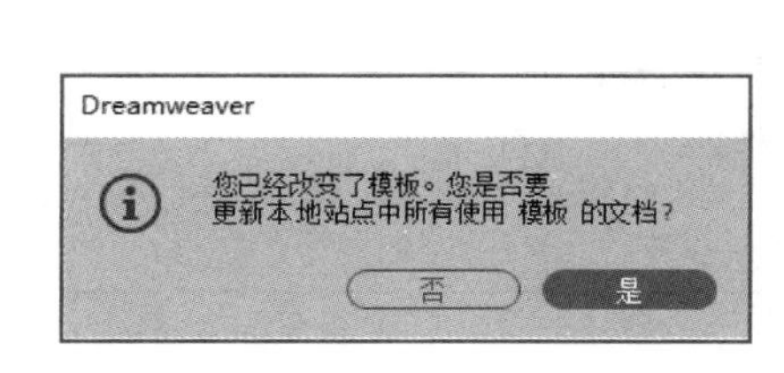

图 5-26　更新模板文件

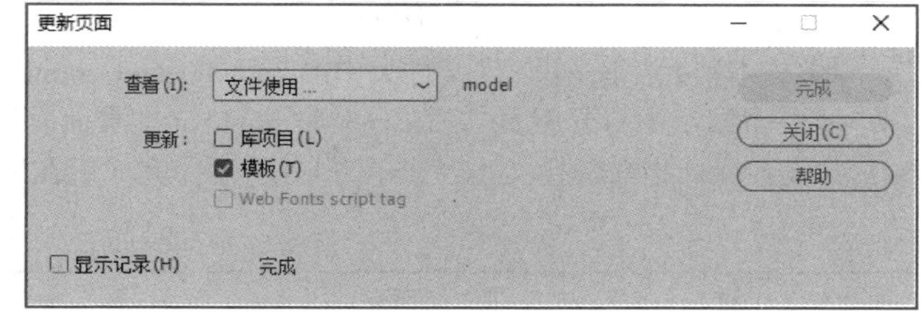

图 5-27　基于模板的页面完成自动更新

小知识

其他类型的超链接

- 文件下载超链接：选中需要建立链接的对象后，如果在“链接”列表框中输入的内容为预下载文件的路径，就建立了一个该文件的下载链接，预览网页时单击该链接将弹出“文件下载”对话框。
- 电子邮件超链接：选择要建立链接的对象，单击“插入”面板“HTML”类别中的“电子邮件链接”按钮；或选择“插入”→“HTML”→“电子邮件链接”命令，在“电子邮件链接”对话框中完成电子邮件链接的建立。还可以通过在“属性”面板中的“链接”列表框中直接输入“mailto：邮件地址”来建立电子邮件链接。
- 锚记链接：锚记链接的使用方法将在第 6 单元介绍。
- 空链接：选择要创建空链接的对象，在“属性”面板的“链接”文本框中输入“#”，就为该对象添加了一个空链接。空链接主要用于向网页上的对象附加行为（关于行为的详细内容将在第 6 单元中介绍）。

举一反三

（1）将本单元“举一反三”中的“pra5-4”文件夹复制到“D:\jyfs”文件夹中，在“举一反三”站点“pra5-4”文件中，创建网页“practice5-10.html”，添加图练 5-9 所示的内容。设置“搜狐”链接到其网站主页，并把该超链接的“目标”属性设置为“_blank”；设置“新浪”链接到其网站主页，不设置该超链接的“目标”属性；设置“网易”链接到其网站主页，超链接的“目标”属性设置为

图练 5-9　举一反三(9)

“_self”。制作完成后在浏览器中预览并分析效果。

(2) 将本单元“举一反三”文件夹中的“practice5-11.html”文件复制到“D:\jyfs”文件夹中，在“举一反三”站点中打开网页“practice5-11.html”，在“页面属性”对话框中设置链接样式，见表练5-1，并设置鼠标指向链接文本时显示下划线，制作完成后在浏览器中预览效果。

表练 5-1 举一反三

链接	颜色	链接	颜色
链接颜色	#0000FF	已访问链接	#FF00FF
变换图像链接	#808000	活动链接	#FF5F00

(3) 将本单元“举一反三”文件夹中的“pra5-5”文件夹复制到D盘根目录，运行Dreamweaver，创建站点“pra5-5”，站点文件夹为“D:\pra5-5”。打开其中的网页“practice5-12.html”，设置文本“AMD Phenom X4 9600 Black Edition”链接到网页“9600.html”，文本“AMD Phenom X4 9500”链接到网页“9500.html”，文本“AMD AM2 Athlon64 3800+”链接到网页“3800+.html”，为以上3个链接页面中的文本“其他处理器”添加链接，目标文件为“practice5-12.html”，保存所有页面并在浏览器中预览，体会超链接在站点内部的作用。

本单元知识梳理

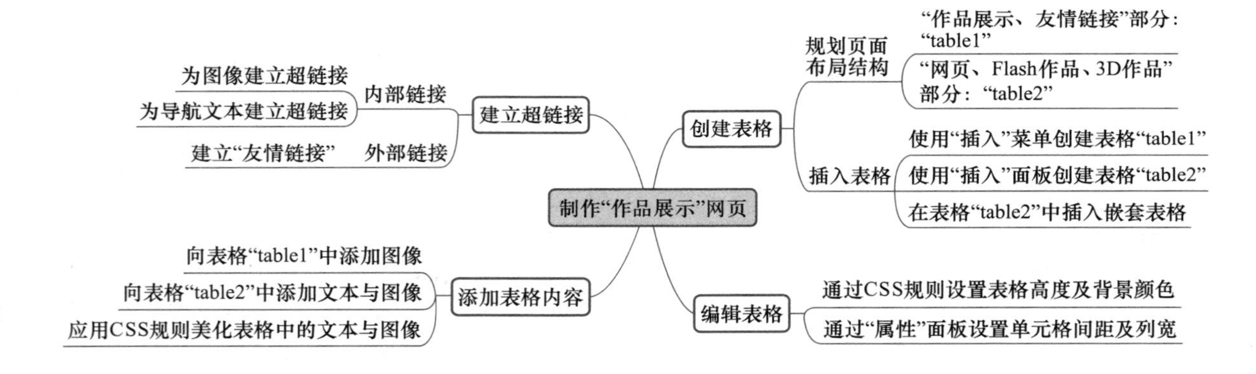

制作“家乡山水”网页

本单元将制作“悠悠我心的个人网站”中“家乡山水”栏目，把游览家乡山水过程中拍摄的照片及了解到的景观信息添加到网站中。“家乡山水”栏目页面的效果如图 6–1 所示，页面可编辑区划分为左侧、右上和右下 3 部分，左侧放置景区组图，右上部放置景区名称，右下部显示景区图片及景区简介。当鼠标指向景区组图的一个景区时，会在光标下方显示该景区的名称提示，同时在页面的右下部显示该景区的风景图片及简单介绍。当单击一个景区时，会打开一个“景区介绍”页面，并且自动定位到相应位置，如图 6–2 所示。

依据设计效果，本单元将通过“添加热点与锚记链接”“在表格中添加和使用 Div”及“制作页面动态效果”3 个任务来完成“家乡山水”栏目页面的制作。热点、Div 和锚记之间的对应关系见表 6–1，下面的任务将建立并说明这种对应关系。

图 6–1　“家乡山水”网页效果图

图 6–2　“景区介绍”网页

表 6–1　热点、Div 和锚记的对应关系

景区热点	图像所在 Div	对应图像文件	对应景区介绍中的锚记
	apDiv1（显示初始图像的 Div）	tlimages/ysp.jpg	
金华山景区	apDiv 2	tlimages/jhsh.jpg	jd1
龙门天关景区	apDiv 3	tlimages/lmx.jpg	jd2
白草畔景区	apDiv 4	tlimages/bcp.jpg	jd3
鱼谷洞景区	apDiv 5	tlimages/ygd.jpg	jd4
百里峡景区	apDiv 6	tlimages/blx.jpg	jd5
拒马河景区	apDiv 7	tlimages/jmh.jpg	jd6
	apDiv 8	用于显示景区简介文字	

任务 1　添加热点与锚记链接

任务描述

本任务需要在“景区介绍”页面中为各个景区添加锚记，以起到定位链接目标的作用；在“家乡山水”页面中添加热点来划分景区地图上的各个景区；为景区地图上各个热点添加锚记链接，链接到“景区介绍”页面中的相应位置。通过完成上述任务，介绍创建热点和锚记链接的方法。任务完成后的效果如图 6–3 和图 6–4 所示。

图 6-3　“家乡山水”网页

金华山景区
金华山自然风景区野趣横生。葱茏繁绿的万亩林海，壮丽多姿的拉拉湖瀑布，“闪闪发光”的金华山顶，别具一格的“老人官”故居等各具特色的景点，异彩纷呈，交相辉映…… 金华山景色迷人，风情更迷人，由于自然条件的限制和历史上长期疏于管辖，过去金华山地区曾一度形成“自由散地”，世世代代生活在这里的人们在信仰、语言、婚嫁、丧祭、服饰等生活习俗方面与山外完全不同，至今仍保持着古老、纯朴独特的民俗民风。游人走进金华山，都有恍如隔世之感！

龙门天关景区
沿小西河逆流而上，龙门天关长城文物保护区就会出现在眼前。此地山峰挺拔，断崖绝壁高耸入云，山谷中清泉溪流激浪奔腾，景色尤为壮观。自古以来，这里是京都通往塞外的交通要道和兵家必争之地，金、明、清各代都把此地视为军事要塞，重兵把守。所以，景区有许多文物名胜遗留至今，现有的“大龙门城堡”、“蔡树庵长城”、“摩崖石刻”等都是河北省重点文物保护单位。
上天沟景色似天庭仙境，沟内植物茂密蔽日，九道瀑布飞流直下，天梯瀑落差达40米，气势磅礴，十八潭清泉恰似珍珠镶嵌其中，万亩原始次生林郁郁葱葱，动植物资源异常丰富。步入上天沟，山泉溪水、古树盘石、悬空栈道相继映入眼帘，如入仙境。
大龙门城堡原是明长城“内边”上的重要关隘，被誉为“疆域咽喉”。据《水经注》记载，这里在唐、宋以前叫“圣人城”，曾是中原与塞外的要塞重镇，屡经战乱。明代将其作为军事重地重新修建，从嘉靖年间开始，由“钦依大龙门守口总指挥使把总官钦”戍守，清代沿袭明制，一直到光绪时才废止。现保存完好的大龙门城堡、城门，与其外围的军事设施遗址，仍然能使人看到一个完整的古代关隘防御体系，充分体现了我国古代劳动人民卓越的建筑艺术和军事才能。
大龙门城堡西北一华里的龙门峡，两侧山崖峭壁上留有30多处摩崖石刻，都是明、清时驻守关隘的武官留下的真迹。其中以“万仞天关”、“千峰拱立”最为醒目，字高2.7米。其余题字大小不等，内容可分为两类：一类为描述关山险要雄伟，以振军威，多用于楷书写成，字迹遒劲浑厚，笔力顿挫沉雄，各具风格。另一类则是描述这里山河秀丽俊美，以激发将士和民众的爱国热情，这一类多用行书、草书写成，运笔潇洒自如，是难得的珍品。题书者有明代万历年间都御史兵部侍郎贾三进，万历武进士钦依大龙门把总指挥都门何继文，总兵吕志远、王世兴等，这些刻字，为研究古代书法艺术

图 6-4　“景区介绍”网页

小知识

锚记是在文档中设置的标记，作用类似于书签，通常放在文档的特定主题处或顶部。使用锚记分为两步：第一步添加锚记；第二步添加指向该锚记的链接，这个链接可以快速将浏览者带到锚记所在的位置。

热点是对图像内一个区域的几何描述，通常每个热点都会链接到不同的网页、URL、锚记、图像等。

自己动手

步骤 1　需求分析

需求：为景区地图中的各个景区与“景区介绍”页面中相关内容建立链接关系。

分析：建立好本单元的目录结构，首先在“景区介绍”页面中为每个景区的介绍内容添加锚记，然后在景区地图上按景区绘制热点，最后为每个热点添加锚记链接，链接到“景区介绍”页面对应的锚记位置。

步骤 2　建立本栏目目录结构

依据第 1 单元建立的网站目录结构，“家乡山水”栏目建立在“travel”文件夹中。将本单元素材文件夹中的“tlimages”文件夹及两个网页文件“travel.html”“viewpoint.html”复制到“D:\mysite\travel”文件夹中。本单元将在这两个网页文件基础上完成制作工作。本栏目目录结构见表 6–2。

表 6–2　“家乡山水”栏目的目录结构

所在路径	文件 / 文件夹的名称	说明
D:\mysite\travel	travel.html	“家乡山水”页面
	viewpoint.html	“景区介绍”页面
	tlimages	页面所需图像

步骤 3　为“景区介绍”页面添加锚记

(1) 运行 Dreamweaver，打开“viewpoint.html”文件，页面包含 6 个景区的图像与相应介绍文本。

(2) 将插入点放到表格第一行中的文本“金华山景区”前，右击，在弹出的快捷菜单中选择“插入 HTML”命令，在弹出的对话框中输入“<a id="jd1">”，如图 6–5 所示，按回车键，完成锚记“jd1”的创建，此时“金华山景区”文字前出现一个锚记图标。

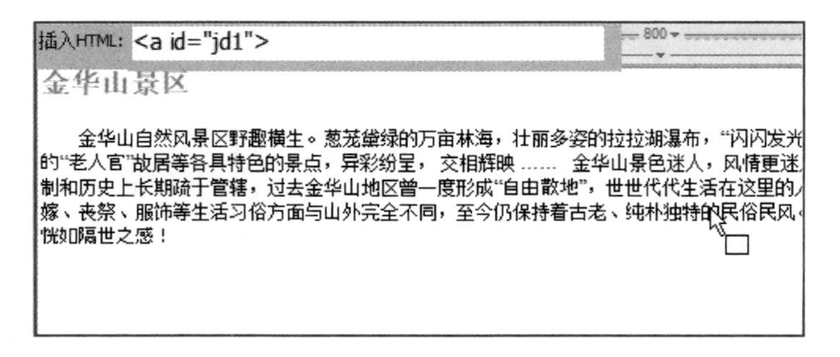

图 6–5　插入“命名锚记”

小知识

锚记名称通常以英文字母起始，区分大小写，不能含有空格，也不能含有特殊字符。

如果锚记创建后，在网页制作窗口中却看不到锚记图标，选择“查看”→“设计视图选项”→“可视化助理”→“不可见元素”命令即可。

锚记图标在预览时不显示。

(3) 根据表 6–3 所示对应关系，使用同样方法，为“景区介绍”页面中其他 5 个景区添加锚记，添加的锚记效果如图 6–6 所示。

表 6–3　锚记对应景区介绍位置

锚记名称	锚记位置	锚记名称	锚记位置
jd1	“金华山景区”前	jd4	“鱼谷洞景区”前
jd2	“龙门天关景区”前	jd5	“百里峡景区”前
jd3	“白草畔景区”前	jd6	“拒马河景区”前

锚记

金华山景区

金华山自然风景区野趣横生。葱茏叠绿的万亩林海，壮丽多姿的拉拉湖瀑布，“闪闪发光”的金华山顶，别具一格的“老人官”故居等各具特色的景点，异彩纷呈，交相辉映 …… 金华山景色迷人，风情更迷人，由于自然条件的限制和历史上长期疏于管辖，过去金华山地区曾一度形成“自由散地”，世世代代生活在这里的人们在信仰、语言、嫁、丧祭、服饰等生活习俗方面与山外完全不同，至今仍保持着古老、纯朴独特的民俗民风。游人走进金华山，恍如隔世之感！

龙门天关景区

沿小西河逆流而上，龙门天关长城文物保护区就会出现在眼前。此地山峰挺拔，断崖绝壁高耸入云，山谷中泉溪流激浪奔腾，景色尤为壮观。自古以来，这里是京都通往塞外的交通要道和兵家必争之地，金、明、清各代都把此地视为军事要塞，重兵把守。所以，景区有许多文物名胜遗留至今，现有的“大龙门城堡”、“蔡树庵长城”、“摩崖石刻”等都是河北省重点文物保护单位。

上天沟景色似天庭仙境，沟内植物茂密蔽日，九道瀑布飞流直下，天梯瀑落差达40米，气势磅礴，十八潭犹恰似珍珠镶嵌其中，万亩原始次生林郁郁葱葱，动植物资源异常丰富。步入上天沟，山泉溪水、古树盘石、悬空道相继映入眼帘，如入仙境。

大龙门城堡原是明长城“内边”上的重要关隘，被誉为“疆域咽喉”。据《水经注》记载，这里在唐、宋以前叫

图 6–6　添加锚记

步骤 4　为“家乡山水”页面的景区地图添加热点

(1) 在“文件”面板中双击“travel.html”文件，打开“家乡山水”页面，如图 6–7 所示。

(2) 选中页面左半部分的景区组图“map.jpg”，在“属性”面板中选中“多边形热点工具”，如图 6–8 所示。

图 6-7　“家乡山水”网页

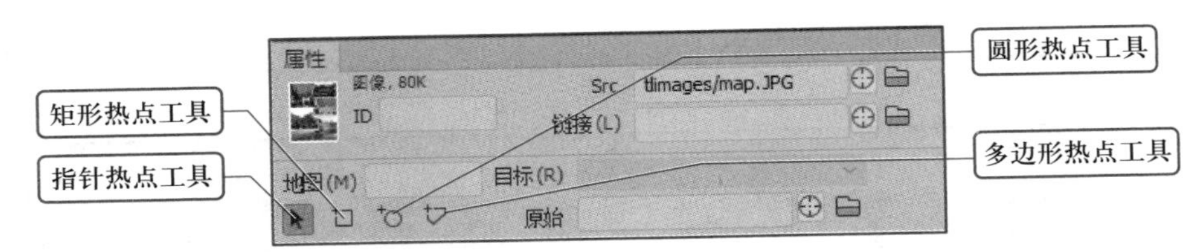

图 6-8　选中多边形热点工具

热点工具介绍

- 指针热点工具：选中此工具可以拖动热点改变位置，还可以拖动热点的顶点来改变其形状或大小。
- 矩形热点工具：选中此工具后在图像上拖动鼠标可添加矩形热点，按住 Shift 键拖动可添加正方形热点。
- 圆形热点工具：选中此工具后在图像上拖动鼠标可添加圆形热点。
- 多边形热点工具：选中此工具后可以在图像上通过鼠标点选（连续单击图像中不同位置）添加多边形热点。
- “地图”文本框：用于设置图像的名称。

(3) 鼠标移动到景区组图中，光标变成“十”字形状，按照图像右上角“金华山景区”的轮廓单击点选，会增加一个顶点，以后每单击一次，将增加一个顶点，如图 6-9 所示。

(4) 点选景区的边界区域完毕后，按 Esc 键，同时在页面其他地方单击，退出热点的绘制工作。“金华山景区”的多边形热点绘制效果如图 6-10 所示。

尚未点选的部分
绘制过程中，相邻的两个顶点会自动连接，起始和结束两个顶点会自动闭合

图 6–9　使用多边形热点工具绘制热点

金华山景区热点

图 6–10　完成“金华山景区”热点绘制

(5) 使用同样方法为其他景区添加热点，效果如图 6–11 所示。

图 6–11　为各个景区绘制热点

小知识

- 移动热点：单击“属性”面板中的“指针热点工具”后，选中某个热点，可以通过拖动移动它的位置，还可以利用键盘的方向键或 Shift+ 方向键移动热点的位置。
- 调整热点的大小：用“指针热点工具”单击某个热点，然后将光标移到热点区域的顶点处，拖动鼠标可以改变热点的形状和大小。
- 选中多个热点：单击“属性”面板中的“指针热点工具”后，按住 Shift 键的同时单击并选中多个热点。

步骤 5　设置热点属性并添加锚记链接

(1) 选中“金华山景区”热点，在“属性”面板“链接”文本框内输入“viewpiont.html#jd1”，链接到“景区介绍”页面的“jd1”锚记所在的位置。

(2) 在“目标”下拉列表中选择“_blank”选项，在“替换”列表框内输入文字“金华山景区”，如图 6–12 所示。

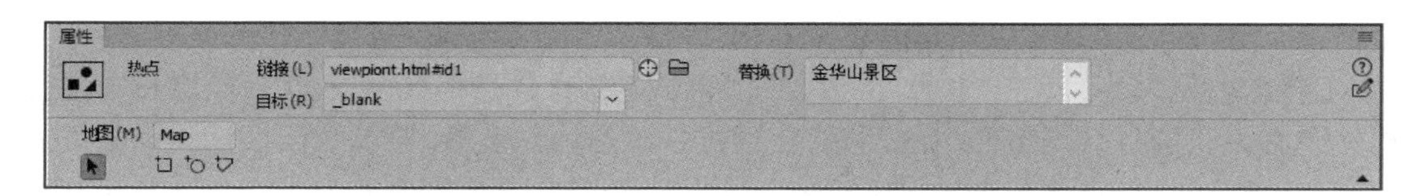

图 6-12　热点“属性”面板

小知识

热点“属性”面板

- “链接”：用于设置热点的链接路径。在添加锚记链接时，如果链接的锚记在本页面内，输入“#”+“锚记名称”；如果不在本页面内，输入“链接路径”+“#”+“锚记名称”。图 6-12 中的“viewpiont.html#jd1”表示链接到本栏目下的“viewpiont.html”页面中的“jd1”锚记。
- “目标”下拉列表中的“_blank”：表示在新的浏览器窗口中打开链接的文档，同时保持当前浏览器窗口不变。
- “替换”属性：用于设置当鼠标指向该热区时显示的“替换文本”。有的浏览器不能显示替换文本（不同版本的浏览器显示方式存在区别）。

(3) 依据表 6-4，使用同样方法设置其他热点的属性，分别将其链接到“viewpiont.html”页面中对应景区介绍的锚记位置。完成后浏览网页，查看链接情况。

表 6-4　热点对应的锚记链接路径与替换文本

热点区域	锚记链接路径	替换文本
金华山景区	viewpiont.html#jd1	金华山景区
龙门天关景区	viewpiont.html#jd2	龙门天关景区
白草畔景区	viewpiont.html#jd3	白草畔景区
鱼谷洞景区	viewpiont.html#jd4	鱼谷洞景区
百里峡景区	viewpiont.html#jd5	百里峡景区
拒马河景区	viewpiont.html#jd6	拒马河景区

举一反三

(1) 创建网页“practice6-1.html”，插入本单元素材“举一反三”文件夹中的图像“practice6-1.jpg”，练习使用矩形热点工具、多边形热点工具和圆形热点工具绘制不同形状的热点。

(2) 将本单元“举一反三”中的“pra6-1”文件夹复制到 D 盘根目录，利用所给素材“唐诗三百首 .doc”制作一个有关唐诗三百首介绍的网页“practice6-2.html”，要求页面设计尽量典雅美观，为网页内添加锚记链接，使得目录中的“相关背景”“内容提要”“作品影响”“流行注本”“精彩篇章”“延伸阅读”“诗歌目录”“必读理由”“图书信息”“内容简介”分别链接到文中相应的位置。

(3) 将本单元“举一反三”中的“pra6-2”文件夹复制到 D 盘根目录，利用所给素材自由设计制作一个有关我国省会城市介绍的网站，在网页中添加锚记链接，要求页面设计美观大方。仿照“家乡山水”网页，将素材图片拼合成组图形式，利用此合成图制作首页“index.html”；利用“shenghuiimages”文件夹中的图像和“省会简介 .txt”文档制作网页“introduction.html”；将首页图像中的省会城市区域分别链接到网页“introduction.html”中相应的位置。

任务 2　在表格中添加和使用 Div

任务描述

Dreamweaver 中的 Div 可以定位在页面的任意位置，Div 内可以添加文本、图像等多种网页元素，使用起来灵活方便。本任务将插入多个 Div，并在 Div 中添加风景图像和景区简介文本，为下一个任务添加行为做准备。完成之后的效果如图 6-13 所示。

图 6-13　在页面中添加 Div

自己动手

步骤 1　需求分析

需求：完成“家乡山水”页面中 Div 的制作。

分析：如图 6-13 所示，景区组图上共有 6 个景区，每个景区对应一个 Div，加上初始显示 Div 共有 7 个 Div 叠放在同一位置，显示相应的图像。另外，还需要建立一个 Div，用于显示各个景区的介绍文字。本任务将在页面中插入 8 个 Div，改变 Div 的大小，确定 Div 的位置，然后在 Div 中添加内容。

步骤 2　插入 Div

（1）在“文件”面板中双击“travel.html”文件，打开“家乡山水”网页。

（2）将光标放到表格“table3”的第一行左上角，选择“插入”→“Div”命令，弹出“插入 Div”对话框，在“ID”文本框中输入“apDiv1”，如图 6–14 所示，单击“新建 CSS 规则”按钮，弹出“新建 CSS 规则”对话框，如图 6–15 所示。

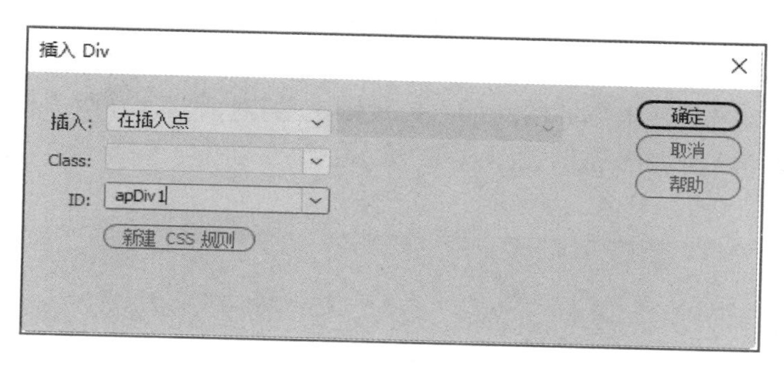

图 6–14　“插入 Div”对话框

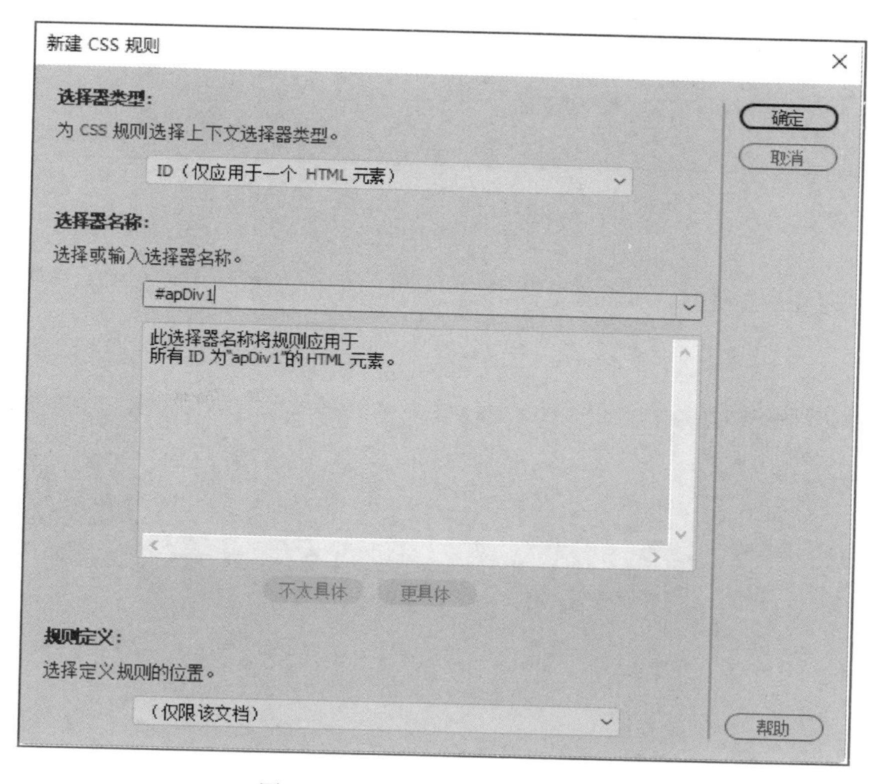

图 6–15　“新建 CSS 规则”对话框

(3) 将选择器名称“#apDiv1”改为“.apDiv1”，选择器类型改为“类(可应用于任何 HTML 元素)”，选择定义规则的位置为“(仅限该文档)”，修改后如图 6–16 所示。

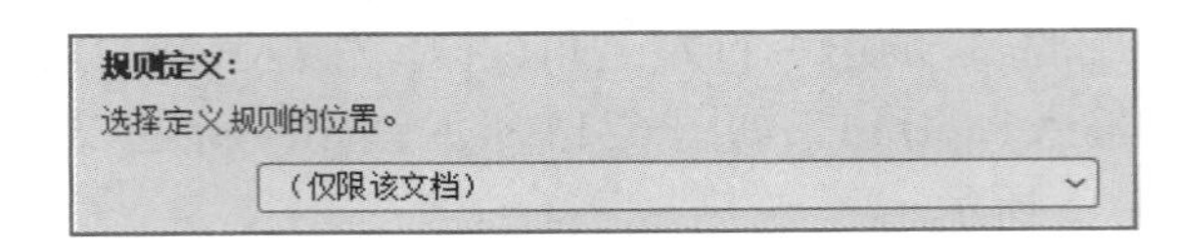

图 6–16　规则定义

(4) 单击“确定”按钮，弹出“#apDiv1 的 CSS 规则定义”对话框，设置“方框”选项中 Width(宽)为“400 px”，Height(高)为“300 px”，如图 6–17 所示。

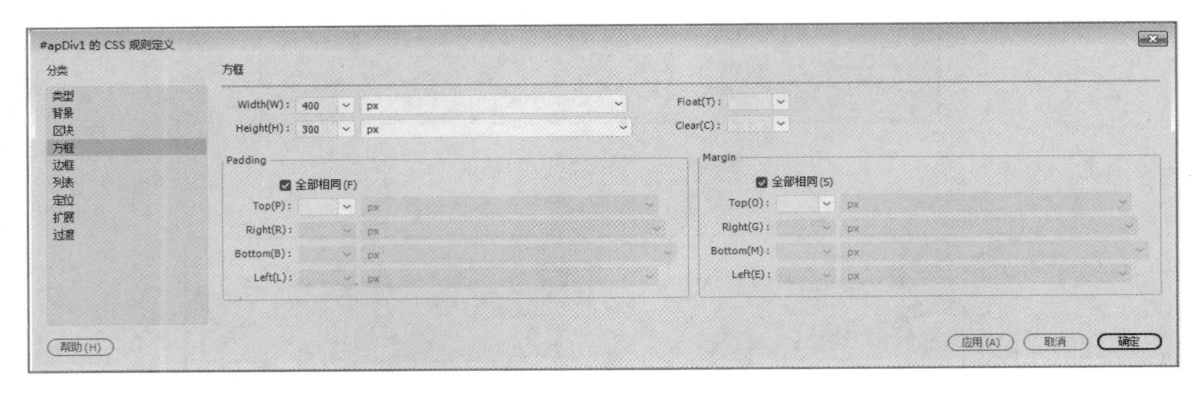

图 6–17　“#apDiv1 的 CSS 规则定义”对话框 1

(5) 设置“定位”选项中 Position(定位类型)为“absolute”，其他值保持默认，设置完成之后如图 6–18 所示。

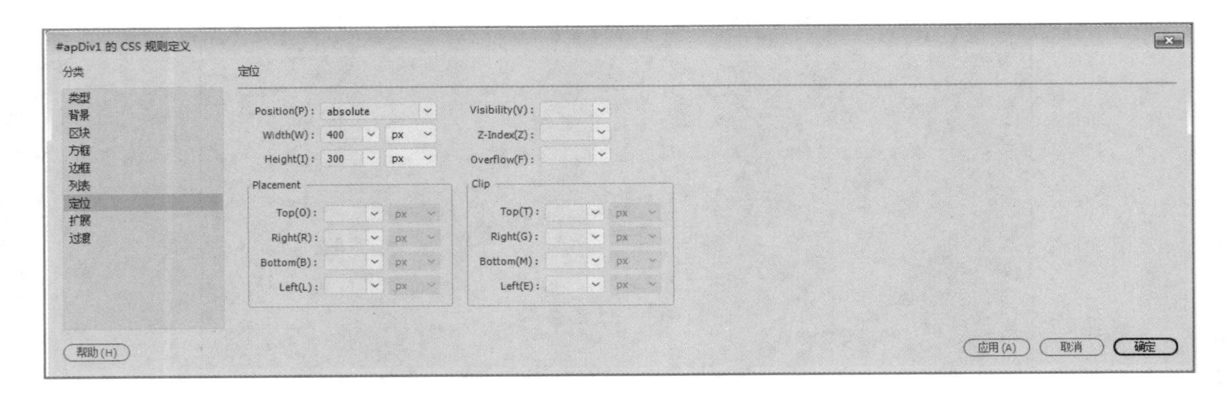

图 6–18　“#apDiv1 的 CSS 规则定义”对话框 2

(6) 单击“确定”按钮,返回“插入 Div”对话框,此时,再次单击“确定”按钮,在插入点就插入了一个 Div,效果如图 6-19 所示。

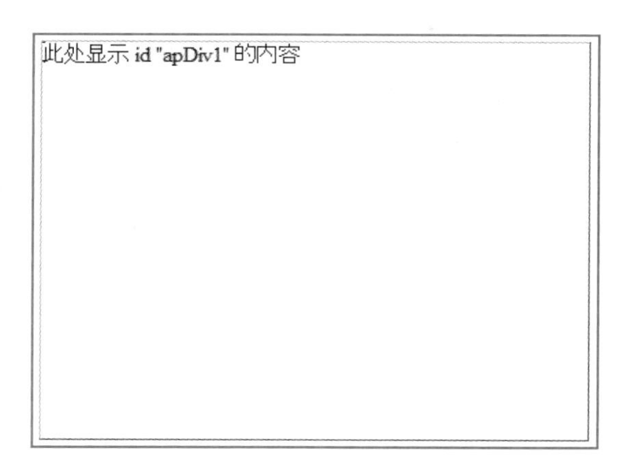

图 6-19　插入“apDiv1”

(7) 删除文本“此处显示 id‘apDiv1’的内容”,并用“插入”菜单插入“D:\mysite\travel\tlimages\ysp.jpg”图像文件,用于显示“家乡山水”页面右下部的初始图像。

步骤 3　修改 Div 的“可见性”和“Z 轴”属性

(1) 选中刚刚插入的“apDiv1”,在下面的“CSS-P 元素”属性面板中将可见性的属性设置为“hidden”,将 Z 轴(层重叠顺序)设置为“1”,如图 6-20 所示。

图 6-20　设置“apDiv1”的可见性和 Z 轴值

提个醒

将“apDiv1”的“可见性”属性设置为隐藏，是为了能在同一位置插入多个 Div。

(2) 按照步骤 2、3，在表格“table3”的第 1 行中再插入命名为“apDiv2”“apDiv3”“apDiv4”“apDiv5”“apDiv6”和“apDiv7”的 Div，并依据表 6-5，为相应 Div 插入图像，设置 CSS 规则和 Z 轴值，可见性的属性均设置为“hidden”，使 7 个 Div 重叠在一起。7 个 Div 的 CSS 规则设置参数一致。

表 6-5　各 Div 插入图像内容及“Z 轴”值

Div 名称	CSS 规则名称	添加图像名称	图像含义	“Z 轴”值
apDiv2	#apDiv2	tlimages/jhsh.jpg	金华山景区图像	2
apDiv3	#apDiv3	tlimages/lmx.jpg	龙门天关景区图像	3
apDiv4	#apDiv4	tlimages/bcp.jpg	白草畔景区图像	4
apDiv5	#apDiv5	tlimages/ygd.jpg	鱼谷洞景区图像	5
apDiv6	#apDiv6	tlimages/blx.jpg	百里峡景区图像	6
apDiv7	#apDiv7	tlimages/jmh.jpg	拒马河景区图像	7

(3) 然后用上文同样方法在第 2 行中插入“apDiv8”，宽“400 px”，高“200 px”。可见性(V)设置为“visible”，Z 轴值为“8”。选中“apDiv8”，将光标放入 Div 中，输入文本“鼠标指向图像中的景区，此处将显示对应景区的介绍，单击会打开景区介绍页面。”作为提示语。然后，在“CSS-P 元素”属性面板中将“apDiv1”的可见性属性设置为“visible”，如图 6-21 所示。

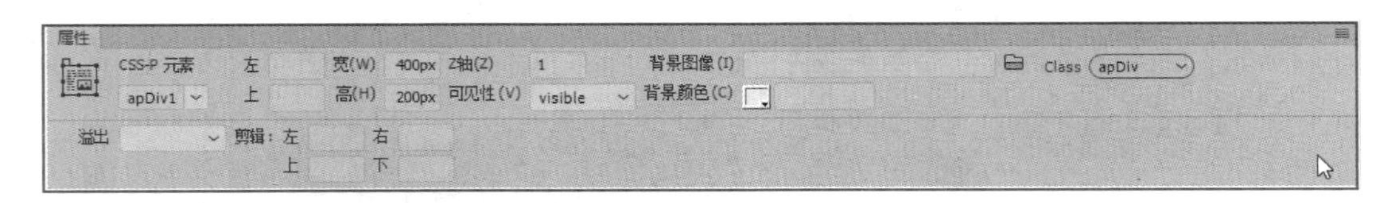

图 6-21　设置 apDiv8 的属性

至此，本栏目所需的 8 个 Div 就全部创建完成了。

小知识

注：下文方法需要将 Div 的 Position（定位类型）属性设置为“absolute”。

1. 选择一个 Div 的方法

方法 1：单击标签栏中相应的 Div 标签 <div>。

方法 2：单击 Div 边框。如果在相同位置存在多个 Div，这种选择方法不可行。

2. 选择多个 Div 的方法

按住 Shift 键后单击各个 Div 的边框或内部。如果在相同位置存在多个 Div，这种选择方法不可行。

3. 删除 Div 的方法

选中 Div 之后，按 Delete 键删除。

4. 修改 Div 大小的方法

选中 Div 后执行如下任一操作，都可以修改 Div 的大小。

方法 1：拖动该 Div 的控制柄（选中 Div 后边框出现的 8 个黑色小方块）。

方法 2：在 Div 的“属性”面板中，输入“宽度”和“高度”值。

方法 3：用 Ctrl 键 + 方向键，可以以 1 个像素为单位精确调整大小。

方法 4：按住 Shift+Ctrl 键，同时使用方向键，可以以 10 个像素为单位调整大小。

5. 移动 Div 的方法

方法 1：选中 Div 后使用鼠标拖动。

方法 2：选中 Div 后使用方向键一次移动 1 个像素。

方法 3：按住 Shift 键同时使用方向键一次移动 10 个像素。

6. Div “属性”面板介绍，如图 6-21 所示。

“CSS-P 元素”：用于设置 Div 的名称，同一页面中的每个 Div 都有唯一的名称。

“左”和“上”：用于设置 Div 的左上角相对于父元素（如果在表格中的 Div，父元素是表格；如果是嵌套 Div，则相对于其父 Div）左上角的水平距离和垂直距离，值默认为 0，单位默认为像素，通常使用默认值。

“宽”和“高”：用于设置 Div 的宽度和高度，单位默认为像素。

“背景图像”：用于设置 Div 的背景图像。

“背景颜色”：用于设置 Div 的背景颜色。

“Z 轴”：用于设置 Div 在 Z 轴上的位置，即 Div 叠放顺序。在浏览器中，编号较大的 Div 叠放在编号较小的 Div 的上面。值可以为正，也可以为负。

“可见性”：用于设置 Div 是否可见。“default”为默认值；“inherit”为继承父 Div 的可见性；“visible”为可见；“hidden”为不可见。

“溢出”：用于设置当前 Div 中的内容超出其大小时的状态。“visible”表示 Div 高度自动增加以容纳超出的内容；“hidden”表示 Div 大小不变，多出的内容隐藏；“scroll”表示在预览时 Div 自动加上滚动条；“auto”表示自动识别是否显示滚动条，Div 中内容超过 Div 的大小时显示，否则不显示。

“剪辑”：用于定义 Div 在“文档窗口”中的可见区域，单位为像素。

知识拓展

嵌套Div：是指一个Div包含在另一个Div中。可以将Div组织在一起，嵌套Div可以设置为继承父Div的可见性，并且和父Div一起移动。

举一反三

（1）创建网页“practice6-3.html”，在图像“practice6-2.jpg”的上方叠放另一张图像“practice6-3.gif”（所需素材在本单元素材文件夹中的“举一反三”文件夹中），完成效果如图练6-1所示。

图练6-1　举一反三(1)

（2）创建网页“practice6-4.html”，利用Div的可重叠性，制作阴影效果的文字，如图练6-2所示。

阴影文字

图练6-2　举一反三(2)

任务 3　制作页面动态效果

任务描述

前面任务中，完成了热点与 Div 的创建工作，本任务通过为热点添加“显示 – 隐藏元素”行为和“设置容器的文本”行为，使鼠标移动到图像上不同景区时，右边显示相应景区的图像及文字介绍，使网页具有动态效果，效果如图 6–22 所示。

野三坡风景名胜区
金华山自然风景区野趣横生。葱茏黛绿的万亩林海，壮丽多姿的拉拉湖瀑布，“闪闪发光”的金华山顶，别具一格的“老人官”故居等各具特色的景点。

图 6–22　具有动态效果的页面

通过完成本任务，学习行为的原理，“行为”面板的使用，行为的添加、修改和删除等。

自己动手

步骤 1　需求分析

需求：为“家乡山水”网页添加动态效果。

分析：通过为“家乡山水”网页中的热点添加“显示 – 隐藏元素”行为，控制相应 Div 的状态；添加“设置容器的文本”行为，控制 Div “apDiv8”中显示的文本内容。

小知识

行为是 Dreamweaver 预置的 JavaScript 程序库。每个行为由一个动作和一个事件组成。其中，事件是指行为发生的条件，即触发动态效果的原因，如鼠标指向、单击等；动作是指事件发生后所做出的反应，即最终完成的动态效果，如交换图像、弹出信息、打开浏览器窗口等。

可以添加行为的对象有图像、热点、超链接文本、多媒体文件或者网页本身等。

步骤 2　为“金华山景区”热点添加“显示 – 隐藏元素”行为

(1) 在“文件”面板中双击“travel.html”，打开“家乡山水”页面，选择“窗口”→“行为”命令(或者按快捷键 Shift+F4)打开“行为”面板。

(2) 选中景区组图“map.jpg”中“金华山景区”热点，单击“行为”面板上的“添加行为”按钮+，在下拉菜单中选择“显示 – 隐藏元素”命令，弹出“显示 – 隐藏元素”对话框，分别设置“div ‘apDiv2’”（“金华山景区”图像所在 Div）和“div ‘apDiv8’”（显示文本的 Div）为“显示”，其他 Div 设置为“隐藏”，其他元素(table 等)保持默认，如图 6–23 所示，单击“确定”按钮。

(3) 在“行为”面板的事件栏中，选择该行为的事件为“onMouseOver”，如图 6–24 所示。

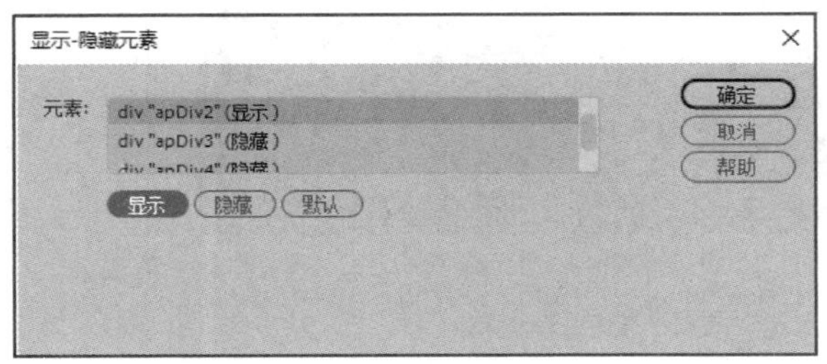

图 6–23　“显示 – 隐藏元素”对话框

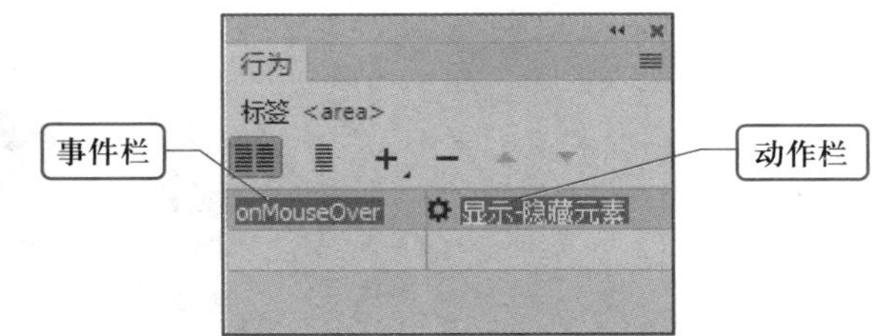

图 6–24　“行为”面板

至此，为“金华山景区”热点添加了一个行为，此时预览“家乡山水”页面，鼠标移到“金华山景区”热点上时，“apDiv2”和“apDiv8”显示，其他 Div 都隐藏，右侧显示的是“金华山景区”图像和提示文本。

小知识

“行为”面板

添加、删除、修改行为等操作都可以在“行为”面板中完成。

- “显示设置事件”按钮：用于显示当前选中对象已添加的事件。
- “显示所有事件”按钮：用于显示当前选中对象所能添加的全部事件。不同版本的浏览器支持的行为事件不同，表 6–6 列出的是目前常用浏览器都能支持的事件。

表 6-6　浏览器所支持的一般事件类型

事件	说明	事件	说明
onClick	单击时触发	onMouseMove	当鼠标移动时触发
onDblClick	双击时触发	onMouseOut	当鼠标离开某对象时触发
onMouseDown	按下鼠标左键时触发	onKeyPress	当键盘上某个键按下并且放开时触发
onMouseUp	鼠标左键按下后释放时触发	onKeyDown	当键盘上某个键按下时触发
onMouseOver	当鼠标移上某对象时触发	onKeyUp	当键盘上某个键松开时触发

- “添加行为”按钮 +：单击此按钮将弹出一个菜单，可以通过该菜单添加行为。
- “删除行为”按钮 −：用于删除选中的行为。
- “增加 / 降低事件值”按钮 ▲ / ▼：单击此按钮，可向上或向下移动“行为”在面板中的位置，改变动作发生的顺序。

步骤 3　为“金华山景区”热点添加“设置容器的文本”行为

（1）选中“金华山景区”热点，在“行为”面板中，选择“添加行为”按钮 +，在弹出的下拉菜单中选择“设置文本”→“设置容器的文本”命令，弹出“设置容器的文本”对话框，如图 6-25 所示，在“容器”中选择“div ‘apDiv8’”，在“新建 HTML”文本框中输入对该景区的简单介绍，然后单击“确定”按钮。

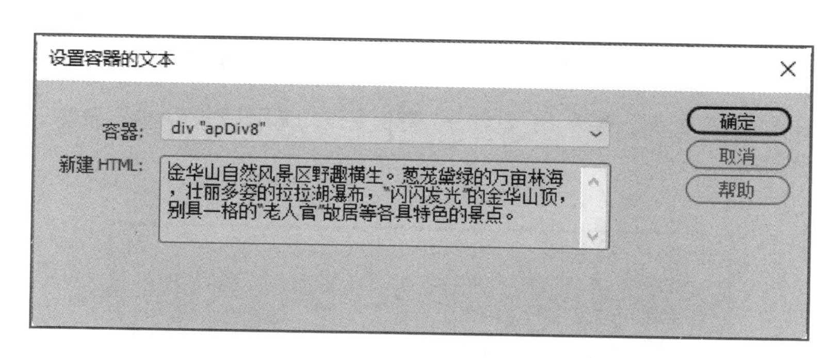

图 6-25　设置容器的文本

（2）在“行为”面板的事件栏中，选择“onMouseOver”，按 F12 键预览页面，鼠标指向景区地图的金华山景区时，效果如图 6-26 所示。

野三坡风景名胜区
金华山自然风景区野趣横生。葱茏黛绿的万亩林海，壮丽多姿的拉拉湖瀑布，“闪闪发光”的金华山顶，别具一格的“老人官”故居等各具特色的景点。

图 6–26　添加行为后的效果

步骤 4　为其他热点设置行为

(1) 使用与步骤 2 相同的方法，参照表 6–1 为其他热点设置“显示 – 隐藏元素”行为。注意在设置某一景区热点的行为时，将该景区图像所在 Div 和用于显示文本的“apDiv8”设置为“显示”，其他 Div 设置为“隐藏”。

(2) 使用与步骤 3 相同的方法，参照素材提供的景区简介为相应热点添加“设置容器的文本”行为，输入热点相对应的景区介绍文字。

步骤 5　为“travel.html”和“viewpiont.html”两个网页嵌套模板

(1) 打开“travel.html”页面，选择“工具”→“模板”→“应用模板到页”命令，弹出“选择模板”对话框，如图 6–27 所示。

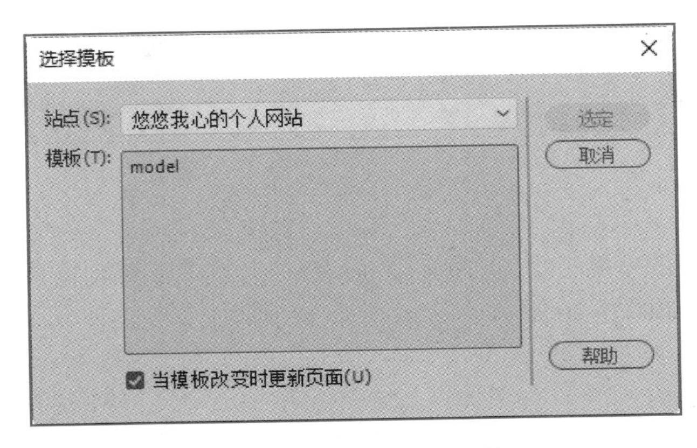
选择模板
站点(S):
悠悠我心的个人网站
选定
模板(T):
model
取消
帮助
当模板改变时更新页面(U)

图 6–27　“选择模板”对话框

(2) 选中“model”模板，单击“选定”按钮，弹出“不一致的区域名称”对话框，在对话框中选中“可编辑区域”下的第一行，“将内容移到新区域”后的下拉菜单选择“EditRegion3”，结果如图 6-28 所示。

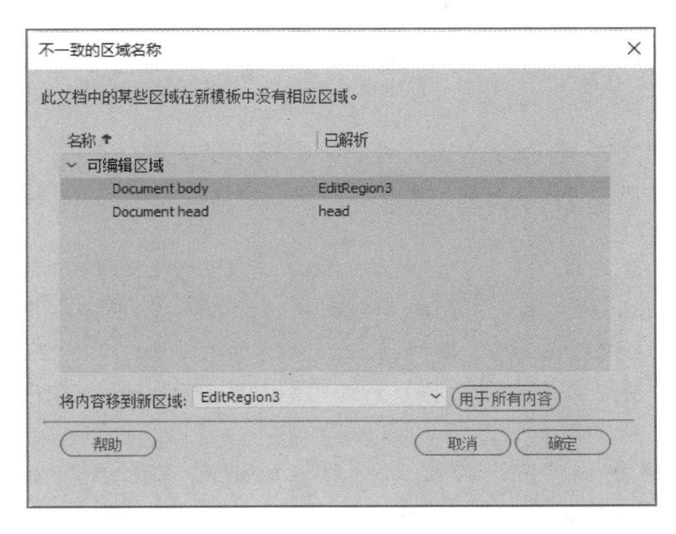

图 6-28　“不一致的区域名称”对话框

(3) 然后选中“可编辑区域”下的第二行，“将内容移到新区域”后的下拉菜单选择“head”，单击“确定”按钮，至此，模板套用完成，效果如图 6-29 所示。

图 6-29　“travel.html”网页嵌套模板后的效果

(4) 使用同样的方法,为“viewpiont.html”网页嵌套模板。然后将两个网页的标题分别修改为“家乡山水”和“景区介绍”。至此,“家乡山水”栏目的制作全部完成,最终效果如图 6–1 和图 6–2 所示。

知识拓展

Dreamweaver 中预设了多种行为,下面分别介绍几种常用行为。

- 交换图像:“交换图像”行为通过更改 <img> 标签的“src”属性将一个图像和另一个图像进行交换。
- 检查表单:“检查表单”行为可检查指定文本域的内容以确保用户输入的数据类型正确。通过 onBlur 事件将此行为附加到单独的文本字段,以便在用户填写表单时验证这些字段,或通过 onSubmit 事件将此行为附加到表单,以便在用户单击“提交”按钮时同时计算多个文本字段。将此行为附加到表单可以防止在提交表单时出现无效数据。
- 弹出消息:“弹出消息”行为显示一个包含指定消息的 JavaScript 警告。因为 JavaScript 警告对话框只有一个按钮(“确定”),所以使用此行为可以提供用户信息,但不能为用户提供选择操作。
- 打开浏览器窗口:使用“打开浏览器窗口”行为可在一个新的窗口中打开页面。用户可以指定新窗口的属性(包括其大小)、特性(它是否可以调整大小、是否具有菜单栏等)和名称。例如,可以使用此行为在访问者单击缩略图时在一个单独的窗口中打开一个较大的图像;使用此行为,用户可以自行调整,使新窗口与该图像恰好一样大。
- 改变属性:可以通过改变图像、Div、表单等目标元素的某个属性来实现动态效果,例如,Div 的背景颜色或图像的宽或高。具体可以更改哪个属性由当前选用的浏览器来决定。需要注意的是此行为只能影响具有唯一 ID 的元素。
- 设置文本:可用于设置容器的文本、框架文本、状态栏文本和表单元素中的文本域文本。
- 预先载入图像:“预先载入图像”行为可以缩短显示时间,其方法是对在页面打开之初不会立即显示的图像(如那些将通过行为或 JavaScript 换入的图像)进行缓存。
- 效果:效果通常用于在一段时间内高亮显示信息,创建动画过渡或者以可视方式修改页面元素。可以将效果直接应用于 HTML 元素,而不需要其他自定义标签。由于这些效果都基于 Spry,因此在用户单击应用了效果的元素时,仅会动态更新该元素,不会刷新整个 HTML 页面。Spry 包括下列效果:

  Drop(显示 / 渐隐):使元素显示或渐隐。

  Highlight(高亮颜色):更改元素的背景颜色。

  Blind(遮帘):模拟百叶窗,向上或向下滚动百叶窗来隐藏或显示元素。

  Slide(滑动):上下移动元素。

  Scale(增大 / 收缩):使元素变大或变小。

Shake(晃动):模拟从左向右晃动元素。

Fold(挤压):使元素从页面的左上角消失。

重要说明:当使用效果时,系统会在“代码”视图中将不同的代码行添加到文件中。其中的一行代码用来标识“SpryEffects.js”文件,该文件是包括这些效果所必须要的。请不要从代码中删除该行,否则这些效果可能不起作用。

举一反三

(1) 将本单元“举一反三”文件夹中的“pra6-3”文件夹复制到D盘根目录,为其中的网页“practice6-5.html”添加“打开浏览器窗口”行为,设置事件为“onLoad”,使浏览“practice6-5.html”网页时,在另一个浏览器窗口中同时打开“practice6-6.html”。

(2) 创建网页“practice6-7.html”,插入本单元素材“举一反三”文件夹中的图像“practice6-4.jpg”,为图像添加“弹出信息”行为,使鼠标经过图像时弹出信息“月到中秋分外明”。

(3) 创建网页“practice6-8.html”,使用表格、Div及行为创建如图练6-3所示菜单,鼠标移到菜单选项时显示下拉列表,移出时下拉列表隐藏,目录结构参照表练6-1。(提示:通过“显示-隐藏元素”行为完成)

首页	作品收藏	个人日志	游山玩水	留言板	论坛
	dreamweaver photoshop flash				

图练6-3 举一反三(3)

表练6-1 举一反三

目录结构	下拉菜单	目录结构	下拉菜单
首页	无	游山玩水	山水风光、他乡风俗
作品收藏	dreamweaver、flash、photoshop	留言板	无
个人日志	工作日志、学习日志、读书日志	论坛	无

本单元知识梳理

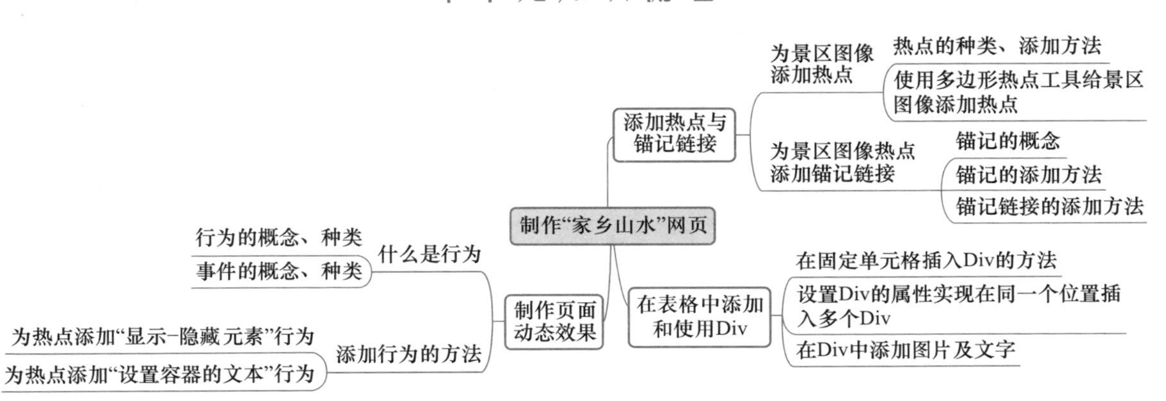

制作“访客信息”网页

浏览者作为网站的用户，可以从中了解相关信息，但是网站管理员如何通过网页获得浏览者的信息呢？本单元将通过制作一个用于和用户交互的“访客信息”栏目网页，介绍使用表单获得信息的基本方法，效果如图 7-1 所示。

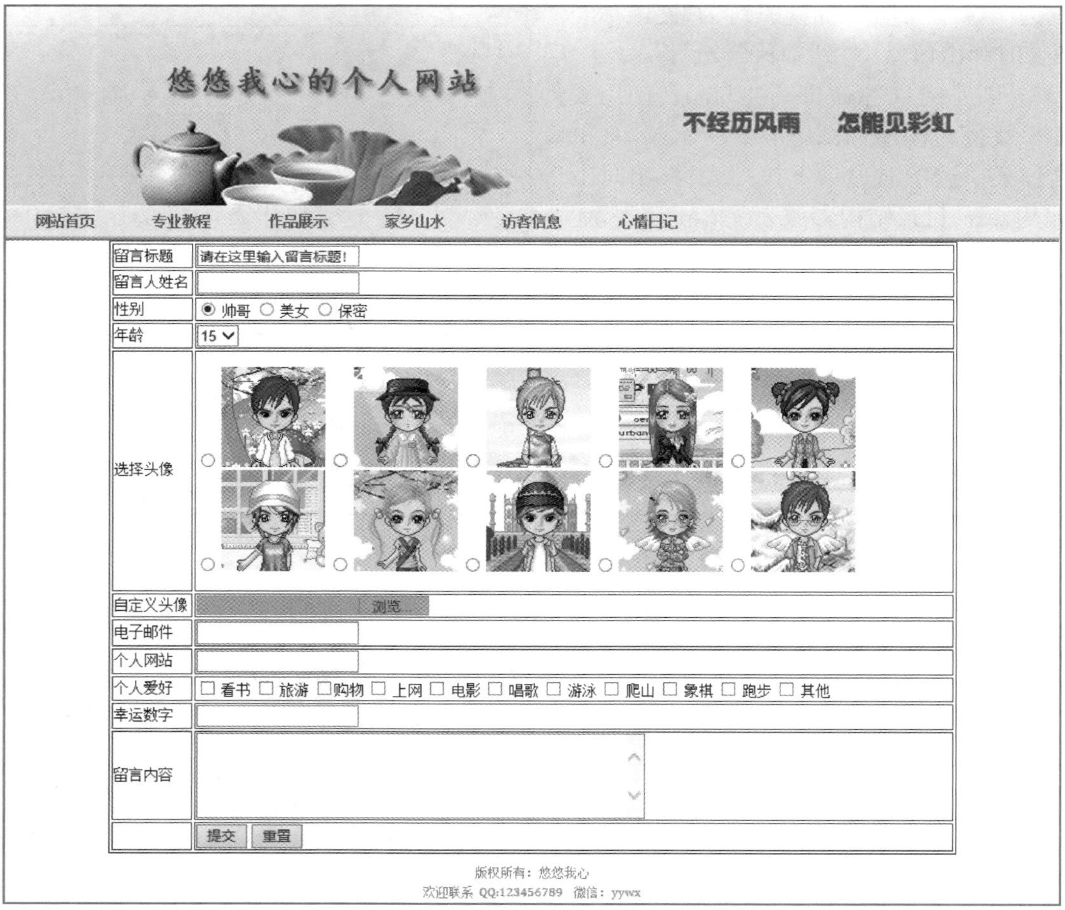

图 7-1 “访客信息”网页效果图

任务 1　插　入　表　单

任务描述

表单是网站与用户之间沟通的有效工具，其应用非常广泛，常用于制作访客信息、论坛、留言板、用户注册和在线交易等类型的网页。有了表单，网站不仅是信息提供者，同时也是信息获取者。因此，应用表单可以与 Web 站点的访问者进行交互。本任务通过向网页插入一个表单，然后使用表格对“访客信息”的各个表单元素进行布局，完成“访客信息”栏目页面的制作。

自己动手

步骤 1　需求分析

需求：完成“访客信息”页面的制作。

分析：依据图 7–1 设计效果，需要新建一个页面，在页面中插入表单，设置表单属性，使用一个 12 行 2 列的表格布局表单元素，完成“访客信息”页面的制作。

步骤 2　建立本栏目目录结构

依据第 1 单元建立的网站目录结构，本单元的“访客信息”栏目内容将建立在“bbs”文件夹中。在“悠悠我心的个人网站”中的“bbs”文件夹中，新建一个网页文件，命名为“bbs.html”，然后把本单元素材文件夹中的“send.html”文件和“bbsimages”文件夹复制到“bbs”文件夹中。本栏目目录结构见表 7–1。

表 7–1　“访客信息”栏目的目录结构

所在路径	文件 / 文件夹的名字	说明
D:\mysite\bbs	bbs.html	“访客信息”页面
	send.html	表单提交成功后显示的页面
	bbsimages	存放“访客信息”栏目中需要的图片

步骤 3　创建表单

(1) 打开“bbs.html”页面，设置“页面属性”，在“外观(CSS)”选项组中设置“大小”为“14 px”，“左边距”“右边距”“上边距”和“下边距”均为“0 px”，此时页面字体为“默认字体(宋体)”，大小为“14 px”，如图 7–2 所示。

(2) 在“插入”面板中选择“表单”类别，其中包含用于创建表单和插入表单元素的按钮，如图 7–3 所示。

(3) 将光标置于页面左上角，然后单击“插入”面板“表单”类别中的“表单”按钮(或选择“插入”→“表单”→“表单”命令)，在页面中插入表单，如图 7–4 所示。

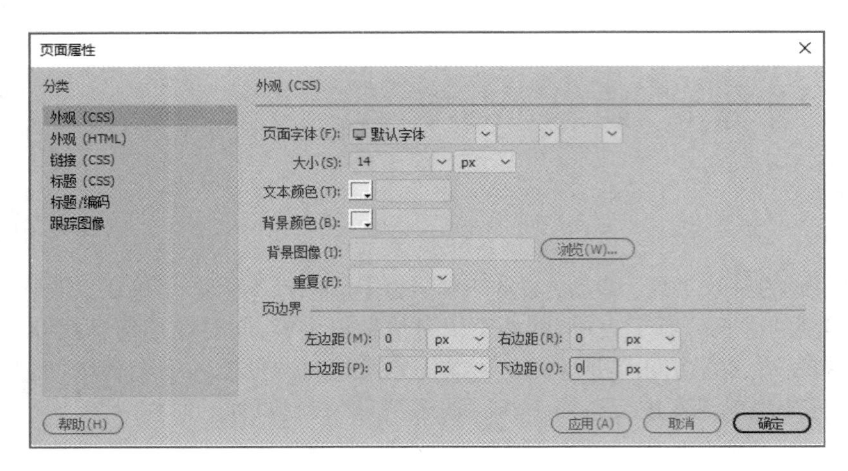

图 7–2　设置页面属性

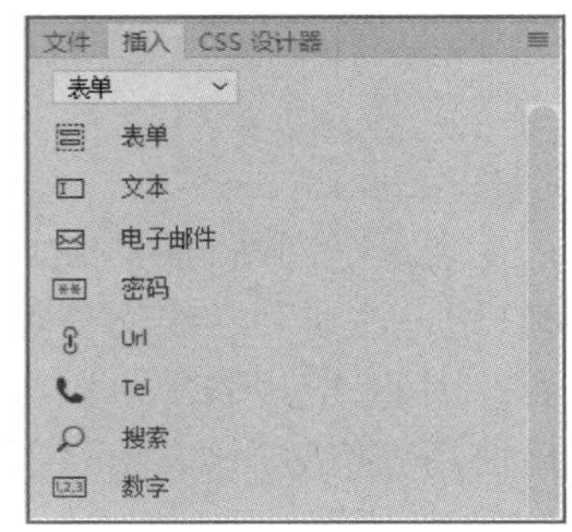

图 7–3　选择“表单”类别

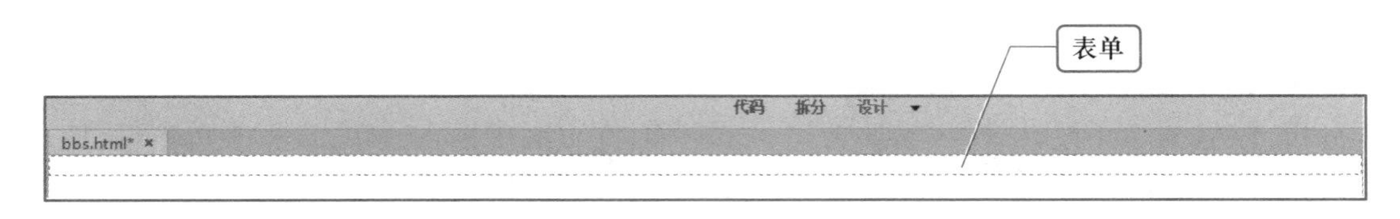

图 7–4　插入表单

提个醒

当页面处于“设计”视图模式时，表单用红色虚线框表示，如果没有看见红色虚线框，可以单击选择“查看”→“设计视图选项”→“可视化助理”→“不可见元素”命令。

(4) 在表单的虚线框内单击，插入一个 12 行 2 列的表格，设置表格属性，如图 7–5 所示。

(5) 插入表格后，页面如图 7–6 所示。选中表格，在“属性”面板中设置表格对齐属性为“居中对齐”。设置第 1 列列宽为 72 px，填写第 1 列中单元格的内容，如图 7–7 所示。

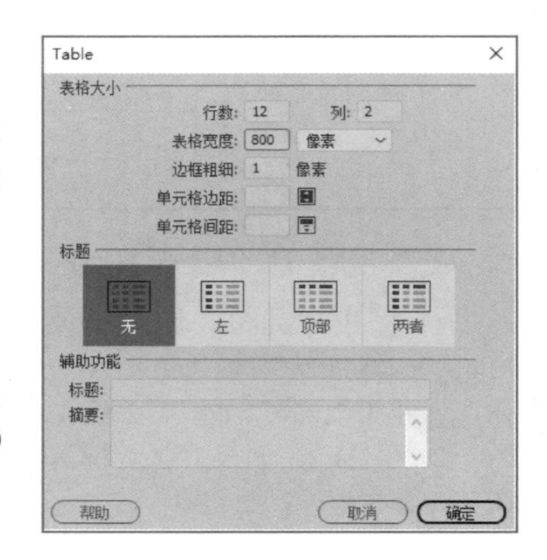

图 7–5　在表单中插入表格

步骤 4　设置表单属性

在标签选择器中选择“<form#form1>”标签，选中表单。选中表单后，在表单“属性”面板设置 Action（动作）为“send.html”（表示提交表单成功后跳转到“send.html”页面），其他保持默认值，如图 7–8 所示。

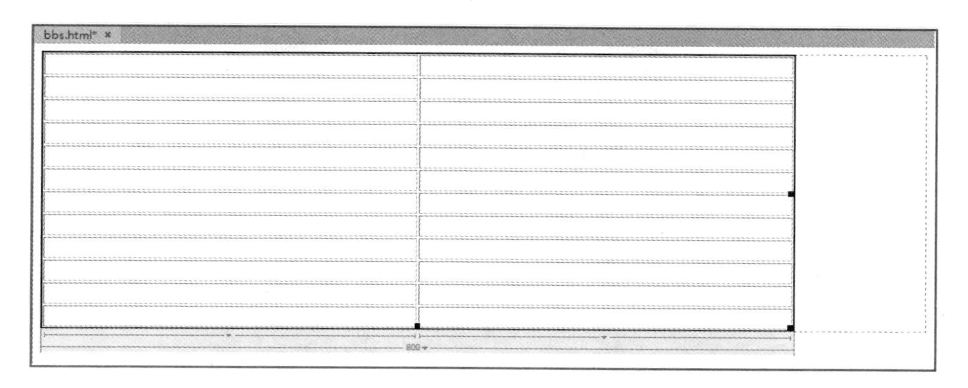

图 7-6　插入表格后的页面

留言标题	
留言人姓名	
性别	
年龄	
选择头像	
自定义头像	
电子邮件	
个人网站	
个人爱好	
幸运数字	
留言内容	

图 7-7　添加内容后的表格

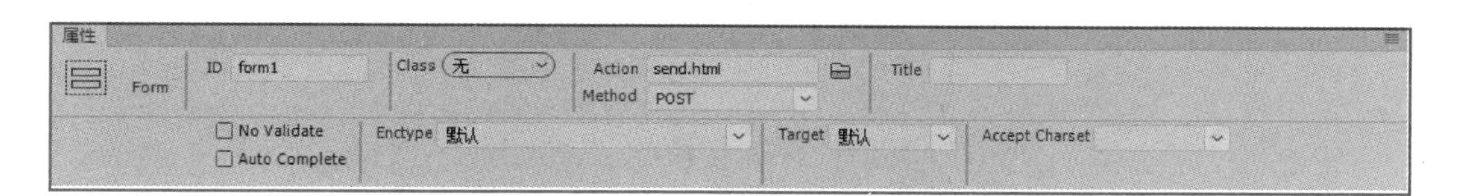

图 7-8　设置表单属性

表单“属性”面板介绍

- “ID（表单名称）”：标识表单的唯一名称，该名称可以在脚本语言中引用，不设置时，系统自动为表单按格式 form+n 命名。
- “Action（动作）”：用于设置处理表单的服务器脚本路径。如果表单通过电子邮件方式发送，不用服务器脚本处理，那么可以输入 mailto：电子邮箱地址。
- “Method（方法）”：选择表单中数据向服务器发送的方法，包括“POST”和“GET”选项。“POST”方法将发送的数据嵌入在 HTTP 请求中，可以发送大量的数据；而“GET”方法将发送的数据附加到请求页面的 URL 地址中，只能够发送少量的数据。

- “Enctype(编码类型)”：选择向服务器提交的数据所采用的编码处理方法，如果要通过“文件域”上传文件，需要选择“multipart/form-data”类型。
- “Accept Charset”：用于设置服务器处理表单数据所能接受的字符集，共有 3 个选项，分别是“默认”“UTF-8”和“ISO-5589-1”。
- “No Validate”：用于设置提交表单时不对表单中的内容进行验证。
- “Title”：用于设置表单域的标题名称。

步骤 5　插入表单元素

在“插入”面板中选择“表单”类别，如图 7-9 所示。

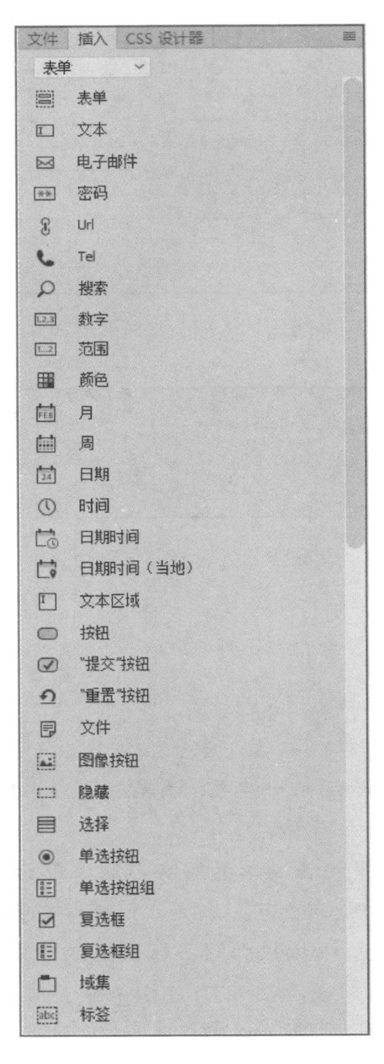

图 7-9　“插入”面板“表单”类别中各按钮名称

"插入"面板"表单"类别主要按钮功能简介

在制作包含表单的网页时，一般需要通过"表单"类别插入各种表单元素。

- "表单"：用于在页面中插入表单，网页中所有表单元素都必须插入在表单内，才能够使表单页面提交的所有数据被后台处理程序全部接收。表单在浏览器中是不可见的。
- "文本"：用于在表单中插入文本域，文本域可以接受文本、字母或数字等内容，输入的内容可以显示为单行、多行或密码形式。
- "隐藏"：用于在表单中插入隐藏域，可以存储并提交用户输入的信息或偏爱的查看方式，该信息对用户而言是隐藏的。
- "文本区域"：用于在表单中插入文本区域。文本区域是包含多行文本的输入元素，类似文本域，默认显示滚动条。
- "复选框"：用于在表单中插入复选框。复选框允许用户从一组选项中选择多个选项。
- "复选框组"：用于在表单中插入复选框组。单击此按钮，将弹出"复选框组"对话框，用于创建一组复选框。
- "单选按钮"：用于在表单中插入单选按钮。单选按钮代表互相排斥的选择，多个单选按钮在同一表单中成组使用时，这些单选按钮必须使用相同的名称，以确保只能选中其中的一个。
- "单选按钮组"：用于插入共享同一名称的单选按钮的集合。单击此按钮，将弹出"单选按钮组"对话框，用于创建一组单选按钮。
- "选择"：用于在表单中插入列表或菜单。列表和菜单可以同时显示多项内容。用户可以从列表中选择多项内容，但只能从菜单中选择一个选项。
- "图像按钮"：用于在表单中插入一幅图像。可以使用图像按钮作为"提交"按钮，以生成图像化按钮。
- "文件"：用于在表单中插入文本框和"浏览"按钮。用户可以手动输入要上传的文件的路径，也可以使用"浏览"按钮浏览并选择文件。文件要求使用"POST"方法将文件从浏览器传输到服务器。
- "按钮"：用于在表单中插入文本按钮。按钮在单击时执行任务，如"提交"或"重置"表单，也可以为按钮添加自定义名称或标签。

(1) 插入"留言标题"文本字段文本域。在"留言标题"右边的单元格内单击，然后在"插入"面板中的"表单"类别里单击"文本区域"按钮，插入一个文本区域，如图7-10所示。文本区域前默认插入标签"Text Field:"，因为前面已经输入文本标签"留言标题"，所以将标签"Text Field:"删除。

单击选中"留言标题"文本区域(或从文档窗口左下角的标签选择器中选择"<input#textfield>"标签)，在"属性"面板中设置"Name(名称)"为"message"，"Value(初始值)"为"请在这里输入留言标题！"，如图7-11所示。

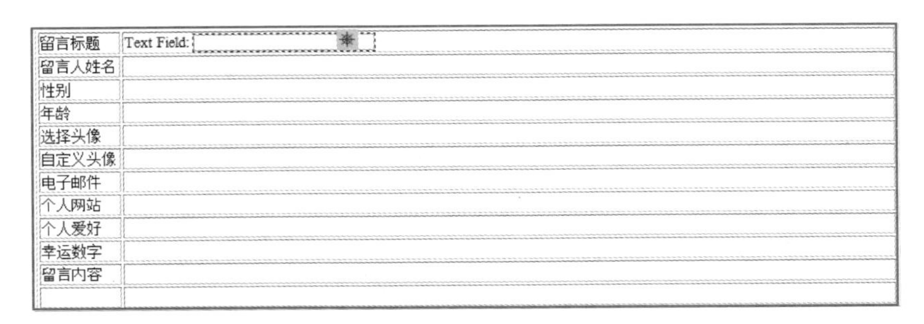

图 7-10　单元格内插入文本区域

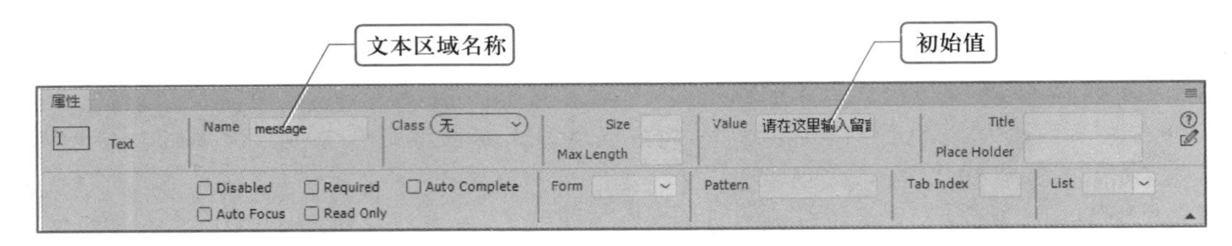

图 7-11　设置“留言标题”文本区域属性

小知识

文本区域“属性”面板参数介绍

- “Name”：为该文本区域定义一个名称，该名称将在后台处理程序中引用，通过该名称来接收文本区域内容。
- “Size”：设置该文本区域可以显示的最大字符数。
- “Max Length”：设置该文本区域中最多可以显示的字符数，如果不设置该文本框，则可以在对象中输入任意数量的文本。
- “Value”：设置该文本区域默认显示的文本。
- “Title”：用于设置文本区域的提示性标题文字。
- “Place Holder”：用于设置对象预期值的提示信息，该提示信息会在对象为空时显示，并在对象获得焦点时消失。
- “Disabled”：设置禁止在文本区域中输入内容。
- “Required”：选中该复选框，在提交表单之前必须填写所选文本区域。
- “Auto Complete”：选中该复选框，将启动表单的自动完成功能。
- “Auto Focus”：选中该复选框，当网页被加载时，文本区域会自动获得焦点。
- “Read Only”：使文本区域成为只读文本域。
- “Form”：用于设置当前选择对象所在的表单。
- “Pattern”：用于设置文本区域值的模式或格式。
- “Tab Index”：用于设置表单元素的控制次序。
- “List”：下拉列表，用于设置引用数据列表，其中包含文本区域的预定义选项。

(2) 插入“留言人姓名”文本区域。在表格第 2 行“留言人姓名”右边的单元格中，插入一个文本区域，将标签“Text Field:”删除。单击选中该文本域，为该文本区域设置属性，输入名称“username”，“Max Length”为“10”，如图 7-12 所示。

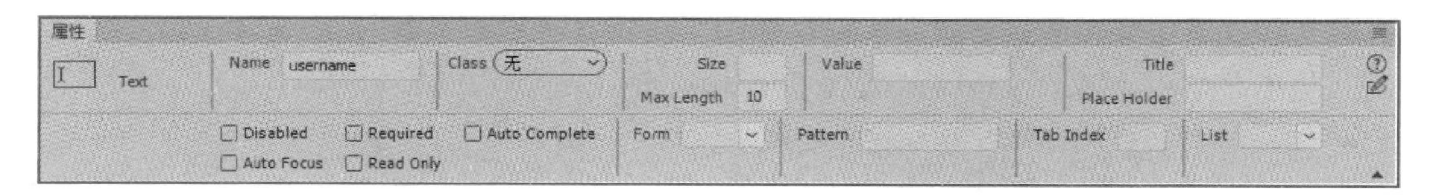

图 7-12　设置“留言人姓名”文本区域属性

(3) 插入“性别”单选按钮。将光标移入表格第 3 行“性别”右边的单元格中，然后选中“插入”面板“表单”类别中“单选按钮”，修改标签文字为“帅哥”。用同样的方法插入另外两个“美女”和“保密”单选按钮，分别将标签文字修改为“美女”和“保密”，如图 7-13 所示。

留言标题	请在这里输入留言标题!
留言人姓名	
性别	○ 帅哥 ○ 美女 ○ 保密
年龄	
选择头像	
自定义头像	
电子邮件	
个人网站	
个人爱好	
幸运数字	
留言内容	

图 7-13　插入单选按钮

在“属性”面板中，分别设置 3 个单选按钮的属性。这 3 个单选按钮为一个按钮组，同一组的单选按钮名称应该相同，本组单选按钮名称均设置为“radiobutton1”。“帅哥”单选按钮的初始状态为“checked(已勾选)”，其他两个单选按钮均为“未选中”。“帅哥”“美女”和“保密”这 3 个单选按钮的选定值依次为“rb11”“rb12”和“rb13”，如图 7-14 所示。

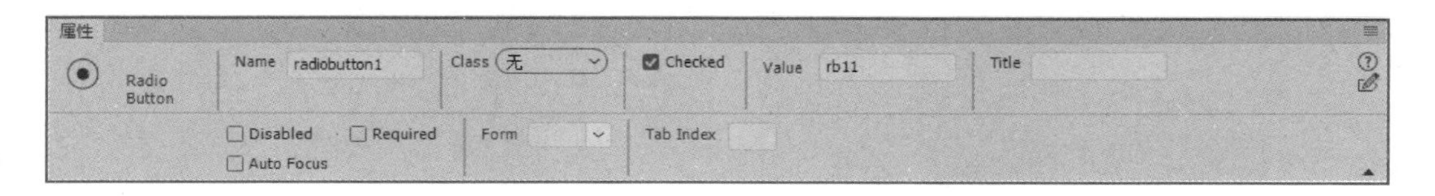

图 7-14　设置单选按钮属性

小知识

单选按钮“属性”面板参数介绍

- “Name”：为单选按钮命名。同一组的单选按钮名称必须相同。

- “Checked”：用于设置当前单选按钮的初始状态。指定首次载入表单时，单选按钮是“已勾选”还是“未选中”。
- “Class”：设置单选按钮的类样式。
- “Value”：设置单选按钮被选中时的取值。当用户提交表单时，把该值传递给后台处理程序。同一组的单选按钮必须赋予不同的“选定值”。
- “Disable”：用于设定禁用当前单选按钮。
- “Auto Focus”：设置在支持 HTML5 的浏览器中打开网页时，鼠标光标自动聚焦在当前单选按钮上。
- “Required”：用于设定必须在提交表单之前选中当前单选按钮。
- “Form”：用于设置当前单选按钮所在的表单。

(4) 插入“年龄”选择(列表 / 菜单)。把光标放入“年龄”右侧的单元格，然后单击“插入”面板“表单”类别中的“选择”按钮，删除标签文字“Select:”，单击刚插入的“选择”框，然后在“属性”面板中，单击“列表值...”按钮，在弹出的“列表值”对话框中单击“添加”按钮，表示在列表框中添加一个项目，在“项目标签”栏和“值”栏中输入相关文字(本例为 15 到 20)，结果如图 7–15 所示。设置完毕后单击“确定”按钮，回到“属性”面板，从“Selected(初始化时选定)”列表框中选择“15”选项。

(5) 插入“选择头像”单选按钮组。将光标移入表格第 4 行“选择头像”右边的单元格，然后在插入栏“表单”类别中单击“单选按钮组”按钮，弹出“单选按钮组”对话框。不同的单选按钮采用不同的值，10 个单选按钮分别设置值为“an1”“an2”“an3”“an4”“an5”“an6”“an7”“an8”“an9”“an10”，如图 7–16 所示，单击“确定”按钮。

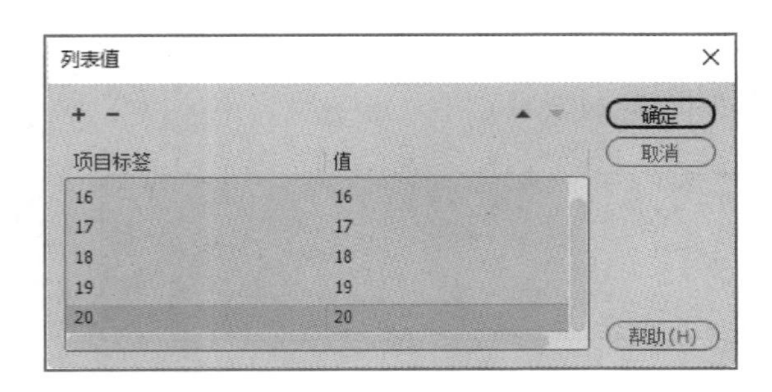

图 7–15　设置选择属性

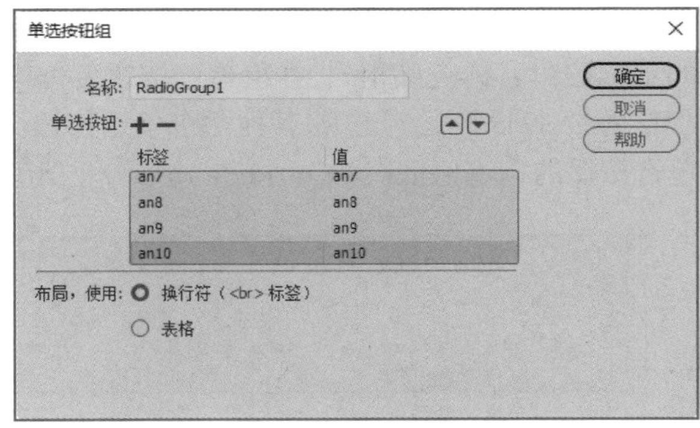

图 7–16　设置单选按钮组

小知识

“单选按钮组”对话框中可设置单选按钮组的名称、组内包含的单选按钮的个数、各按钮的文本标签与布局方式等。

- “名称”文本框：输入该单选按钮组的名称。
- [+]和[-]：在“单选按钮”列表框中添加或删除一个单选按钮。
- [▲]和[▼]：向上或向下移动选定的单选按钮，实现重新排序。
- “标签”：编辑按钮文本标签。
- “布局，使用”选项组：设置 Dreamweaver 布局按钮组中的各个按钮。该选项组中提供了两种布局方式，分别为“换行符”和“表格”。
- “换行符”选项：系统自动在每个单选按钮后添加一个
 标签，表示换行。
- “表格”选项：系统自动创建一个多行一列的表格，行数由按钮组中的按钮数决定，每个单选按钮放在一个单元格中。

删除每个单选按钮右边的标签文字，插入“bbsimages”文件夹中相应的图片，调整本组各单选按钮的位置，如图 7-17 所示。

图 7-17　插入单选按钮组后的效果图

(6) 插入“自定义头像”文件域。在“自定义头像”右边的单元格中单击，然后在“插入”面板“表单”类别中单击“文件”按钮，插入文件域后，删除左侧标签文字“File:”，页面效果如图 7-18 所示。

图 7-18　插入文件区域后的效果图

文件域“属性”面板参数介绍

- “Name”：用于设定当前文件域的名称。
- “Class”：设置文件域的类样式。
- “Multiple”：设定当前文件域可使用多个选项。
- “Disable”：用于设定禁用当前文件域。
- “Auto Focus”：设置在支持 HTML5 的浏览器中打开网页时，光标自动聚焦在当前文件域上。
- “Required”：用于设定必须在提交表单之前在文件域中设定上传文件。

(7) 插入“电子邮件”文本域。在“电子邮件”右边的单元格中单击，插入“电子邮件”文本域，在“属性”面板中命名文本域名称为“Email”，删除左侧标签文字“Email：”。

(8) 插入“个人网站”文本域。在“个人网站”右边的单元格中单击，插入“个人网站”文本域，在“属性”面板中命名文本域名称为“WebSite”，删除左侧标签“Text Field：”。

(9) 插入“个人爱好”复选框。在“个人爱好”右边单元格中单击，然后单击插入栏“表单”类别中的“复选框”按钮，插入一个复选框，将右侧标签“Checkbox”修改为“看书”，如图 7-19 所示。

个人爱好	☐ 看书

图 7-19　插入复选框并修改标签

单击选中复选框，在“属性”面板设置“Value(选定值)”为“fx1”，如图 7-20 所示。

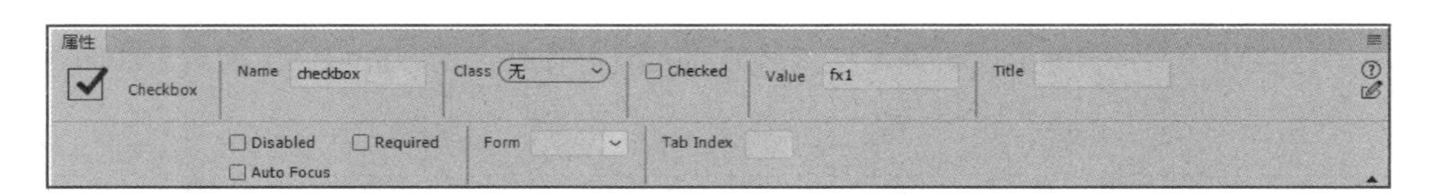

图 7-20　设置复选框属性

用同样的方法再添加 10 个复选框，“标签”依次为“旅游”“购物”“上网”“电影”“唱歌”“游泳”“爬山”“象棋”“跑步”“其他”，把各复选框的“选定值”设为不同的值，依次为“fx2”“fx3”“fx4”“fx5”“fx6”“fx7”“fx8”“fx9”“fx10”“fx11”，结果如图 7-21 所示。

图 7-21　插入复选框后效果图

与单选按钮“Value”一样，复选框的“Value”用于设置被选中时的取值，同一组的每个复

选框必须赋予不同的“Value”。当用户提交表单时，把该值传递给后台处理程序。在传递表单时，传递的不是“看书”等文本，而是“Value”中设置的值。

Dreamweaver 会把同一组的每个复选框名称自动设置为不同的名称。

(10) 插入“幸运数字”文本域。在“幸运数字”右边的单元格中单击，插入“幸运数字”文本域，在“属性”面板中命名文本域名称为“Mynumber”，删除左侧标签“Text Field:”。

(11) 插入“留言内容”文本区域。在“留言内容”右侧的单元格中单击，然后单击“插入”面板“表单”类别中的“文本区域”按钮，插入一个“文本区域”。删除左侧标签“Text Area:”，单击选中插入的文本区域，设置文本区域属性，如图 7-22 所示。

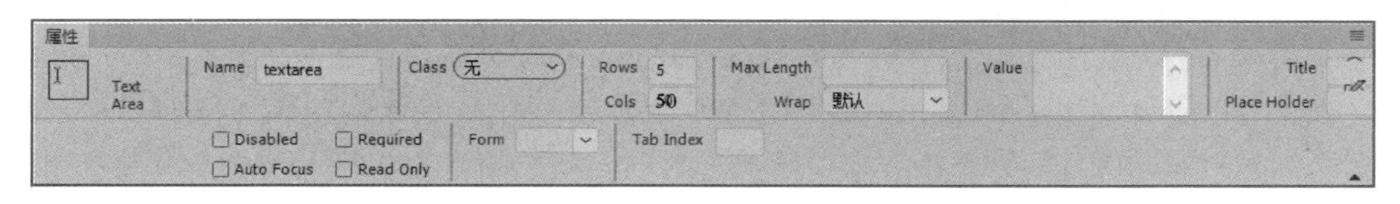

图 7-22　设置文本区域属性

(12) 插入“提交”“重置”按钮。在第 12 行第 2 列单元格中单击，然后单击“插入”面板“表单”类别中的“提交”按钮和“重置”按钮，分别插入“提交”按钮和“重置”按钮，效果如图 7-23 所示。

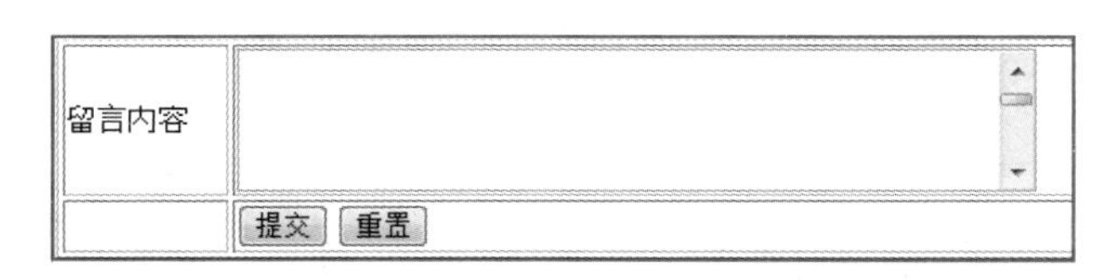

图 7-23　插入按钮后效果图

至此，完成了本单元表单页面的制作，效果如图 7-1 所示。

提个醒

单击表单中“提交”按钮会链接后台数据库，所以在 Dreamweaver 中预览“bbs.html”网页时，单击“提交”按钮不能链接到“send.html”提交成功页面。为正常显示链接页面，“bbs.html”页面需要在 Windows 资源管理器中打开预览。

小知识

按钮在 Dreamweaver 中被细分为“提交”“重置”和“标准”3 类，作用分别如下。

- “提交”按钮：单击该按钮时提交表单，把表单内容发送到表单参数“action”指定的地址。

- “重置”按钮：单击该按钮时，表单恢复刚载入时的状态，可重新填写表单。
- “标准”按钮：单击该按钮时，根据处理脚本激活一种操作。该按钮没有内在行为，但可用 JavaScript 等脚本语言指定动作。

提个醒

通常“访客信息”只是网页中的一小部分内容，表单一般都是插入到布局表格的一个单元格内，而不是将整个页面的布局表格都插入到表单中。

一个表单页面制作完成后，还需要后台处理程序的协助才能完成信息的交互。

表单有两个重要组成部分，一是使用表单实现和用户交互的用户界面，二是用于处理用户在表单域中输入信息的服务器端应用程序。本书仅介绍前一部分，即如何利用表单及相关表单元素生成用户界面。

举一反三

(1) 分析图练 7-1 所示的“会员资料登记”页面中有哪些表单元素。

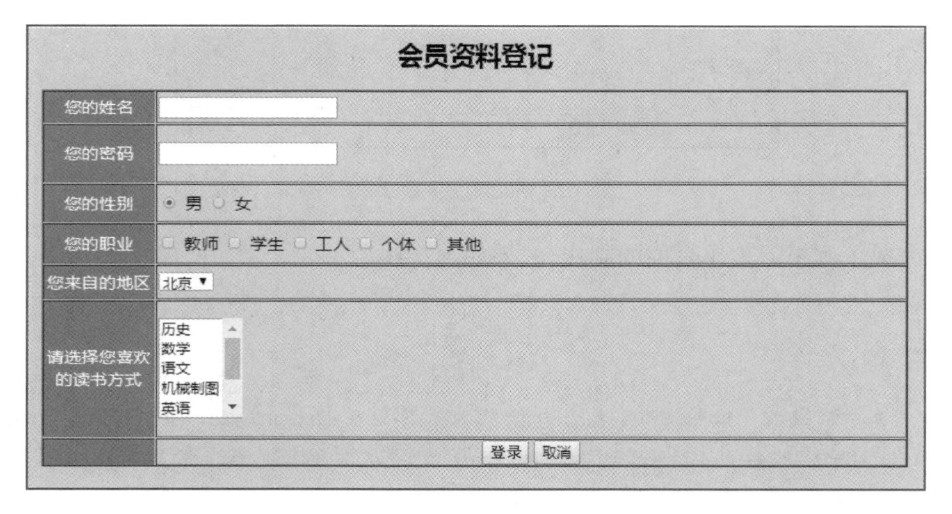

图练 7-1　举一反三(1)

(2) 将本单元“举一反三”文件夹中的网页“practice7-1.html”复制到“D:\jyfs”中，将表单中的“单选按钮组”修改为“列表”元素，“列表”元素修改为“单选按钮组”，并使其具有相同的功能。

(3) 利用本单元所学的知识，制作个人网站的“个人简介”网页“practice7-2.html”，效果如图练 7-2 所示。(要点提示：首先插入表单，然后在表单中插入一个 9 行 2 列的表格，并设置表格属性，之后再插入表单元素)

个人简介

姓名	
性别	男 女
生日	
生肖	鼠
学历	初中
兴趣	游戏 音乐 运动 学习 交友 旅游
性格	雷厉风行 外向开朗 内向害羞 乐善好施 聪明伶俐 善解人意
格言	请在这里输入你最喜欢的一句格言。
	提交 重置

图练 7-2　举一反三(2)

任务2　检查表单

任务描述

Dreamweaver 提供了检查表单元素内容正确性的功能，此功能是通过 JavaScript 脚本来完成的。在“行为”面板中存放着一组自带的 JavaScript 脚本，可以帮助检查表单元素内容的正确性。

“检查表单”可以检查文本域的内容，以确保用户输入有效的数据。若包含无效数据，则会自动给予提示，并要求用户重新填写，直到输入的数据有效时才会接受。下面通过验证任务 1 中完成的表单，介绍检验表单输入数据正确性的方法。

自己动手

步骤 1　需求分析

需求：检验“访客信息”栏目中表单输入数据的正确性。

分析：用户在表单中输入内容时，可能会输入各种各样的数据，其中有些可能是无效的，为了避免这些无效的数据提交到后台服务器，可以使用“检查表单”验证用户输入内容的正确性。

本任务是对“访客信息”表单中的“留言人姓名”和“幸运数字”中输入的内容进行验证。首先验证“访客信息”文本域的内容是“必需的”，然后验证“幸运数字”文本域的内容必须符合数字格式。通过设置“检查表单”行为，来检查用户输入的内容是否有效，如果用户输入的内容不符合要求，则给出错误提示。

步骤 2　验证文本内容为“必需的”

本步骤设置“bbs.html”页面中“留言人姓名”文本域的验证规则为“必需的”，即该文本域内必须输入内容。

(1) 运行 Dreamweaver，打开“bbs.html”页面，选择“窗口”→“行为”命令，在面板组添加“行为”面板。单击“bbs.html”页面中的“提交”按钮，然后在“行为”面板上单击“添加行为”按钮 +，在弹出的下拉菜单中选择“检查表单”选项，打开“检查表单”对话框，选择“input ‘username’”，“值”勾选“必需的”（因为“留言人姓名”文本域的名称为“username”），表示“留言人姓名”文本域中必须输入内容，设置完成后单击“确定”按钮，保存文件，如图 7-24 所示。

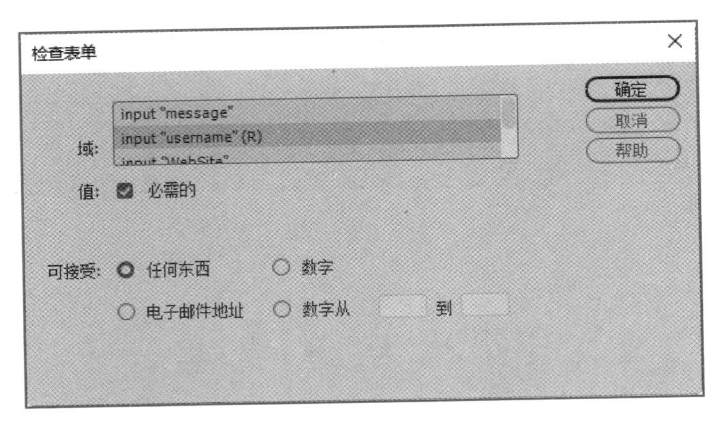

图 7-24　“检查表单”对话框

小知识

“检查表单”对话框中各选项介绍

- “域”：列出表单中所有的文本区域。检查表单即是对表单中的文本域进行检查，包括文本域、密码域和文本区域等。
- “值”：选中“必需的”，代表此文本域在提交时必须填写内容。
- “可接受”单选按钮组：指定表单元素所能接受的值，该项有如下 4 个单选按钮。
- “任何东西”单选按钮：该文本域可以接受任何类型的数据。
- “数字”单选按钮：检查该域是否只包含数字，即文本域中只能接受数字形式的数据。
- “电子邮件地址”单选按钮：检查域中输入的内容是否符合电子邮件格式。
- “数字从 … 到 …”单选按钮：检查域中是否包含指定范围内的数字，即文本域只能接受一定范围内的数字。

(2) 此时右侧行为面板中，“检查表单”行为的默认事件为“onClick”，如图 7-25 所示，也就是说单击“提交”按钮事件会触发“检查表单”行为。

(3) 在 Windows 资源管理器中打开“bbs.html”页面，完成表单中各选项的数据输入，把“留言人姓名”文本框中的内容全部删除，单击“提交”按钮，会弹出提示框，如图 7-26 所示，提示输入的信息有误，要求“留言人姓名”文本域框中必须输入数据而不能为空。

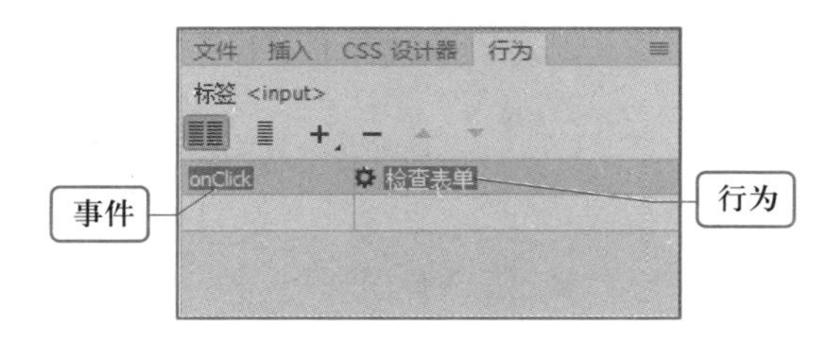

图 7-25　“行为”面板

图 7-26　提示“留言人姓名”必须输入数据

(4) 单击“确定”按钮，用户只需在“留言人姓名”文本框中输入数据，单击“提交”按钮，即可正确完成提交，显示图 7-27 所示页面（因为表单属性中“动作”为“send.html”）。

图 7-27　提示页面

步骤 3　验证文本内容必须符合“数字”格式

本步骤验证“bbs.html”页面中“幸运数字”文本域的内容是否符合“数字”格式。

(1) 选择“提交”按钮，在“行为”面板中双击 检查表单，打开“检查表单”对话框。“域”选择“input ‘Mynumber’”（因为“幸运数字”文本域的名称为“Mynumber”），“值”勾选“必需的”，“可接受”单选按钮组中选择“数字”，如图 7-28 所示。此时“行为”面板中的“检查表单”行为有两

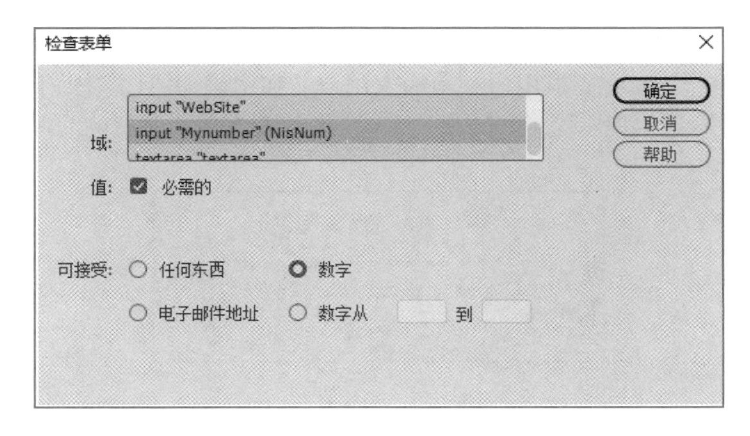

图 7-28　设置“幸运数字”符合格式

个功能，一是检查“留言人姓名”文本域内必须输入内容。二是检查“幸运数字”文本域内输入的内容符合数字格式。设置完成后单击“确定”按钮，保存文件。

(2) 在 Windows 资源管理器中打开“bbs.html”页面，在“幸运数字”文本域中输入错误的内容（数字除外，如输入文本“没有”），正确地输入其他表单内容，然后单击“提交”按钮，这时会弹出提示框，如图 7-29 所示，提示“Mynumber（幸运数字）”文本域信息有误。

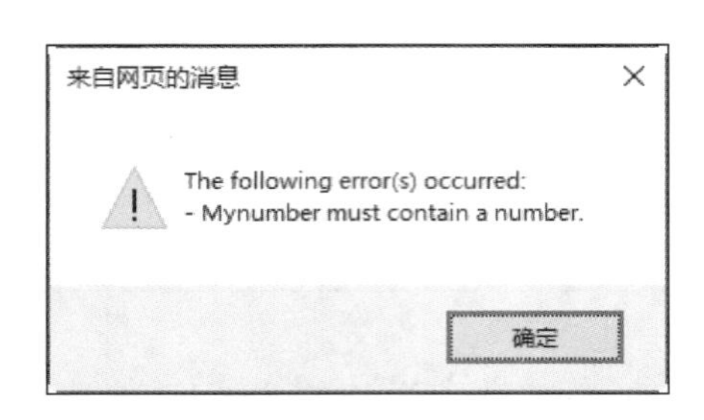

图 7-29　提示“Mynumber（幸运数字）”文本域必须输入数字

(3) 单击“确定”按钮，用户只需在“幸运数字”文本域中输入正确的内容（只接受“数字”），然后再次单击“提交”按钮，即可提交成功。

步骤 4　为网页套用模板

打开 bbs.html 页面，选择“工具”→“模板”→“应用模板到页”命令，弹出“选择模板”对话框，选中“model”模板，单击“选定”按钮，弹出“不一致的区域名称”对话框，在对话框中选中“可编辑区域”下的第一行，在“将内容移到新区域”后的下拉菜单选择“EditRegion3”；然后选中“可编辑区域”下的第二行，“将内容移到新区域”后的下拉菜单选择“head”，单击“确定”按钮，完成套用模板；修改网页标题为“访客信息”，至此本栏目制作结束。

举一反三

(1) 总结“检查表单”行为可以检查的表单元素有哪些。

(2) 在“行为”面板中添加“检查表单”行为前，必须先选择“提交”按钮吗？

(3) 利用本单元所学的知识，制作个人网站的“用户登录”网页“practice7-3.html”，效果如图练 7-3 所示。设置验证规则，要求用户必须输入用户名和密码，并且其中密码必须是数字格式，若不符合要求，则显示错误提示信息。（“用户登录”图片在本单元素材的“举一反三”中）

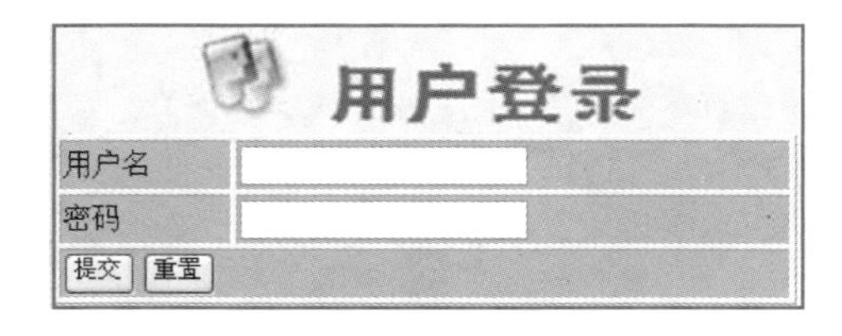

图练 7-3　举一反三(3)

本单元知识梳理

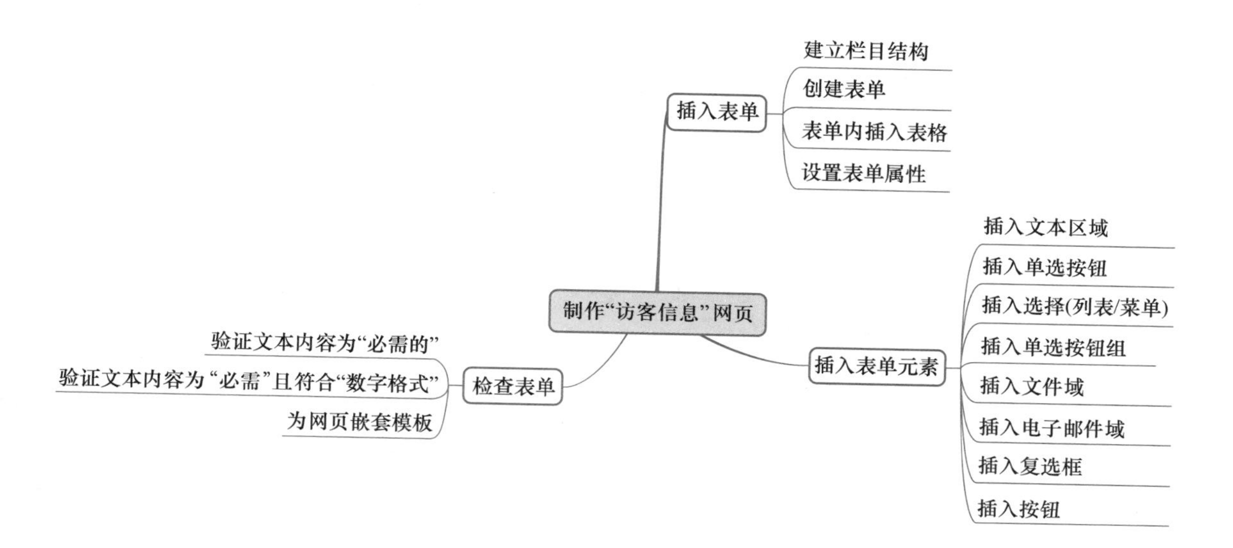
制作“访客信息”网页
插入表单
建立栏目结构
创建表单
表单内插入表格
设置表单属性
插入表单元素
插入文本区域
插入单选按钮
插入选择(列表/菜单)
插入单选按钮组
插入文件域
插入电子邮件域
插入复选框
插入按钮
检查表单
验证文本内容为“必需的”
验证文本内容为“必需”且符合“数字格式”
为网页嵌套模板

第 8 单元

制作“心情日记”网页

前面的章节，通过第 3 单元设计的网站模板创建并制作了“专业教程”“作品展示”“家乡山水”“访客信息”等页面，模板的合理运用，不但使网站的风格统一，同时也减少了制作不同网页相同部分的重复工作。在实际工作中，还可以通过在页面中插入“内联框架（iframe）”的方法来实现同样的效果。

本单元通过“创建内联框架页”“使用链接控制内联框架内容”和“制作媒体日记页面”3 个任务完成“悠悠我心的个人网站”中“心情日记”栏目的制作，介绍如何使用内联框架显示其他网页文件的内容及如何在网页中插入多媒体文件，3 个任务完成后效果如图 8-1 所示。网页中有“个人日记”等 5 个导航链接，每个导航链接一个网页，单击导航链接时，在页面右下部分显示相应的网页内容。

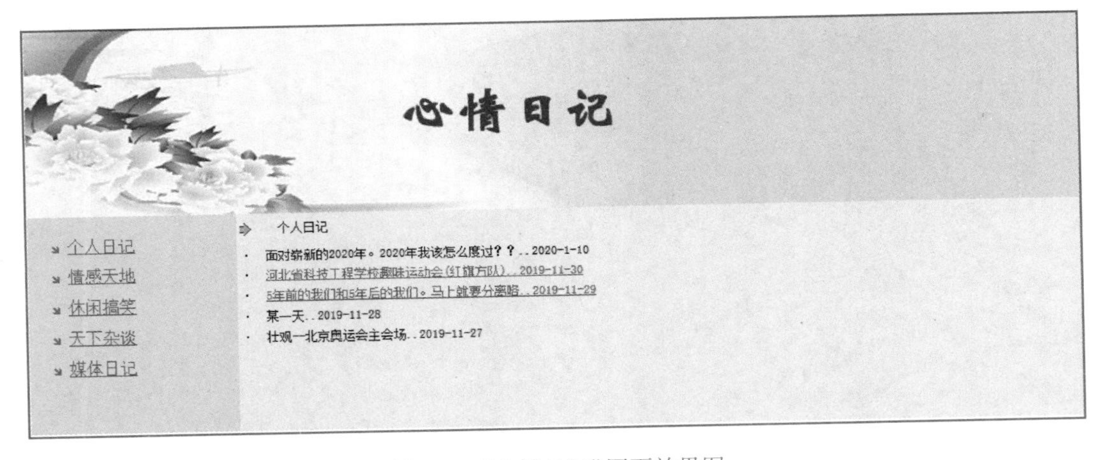

图 8-1 “心情日记”网页效果图

任务 1 创建内联框架页

任务描述

内联框架的基本作用就是在一个网页中显示另一个网页内容，不仅能够控制在一个网页中用多大的区域去显示另外一个网页，还可以通过属性及 CSS 对内联网页进行设置。内联框架可以放在页面的任意位置，标签是“<iframe>...</iframe>”。

本任务将通过制作“心情日记”页面，介绍内联框架的创建、编辑及属性设置等方面的知识。

自己动手

步骤 1　需求分析

需求：创建“心情日记”页面并插入内联框架。

分析：依据“心情日记”效果图，页面总体分为上下两部分，下部分又分为左右两个部分。上部用于放置标题和图像；左下部用于放置“个人日记”等 5 个导航链接，每个导航链接一个页面；右下部插入一个内联框架用于显示与导航链接相对应的页面内容。

步骤 2　创建本单元目录结构

依据第 1 单元创建的网站目录结构，本单元“心情日记”栏目创建在“diary”文件夹中。把本单元素材中的“diaryimages”“media”和“mainimages”文件夹及“main1.html”“main2.html”“main3.html”和“main4.html”网页文件复制到“D:\mysite\diary”文件夹中。本栏目目录结构见表 8-1，其中“diary.html”和“main5.html”网页在以后的任务中创建。

表 8-1　“心情日记”栏目的目录结构

所在路径	文件 / 文件夹的名字	说明
D:\mysite\diary	diary.html	“心情日记”网页（包含内联框架）
	main1.html	“个人日记”网页
	main2.html	“情感天地”网页
	main3.html	“休闲搞笑”网页
	main4.html	“天下杂谈”网页
	main5.html	“媒体日记”网页
	<diaryimages>	存放本栏目需要的图片
	<media>	存放多媒体文件
	<mainimages>	“main1.html”所需图像等素材（第 9 单元用）

步骤 3　创建心情日记网页文件

运行 Dreamweaver，选择“文件”→“新建”命令，弹出“新建文档”对话框，选中左侧的“新建文档”，选择“文档类型”中的“</>HTML”选项，在“框架”中的标题处输入“心情日记”，如图 8-2 所示。单击“创建”按钮，修改文件名为“diary.html”，保存到“D:\mysite\diary”文件夹中。

步骤 4　创建页面上部

（1）打开“diary.html”文件，选择“插入”→“Div”命令，打开“插入 Div”对话框，“插入”下拉列表中选择“在插入点”，“ID”下拉列表框中输入“diarytop”，如图 8-3 所示。

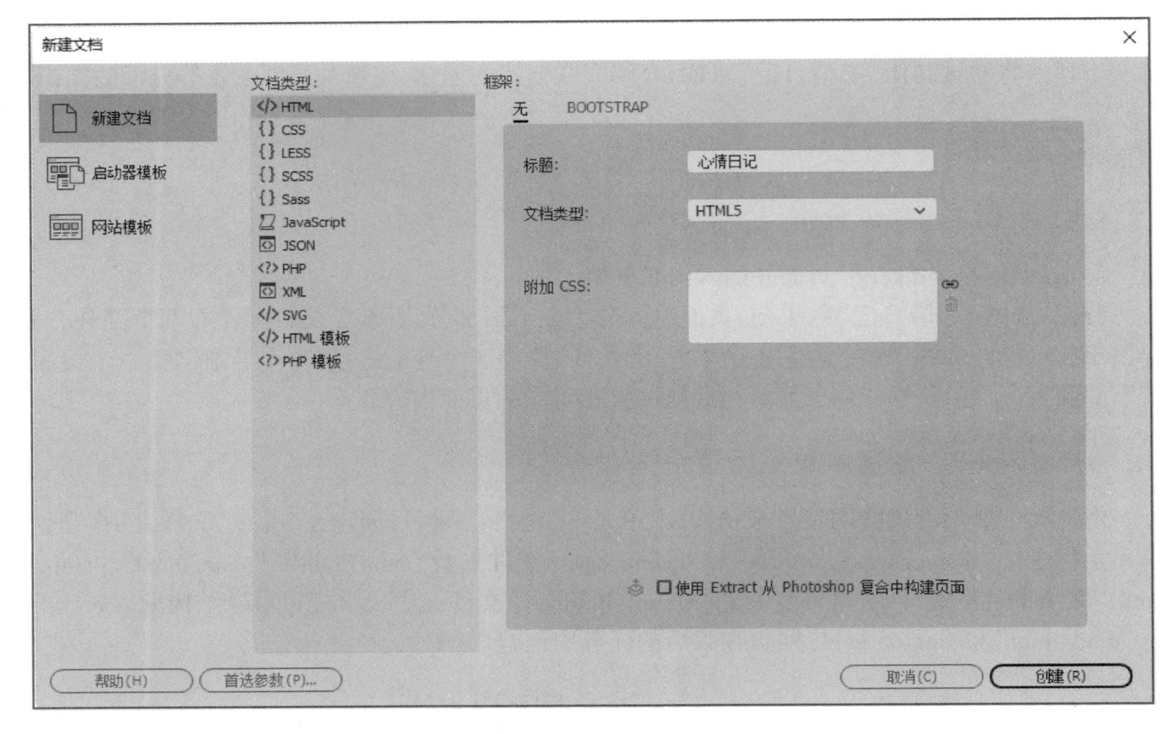

图 8-2　创建“心情日记”网页文件

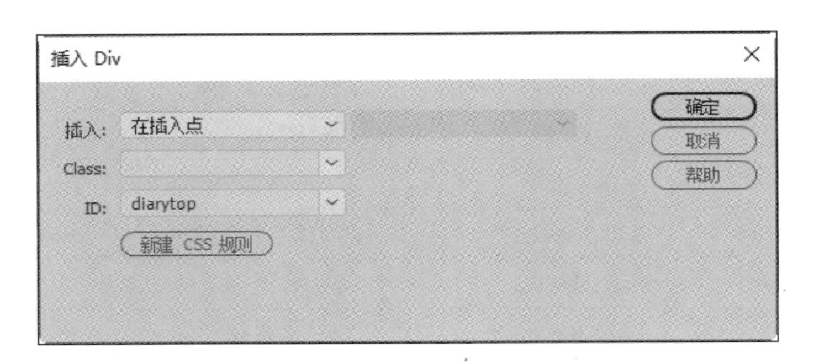

图 8-3　“插入 Div”对话框 1

(2) 单击“新建CSS规则”按钮，打开“新建CSS规则”对话框，“选择器名称”输入“#diarytop”，“规则定义”选择“(仅限该文档)”，如图 8-4 所示。

(3) 单击“确定”按钮，打开“#diarytop 的 CSS 规则定义”对话框，在“方框”选项中设置 Width(宽)为“1 000 px”，Height(高)为“186 px”，Margin(边界)中 Left(左)和 Right(右)均为“auto(自动)”，如图 8-5 所示；在“背景”选项中设置 Background-color(背景颜色)为“#D4E4FD”，Background-image(背景图片)为“diaryimages/biaoti.jpg”，Background-repeat(背景图片是否重复)为“no-repeat(不重复)”，如图 8-6 所示。单击“确定”按钮，返回“插入 Div”对话框，再次单击“确定”按钮，在页面中插入 ID 为“diarytop”的 Div，如图 8-7 所示。

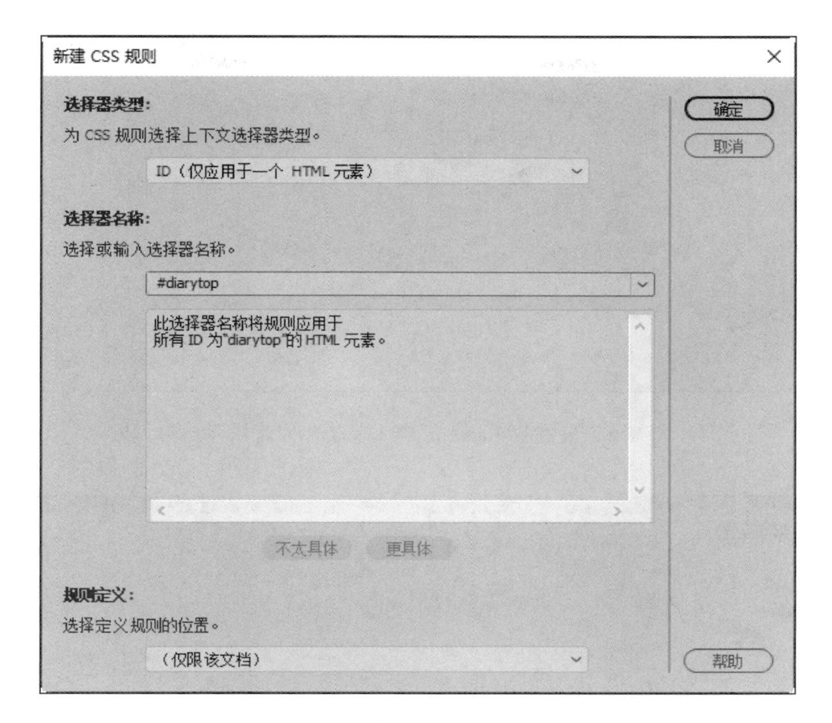

图 8-4　“新建 CSS 规则”对话框 1

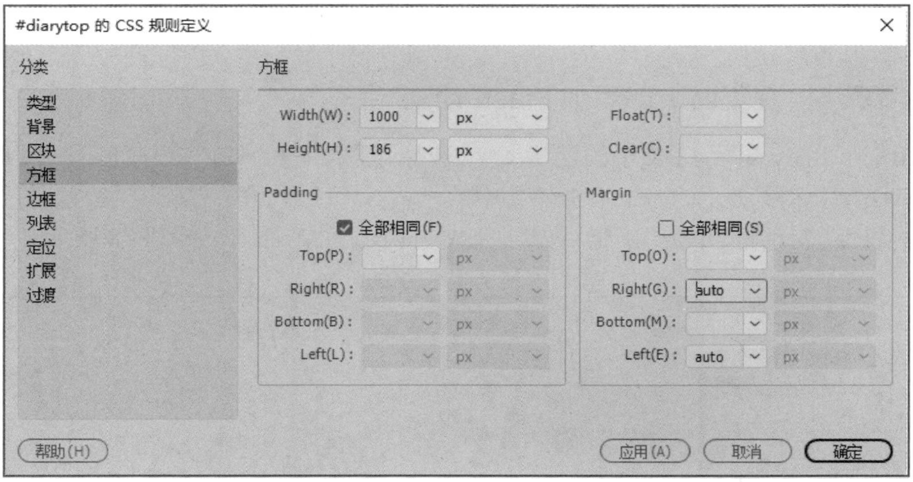

图 8-5　设置“#diarytop”的 CSS 规则“方框”选项

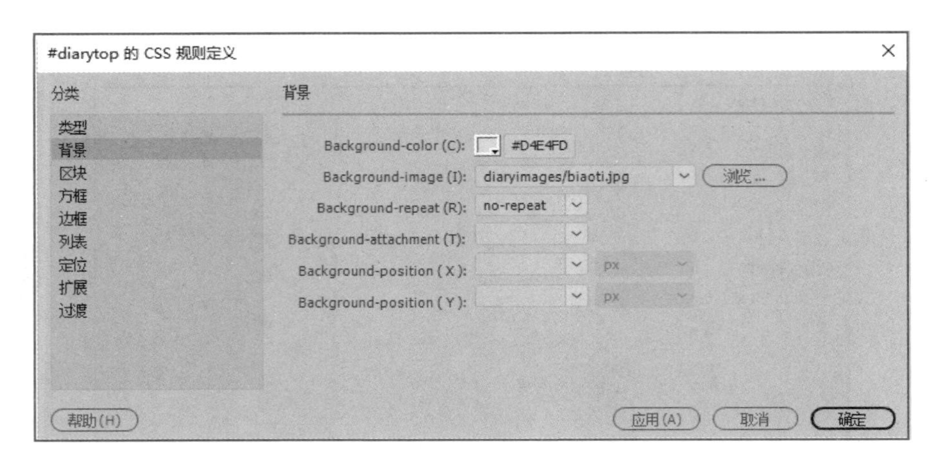

图 8-6　设置“#diarytop”的 CSS 规则“背景”选项

图 8-7　插入“diarytop” Div 后的效果

☞ 步骤 5　在页面上部添加 Flash 动画

删除 ID 为“diarytop”的 Div 中的默认文字，选择“插入”→“HTML”→“Flash SWF”命令，打开“选择 SWF”对话框，选择“media”文件夹中的“top.swf”文件，单击“确定”按钮，打开“对象标签辅助功能属性”对话框，单击“确定”按钮，完成 Flash 文件的插入，如图 8-8 所示。

图 8-8　插入 Flash 文件

小知识

通过快捷键 Ctrl+Alt+F 可以打开“选择 SWF”对话框，能够实现快速插入 Flash 文件的操作。

选中刚插入的 Flash，在“属性”面板中；设置对齐为“右对齐”，Wmode（动画模式）为“透明”，如图 8-9 所示。

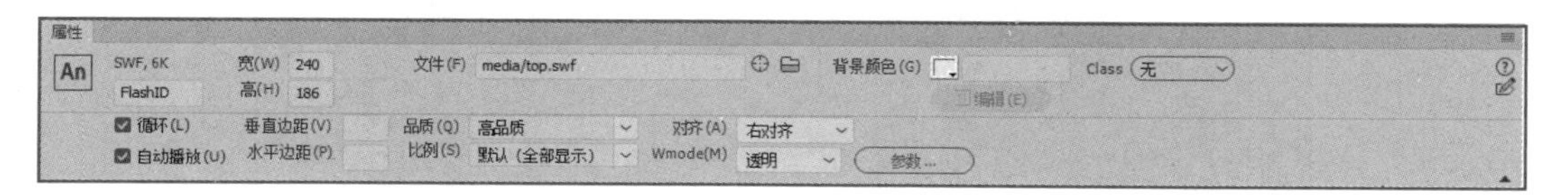

图 8-9　设置 Flash 的属性

小知识

Flash“属性”面板中，Wmode 是动画模式参数，Wmode 值设置为“透明”，代表 Flash 动画显示时背景为透明的。

步骤 6　创建页面下部

（1）在 diarytop 后面添加 diarymain。选择“插入”→“Div”命令，打开“插入 Div”对话框，“插入”下拉列表中选择“在标签后”“<div id="diarytop">”，“ID”下拉列表框中输入“diarymain”，如图 8-10 所示。

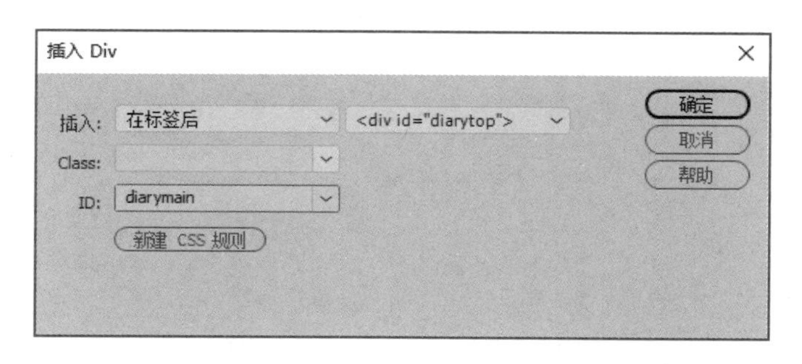

图 8-10　“插入 Div”对话框 2

单击“新建 CSS 规则”按钮，打开“新建 CSS 规则”对话框，“选择器名称”输入“#diarymain”，“规则定义”选择“(仅限该文档)”，如图 8-11 所示。

单击“确定”按钮，打开“#diarymain 的 CSS 规则定义”对话框，在“方框”选项中设置 Width（宽）为“1 000 px”，Height（高）为“300 px”，Margin（边界）中 Left（左）和 Right（右）均为“auto（自动）”，Top（上）

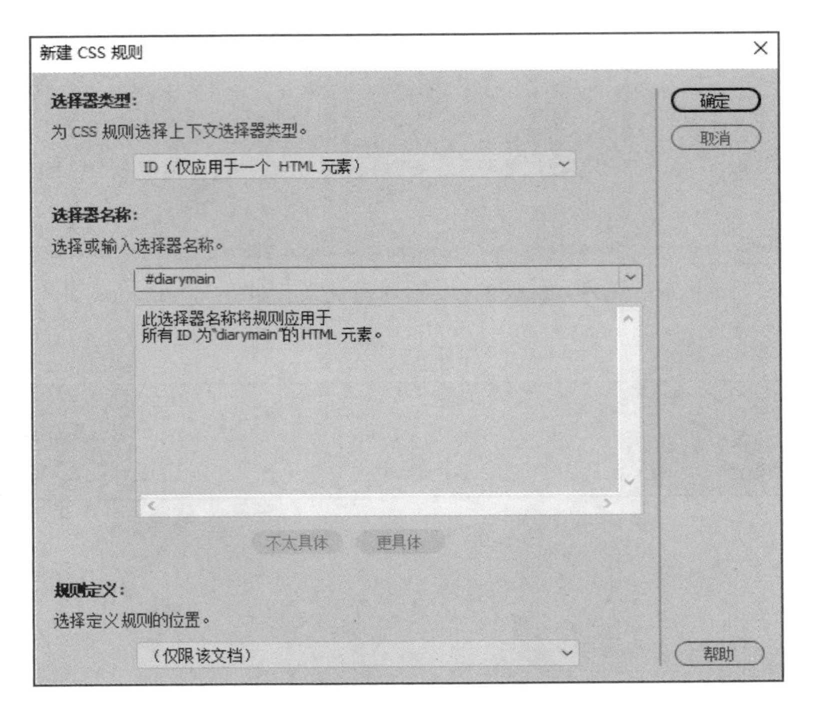

图 8-11　“新建 CSS 规则”对话框 2

和 Botton（下）均为“0 px”，如图 8-12 所示。单击“确定”按钮返回“插入 Div”对话框，再次单击“确定”按钮，在页面中插入 ID 为“diarymain”的 Div，如图 8-13 所示。

（2）在 diarymain 中添加 diaryleft。删除 diarymain 中的默认文本“此处显示 id "diarymain" 的内容”。此时光标在 diarymain 中，选择“插入”→“Div”命令，打开“插入 Div”对话框，“插入”下拉列表中选择“在插入点”，“ID”下拉列表框中输入“diaryleft”，如图 8-14 所示。

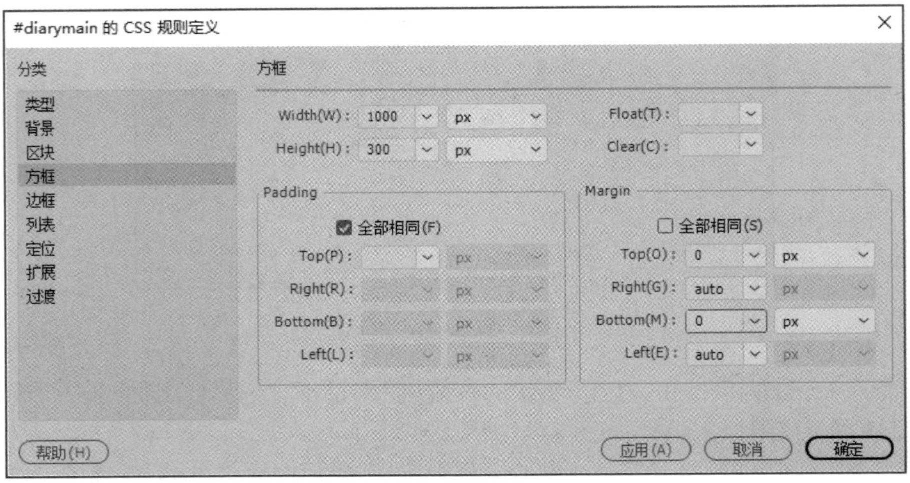

图 8-12　“#diarymain 的 CSS 规则定义”对话框

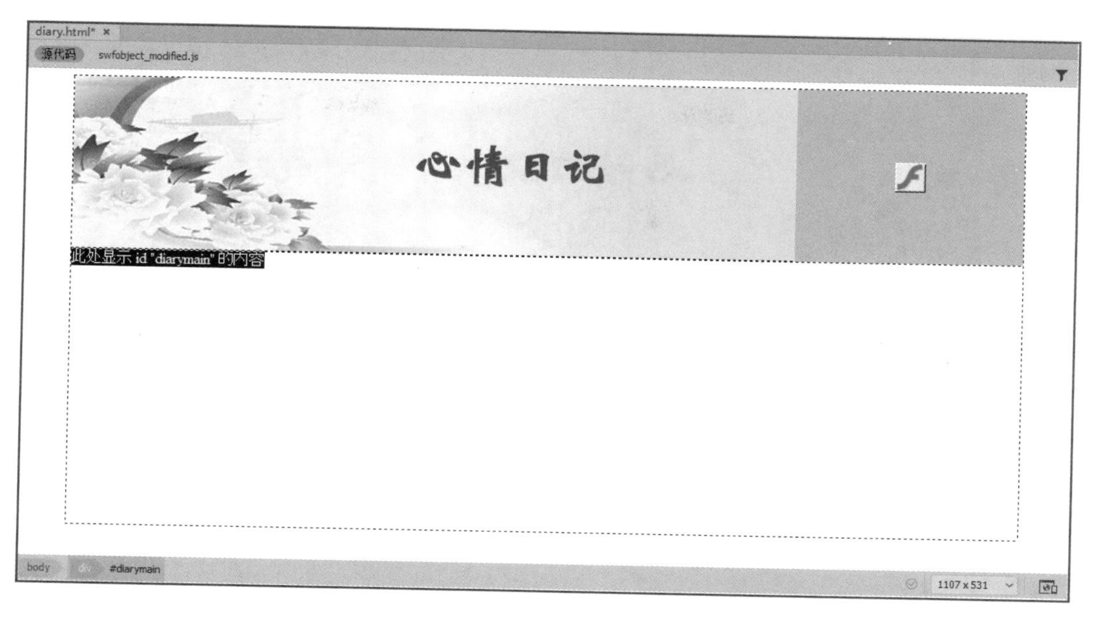

图 8-13　插入“divmain”Div 后的效果

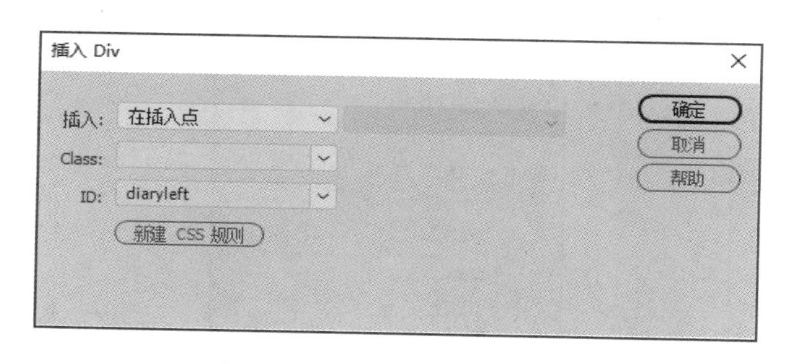

图 8-14　“插入 Div”对话框 3

单击“新建 CSS 规则”按钮，设置 #diaryleft 的 CSS 规则：“方框”选项中设置 Width（宽）为“200 px”，Height（高）为“300 px”，Float（浮动）为“left（左对齐）”，“背景”选项中设置 Background-color（背景颜色）为“#D4E4FD”，效果如图 8-15 所示。

（3）在 diaryleft 中添加导航菜单。删除 diaryleft 中的内容，选择“插入”→“项目列表”命令，输入“个人日记”，按回车键，继续输入“情感天地”并按回车键，同样的方法继续完成“休闲搞笑”“天下杂谈”“媒体日记”列表项，如图 8-16 所示。

在“CSS 设计器”面板中的“源”窗格中选择“<style>”，单击“选择器”窗格中的“添加选择器”按钮 + ，在弹出的文本框中输入“#diaryleft ul li”，并按回车键，如图 8-17 所示。

在“属性”窗格中设置 line-height（行高）为“30 px”，list-style-image（列表项标记的图像）为“diaryimages/anrrowblue.gif”，设置完成后，效果如图 8-18 所示。

（4）在 diaryleft 后面添加 diaryright。选择“插入”→“Div”命令，打开“插入 Div”对话框，“插入”下拉列表中选择“在标签后”“<div id="diaryleft">”，“ID”下拉列表框中输入“diaryright”，新建“#diaryright”的 CSS 规则：在“方框”选项中设置 Width（宽）为“800 px”，Height（高）为“300 px”，

图 8–15 插入“diaryleft” Div 后的效果

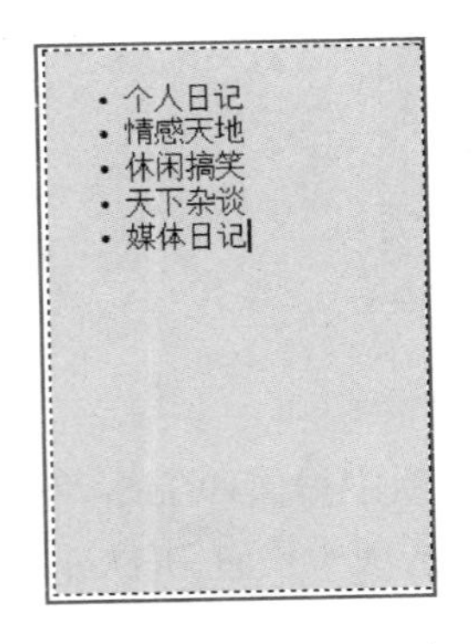

图 8–16 插入导航文字

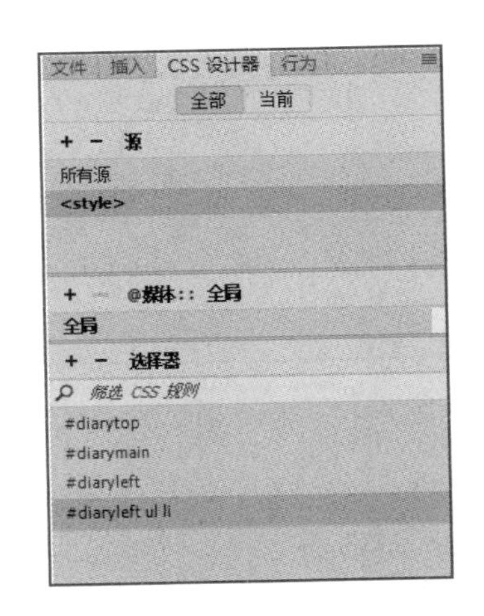

图 8–17 创建“#diaryleft ul li”规则

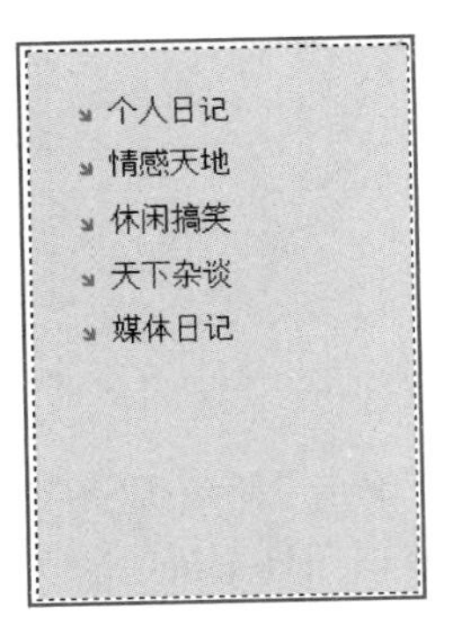

图 8–18 导航菜单

Float（浮动）为“left（左对齐）”，设置完成后，效果如图 8–19 所示。

步骤 7 在右下部插入内联框架

删除 ID 为“diaryright”的 Div 中的默认文字，选择“插入”→“HTML”→“IFRAME”命令，单击“属性”面板中的“刷新”按钮完成内联框架的插入，效果如图 8–20 所示。

选择 iframe（内联框架），在“标签选择器”中，右击“iframe”，选择“快速标签编辑器”命令对当前选中的 iframe 标签进行编辑，如图 8–21 和图 8–22 所示。

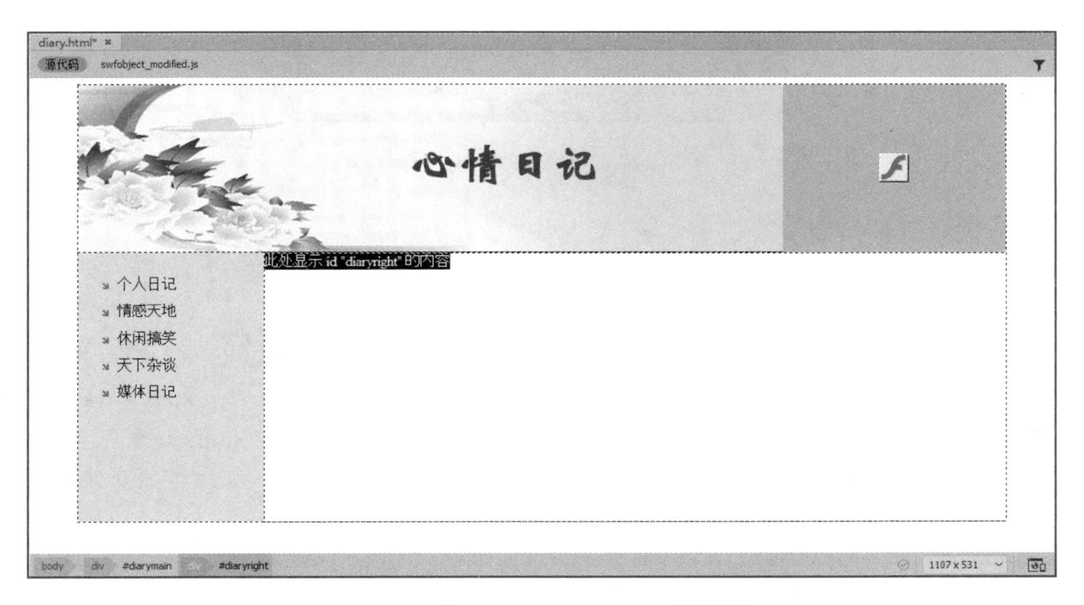

图 8-19　插入“diaryright” Div 后的效果

图 8-20　插入 iframe（内联框架）

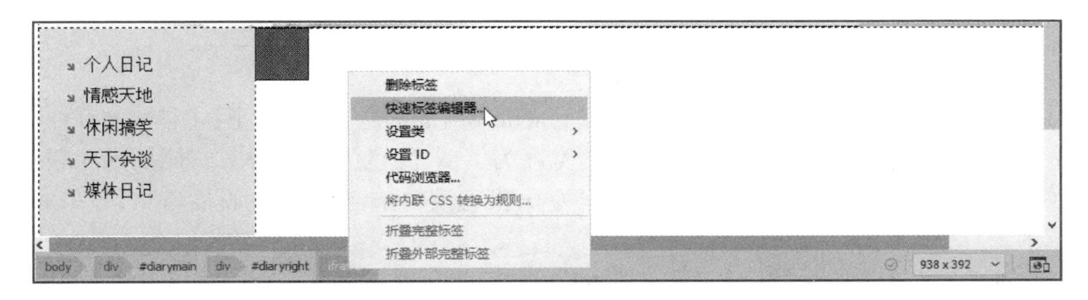

图 8-21　选择“快速标签编辑器”选项

编辑标签:
```
<iframe name="show" width="100%"
height="100%" frameborder="0"
src="main1.html" scrolling="no">
```

图 8-22　快速编辑“iframe”标签

小知识

在 iframe(内联框架)中,name 属性为内联框架的名称,在实际应用中该属性可成为超链接中 target 属性的值,从而实现超链接指向的页面在内联框架中显示;width 和 height 属性分别为内联框架的宽度和高度;frameborder 属性为内联框架的边框值,0 表示无边框;scrolling 属性为内联框架是否有滚动条,yes 表示有,no 表示无,auto 根据被显示内容自动显示或隐藏。

按 F12 预览,效果如图 8-23 所示。

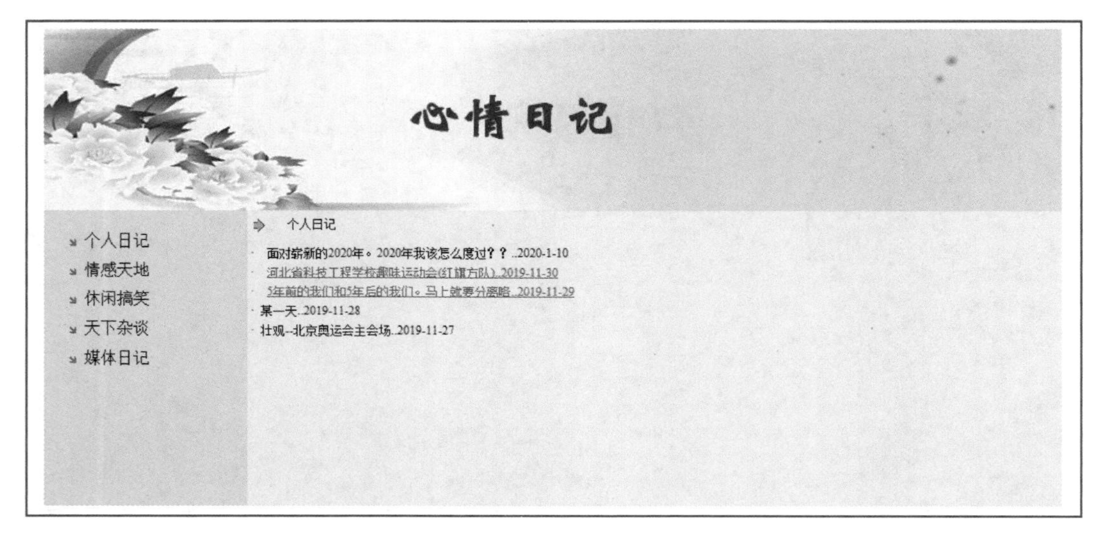

图 8-23　“心情日记”页面效果

举一反三

(1) 创建图练 8-1 所示的内联框架网页“practice8-1.html”。要求如下:主体宽 1 000 px,高 500 px,左侧宽 200 px,右侧宽 797 px,各边框宽度为 1 px,颜色为 #333333,右侧插入内联框架,name(名称)为 fram1,宽和高均为 100%,边框为 0,没有滚动条,默认显示百度首页,效果如图练 8-2 所示。

(2) 创建图练 8-3 所示的包含内联框架的网页“practice8-2.html”。要求如下:页面为上、中、下布局,宽度为 1 000 px。上部高为 200 px,颜色为 #726F6F;中部高为 400,颜色为 #C7C2C2,插

图练 8-1　举一反三（1）

图练 8-2　举一反三（2）

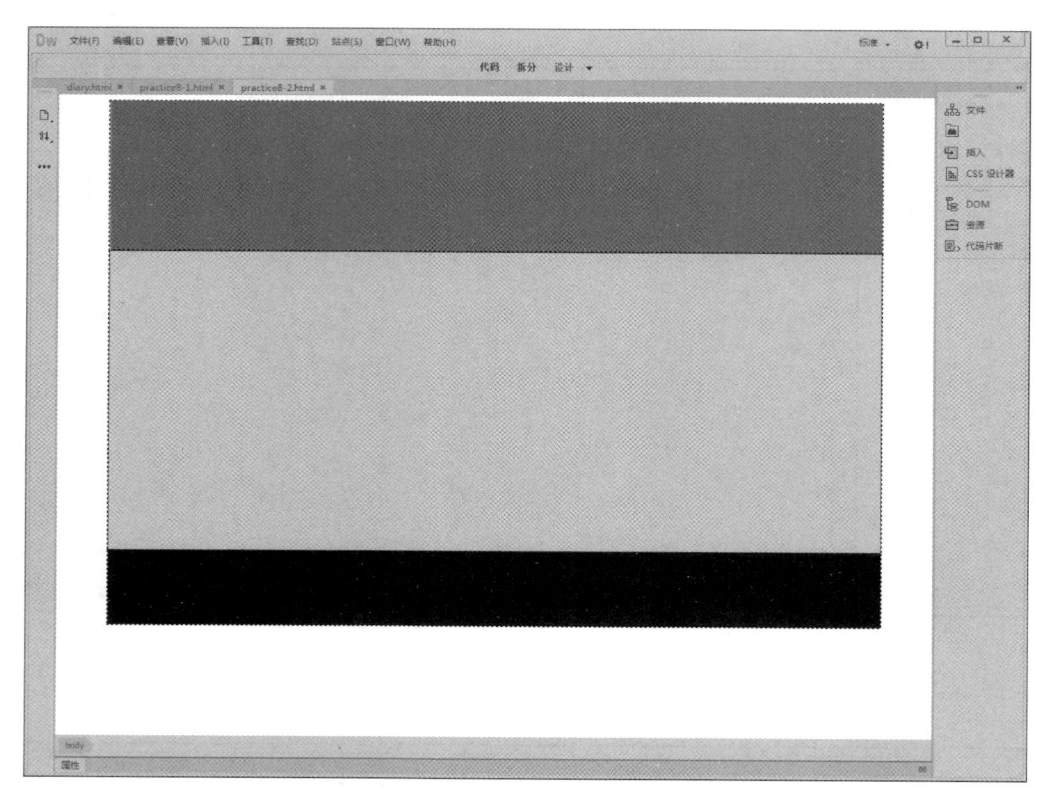

图练 8-3　举一反三(3)

入内联框架,name(名称)为 fram2,宽高都为 100%,边框为 0,滚动条为 auto,默认显示百度图片首页;下部高为 100 px,颜色为 #000000。

任务 2　使用链接控制内联框架内容

任务描述

在上一任务中创建了一个包含内联框架的页面。本任务将通过添加和编辑“心情日记”页面中导航菜单的超链接内容,介绍在网页中如何建立内联框架与超链接之间的联系等方面的知识。

自己动手

步骤 1　需求分析

需求:使用上一任务创建的内联框架页面,为其左下部的导航菜单项创建超链接,链接对象显示在右下部内联框架中。

分析：该网页左下部的导航菜单中有“个人日记”“情感天地”等 5 个导航项，为这 5 个导航项创建超链接，链接到素材中对应的网页，链接目标网页显示在右下部内联框架中。

步骤 2　创建超链接控制内联框架显示内容

(1) 打开内联框架页面“diary.html”，选中左下部“个人日记”，单击“属性”面板中“链接”右侧的“浏览文件”按钮，选择页面“main1.html”，在“目标”右侧列表框中输入“show”，如图 8-24 所示，表示“个人日记”文本链接到页面“main1.html”，在右下部内联框架“show”中显示。

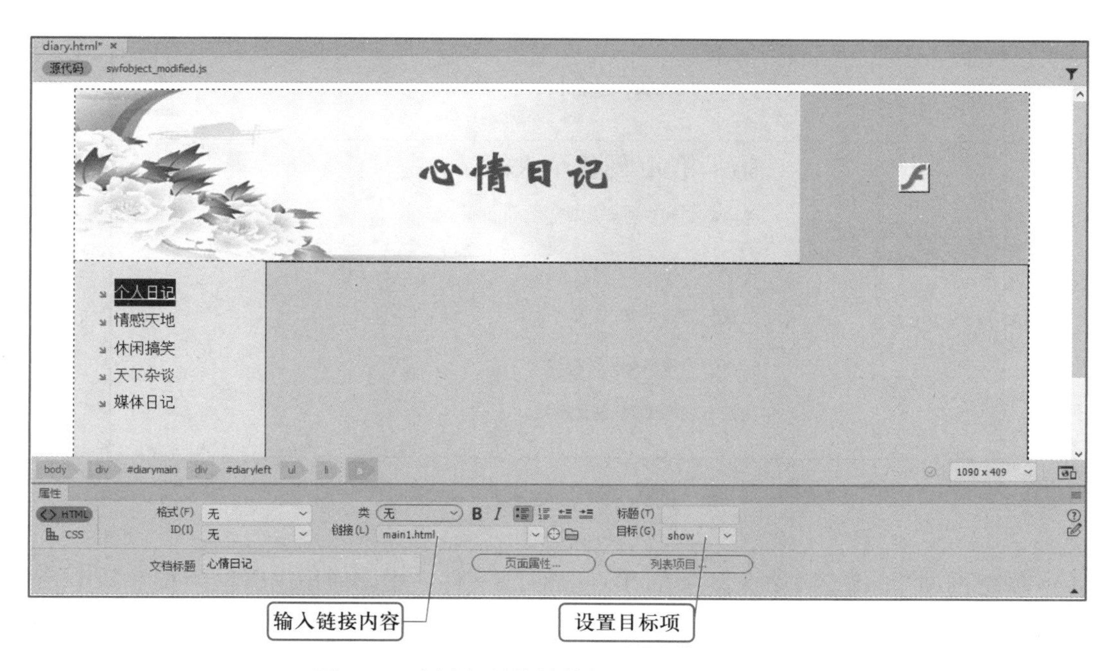

图 8-24　创建超链接并控制内联框架显示内容

(2) 用同样方法根据表 8-2 内容为其他导航项添加超链接并设置“目标”属性。之后保存网页，完成导航链接。

表 8-2　文本超链接对象及目标

文本内容	链接对象	目标
情感天地	main2.html	show
休闲搞笑	main3.html	show
天下杂谈	main4.html	show
媒体日记	main5.html （此页面将在任务 3 中创建，在“链接”列表框中直接输入“main5.html”）	show

举一反三

（1）编辑任务 1“举一反三”中创建的“practice8-1.html”文件，分别给页面中左侧导航中的各导航项添加链接，并使链接目标网页显示在右侧的内联框架中。

（2）创建网站“pra8-1”，站点保存在“D:\pra8-1”文件夹中，利用内联框架技术制作“practice8-3.html”等网页，显示本书目录，左侧显示单元标题，右侧显示各单元的任务目录，效果如图练 8-4 所示。

网页制作教程

第 1 单元
第 2 单元
第 3 单元
第 4 单元
第 5 单元
第 6 单元
第 7 单元
第 8 单元

第 1 单元 创建个人网站

任务1　规划我的个人网站

任务2　创建个人网站

任务3　管理站点

任务4　创建网站目录结构

任务5　使用HTML创建网站

图练 8-4　举一反三（4）

（3）创建网站“pra8-2”，站点保存在“D:\pra8-2”文件夹中。使用内联框架技术制作一个网上相册，将自己拍摄或搜集的相片分类（至少分 3 类），把每一类相片显示在一个页面中，左侧显示相册分类名称并添加链接，右侧显示相应分类的照片。

任务 3　制作媒体日记网页

任务描述

随着网络技术的发展，网络带宽不断提高，多媒体技术在网页制作中得到了广泛的应用。本任务通过制作“main5.html”页面，介绍在网页中插入多媒体文件的方法。

自己动手

步骤 1　需求分析

需求：插入多媒体内容。

分析：在“媒体日记”链接的网页“main5.html”中，插入一段视频文件。

步骤2　布局“媒体日记”页面

运行 Dreamweaver，选择“文件”→“新建”命令，弹出“新建文档”对话框，选中左侧的“新建文档”，选择“文档类型”中的“</>HTML”选项，单击“创建”按钮，修改文件名为“main5.html”，保存在“D:\mysite\diary”文件夹中。在“页面属性”对话框设置网页上、下、左、右边距为“0 px”，背景颜色为“#EEF0FF”，其他取默认值。

选择“插入”→“Table”命令，插入一个宽 366 px、2 行 2 列的表格，表格边框为 0 px。然后在“属性”面板设置第 1 行行高为 20 px，第 2 行行高为 272 px，第 1 列列宽为 17 px，第 2 列列宽为 349 px。

在第 1 行第 1 列单元格中插入“diaryimages\point1.gif”图像，在第 1 行第 2 列中输入文字“媒体日记”，选中输入的文字，在“属性”面板中编辑 CSS 规则，“目标规则”选择“< 新内联样式 >”，设置文字大小为“12 px”。

然后合并第 2 行的两个单元格，效果如图 8-25 所示。

图 8-25　插入并设置表格

步骤3　插入视频文件

在表格第 2 行内单击，选择“插入”→“HTML”→“HTML5 Video”命令，在页面中插入“video”Div，选中刚插入的“video”Div，在“属性”面板中设置 W（宽）为“350 像素”，H（高）为“198 像素”，源为“media\video.mp4”视频文件，如图 8-26 所示。

保存并关闭网页“main5.html”，预览心情日记页面“diary.html”，单击“媒体日记”，效果如图 8-27 所示。

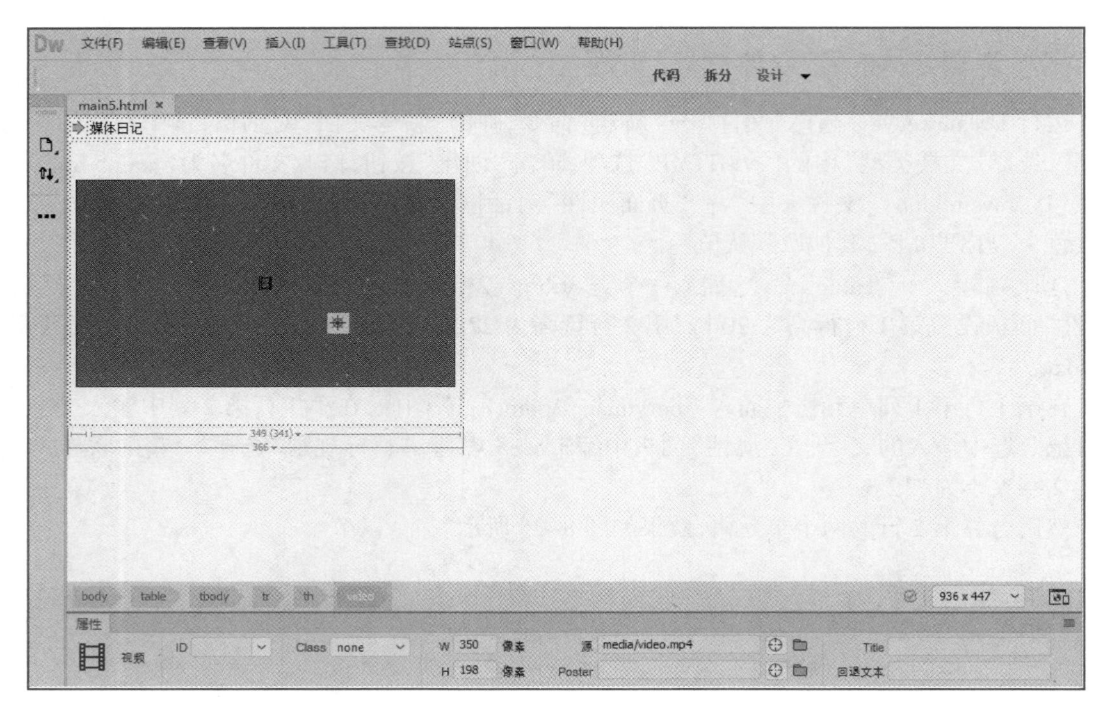

图 8-26　插入媒体插件

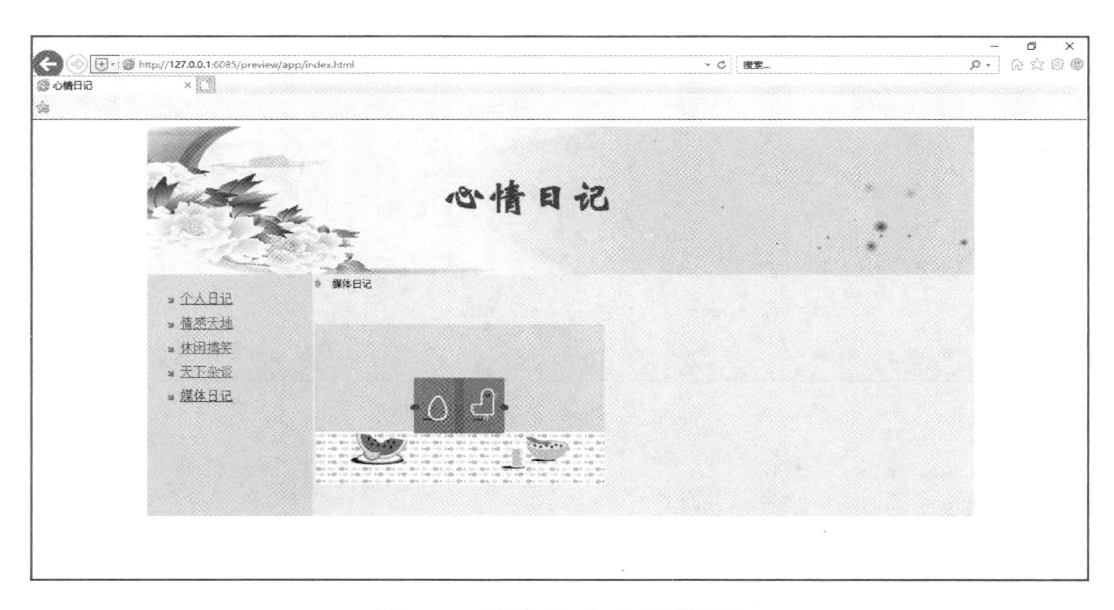

图 8-27　“媒体日记”页面预览效果

举一反三

(1) 创建网页“practice8-4.html”，页面布局自行设计，在网页中插入“HTML5 Video”，播放本单元素材“举一反三”文件夹中的“video1.mp4”。

(2) 创建网页“practice8-5.html”，效果如图练 8-5 所示，在网页中插入本单元素材“举一反三”文件夹中的“video2.mp4”。

图练 8-5 举一反三(5)

(3) 创建网页“practice8-6.html”，在网页中插入本单元素材“举一反三”文件夹中的“music.mp3”，要求设置循环播放。

要点提示：在视频“属性”面板中勾选 Loop（循环播放）和 Autoplay（自动播放）。

本单元知识梳理

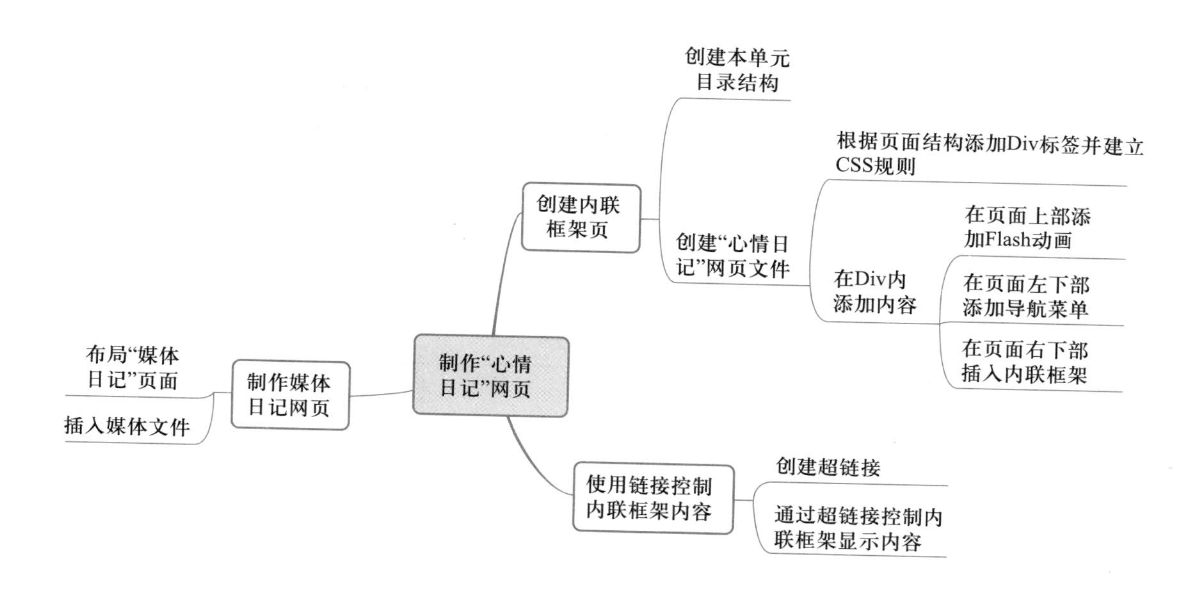

第9单元

站点完善、测试与发布

任务1　完善网站链接

任务描述

经过前几单元操作，站点各部分内容已经完成，但是站点中的链接还不完善。本任务需要在模板页中添加导航链接和电子邮件超链接，其中导航中的文本“网站首页”“专业教程”“作品展示”“家乡山水”“访客信息”链接的网页需要在当前窗口打开，文本“心情日记”链接的网页需要在900 px×500 px的新窗口中打开。另外，还需要完善“专业教程”网页中的“友情链接”。

自己动手

步骤1　需求分析

需求：添加导航链接和电子邮件超链接，完善网站。

分析：在网站模板中，导航文本“网站首页”“专业教程”“作品展示”已经在第5单元添加了链接。本任务需要为导航文本“家乡山水”“访客信息”添加链接；为导航文本“心情日记”添加空链接，并添加“打开浏览器窗口”行为链接到相应网页；为“专业教程”网页中的图片添加链接。

步骤2　添加导航链接和电子邮件超链接

(1) 完善导航链接：打开模板文件“model.dwt”，采用第5单元任务4同样的方法，为导航文本“家乡山水”“访客信息”添加超链接，为导航文本“心情日记”添加空链接(在“属性”面板的“链接”文本框中输入“#”)，网站导航文本与对应的链接目标见表9-1。

表9-1　超链接对照表

导航文本	链接目标	导航文本	链接目标
网站首页	../index.html	家乡山水	../travel/travel.html
专业教程	../study/study.html	访客信息	../bbs/bbs.html
作品展示	../works/works.html	心情日记	#(空链接)

为“心情日记”文本添加空链接，是为了使其与其他导航链接文本保持同样的样式。

（2）建立电子邮件链接：选择文本“欢迎联系”，在“属性”面板中添加电子邮件超链接“mailto:youyouwoxin@163.com”，如图 9–1 所示。

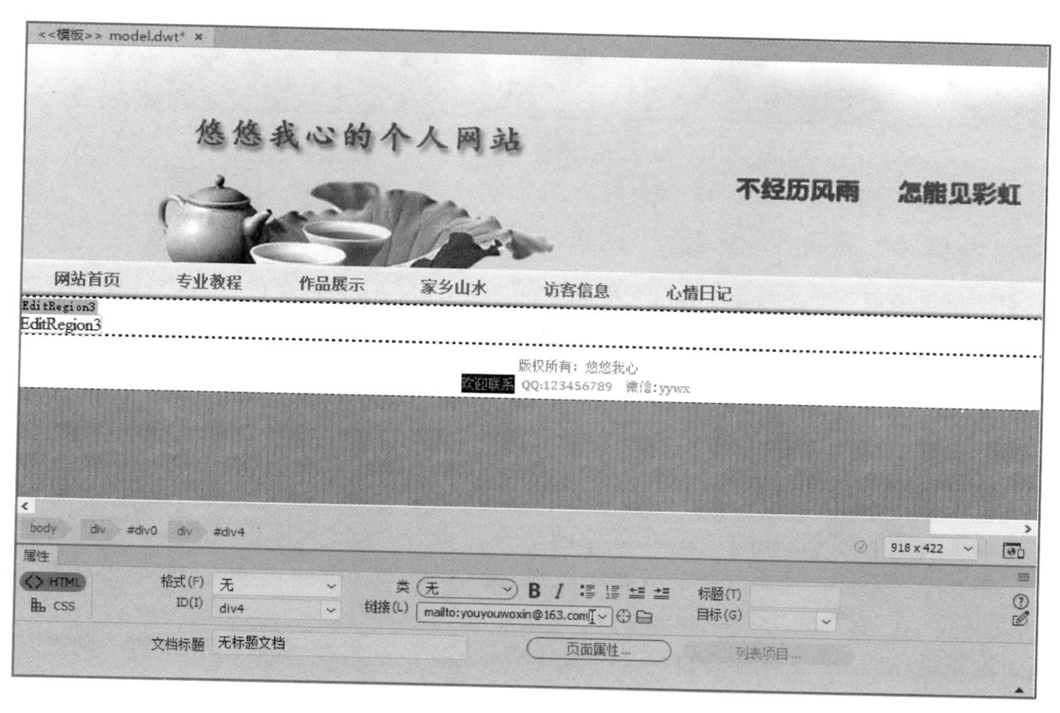

图 9–1　添加电子邮件超链接

步骤 3　添加行为

在模板文件“model.dwt”中，选中添加了空链接的文本“心情日记”，在“行为”面板中添加“打开浏览器窗口”行为，在弹出的对话框中进行参数设置，如图 9–2 所示。

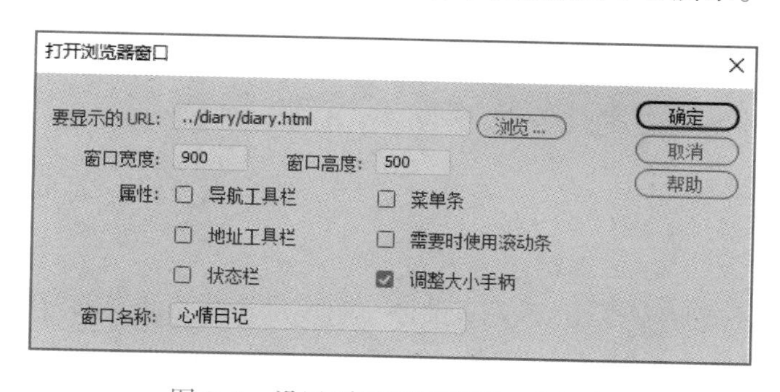

图 9–2　设置“打开浏览器窗口”行为

单击“确定”按钮，在“行为”面板中，将该行为事件设置为“onClick”。保存模板文件，弹出“更新模板文件”对话框，如图 9–3 所示，单击“更新”按钮，完成更新后，单击“更新页面”对话框中的“关闭”按钮，如图 9–4 所示。

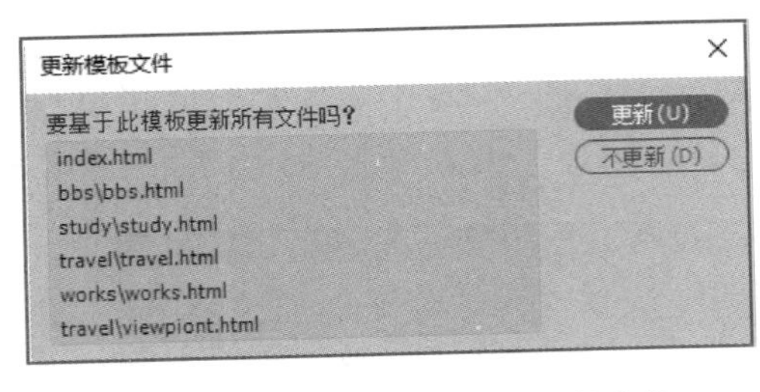

图 9–3　更新所有应用了模板的文件

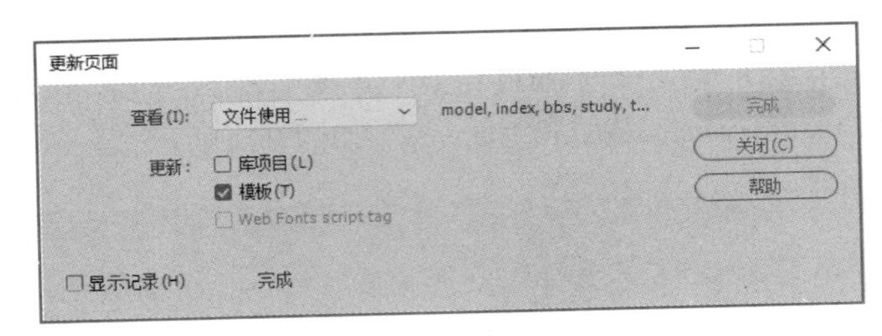

图 9–4　更新完毕

步骤 4　完善“专业教程”网页的超链接

打开“专业教程”网页“study.html”，按照前面学到的方法，为网页内部各类教程列表添加空链接（读者可以根据自己的实际课程资源添加相应链接）；将网页底部“友情链接”部分的 5 张图片分别链接到相应的网址，保存并关闭网页。至此，完成整个站点的制作工作。

举一反三

（1）将本单元素材“举一反三”文件夹中的“pra9–1”文件夹复制到 D 盘根目录下，创建站点“pra9–1”，使用模板“pra9–1.dwt”创建两个新页面，将文件夹中的文本文件内容“pra9–3.txt”“pra9–4.txt”复制到两个页面的可编辑区域，分别保存为“index.html”“pra9–4.html”。然后尝试为文件夹中已有页面“pra9–5.html”“pra9–6.html”套用模板。

（2）编辑站点“pra9–1”中的模板文件，为其添加相应的超链接，保存后预览整个站点。

（3）把站点“pra9–1”中的模板文件名称改为“site.dwt”，并把模板中的文字“个人简历的撰写”改为“求职个人简历的撰写”，保存后更新所有基于本模板的页面并预览效果。（提示：要编辑站点的模板，必须使用 Dreamweaver 更改并保存一个模板，“更新模板文件”后，基于该模板的所有文档都将被更新）

（4）打开“举一反三”文件夹中的“pra9–2”，打开页面“work.html”，将其中的导航文字“与我联系”改为“联系方式”。（提示：将页面从模板中分离后才能修改）

任务 2　测试站点内容

任务描述

网站制作完成并不意味着工作的结束，设计与制作只是网站开发的一部分工作，还要将创建好的网站发布到 Internet 上，让用户去浏览。在发布之前需要对网站文件进行检查和整理，避免将有错误的网页上传到 Internet。

自己动手

步骤 1　需求分析

需求：测试现有网站内容。

分析：使用 Dreamweaver 中的“结果”面板，测试站点当中存在的各种错误链接和孤立文件。

步骤 2　链接测试

(1) 打开“悠悠我心的个人网站”，在“设计”视图中，选择“窗口”→“结果”→“链接检查器”命令，打开“链接检查器”面板，可将“链接检查器”面板像“属性”面板一样停靠在窗口下方，如图 9-5 所示。

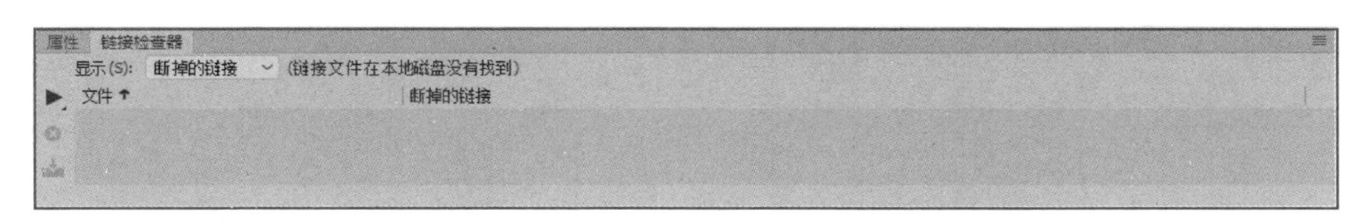

图 9-5　“链接检查器”面板

(2) 单击“检查链接”按钮 ▶，选择“检查整个当前本地站点的链接”选项，如图 9-6 所示，测试当前站点中的所有链接。

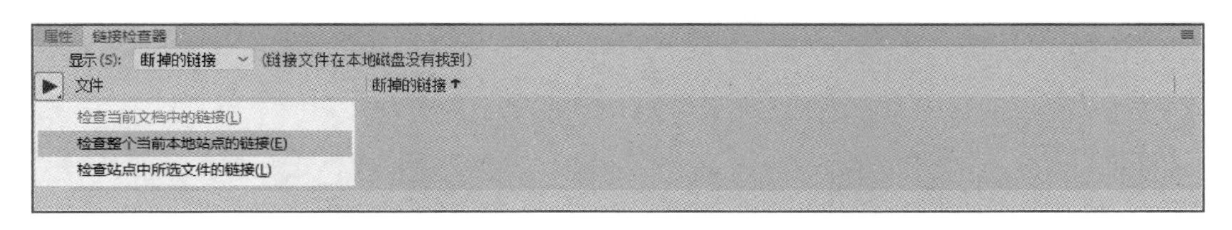

图 9-6　选择“检查链接”范围

提个醒

若要检查当前文档内的链接，应当将文档保存后再检查。

可以在“文件”面板中选中文件、文件夹或整个当前站点来设置检查范围。

测试完成后，分别查看“显示”下拉列表中包含的 3 种类型的链接(断掉的链接、外部链接、孤立的文件)报告，如图 9-7 所示。选中“断掉的链接”，结果如图 9-8 所示。

(3) 双击“文件”列中的文件，即可打开有断掉的链接的页面并定位到链接错误的位置，如图 9-9 所示。

属性　链接检查器

显示(S): 断掉的链接 (链接文件在本地磁盘没有找到)

断掉的链接
外部链接
孤立的文件

文件	断掉的链接
/diary	mainimages/hqfd1.jpg
/diary	mainimages/yxwh1.jpg
/diary/mainimages/left.html	diaryimages/anrrowblue.gif
/diary/mainimages/left.html	diaryimages/anrrowblue.gif
/diary/mainimages/left.html	diaryimages/anrrowblue.gif
/diary/mainimages/left.html	diaryimages/anrrowblue.gif
/diary/mainimages/left.html	diaryimages/anrrowblue.gif
/diary/mainimages/left.html	diaryimages/anrrowblue.gif
/diary/mainimages/left.html	diaryimages/anrrowblue.gif
/diary/mainimages/left.html	diaryimages/anrrowblue.gif

总共 93 个，31 个HTML，20 个孤立文件。总共 201 个链接，174 个正确，12 个断掉，15 个外部链接

图 9–7　选择链接报告类型

属性　链接检查器

显示(S): 断掉的链接 (链接文件在本地磁盘没有找到)

文件	断掉的链接
/diary/mainimages/left.html	diaryimages/anrrowblue.gif
/diary/mainimages/left.html	diaryimages/anrrowblue.gif
/diary/mainimages/left.html	diaryimages/anrrowblue.gif
/diary/mainimages/left.html	diaryimages/anrrowblue.gif
/diary/mainimages/left.html	diaryimages/anrrowblue.gif
/diary/mainimages/left.html	diaryimages/anrrowblue.gif
/diary/mainimages/left.html	diaryimages/anrrowblue.gif
/diary/mainimages/left.html	diaryimages/anrrowblue.gif
/diary/mainimages/left.html	diaryimages/anrrowblue.gif
/diary/mainimages/left.html	diaryimages/anrrowblue.gif

总共 93 个，31 个HTML，20 个孤立文件。总共 201 个链接，174 个正确，12 个断掉，15 个外部链接

图 9–8　断掉的链接

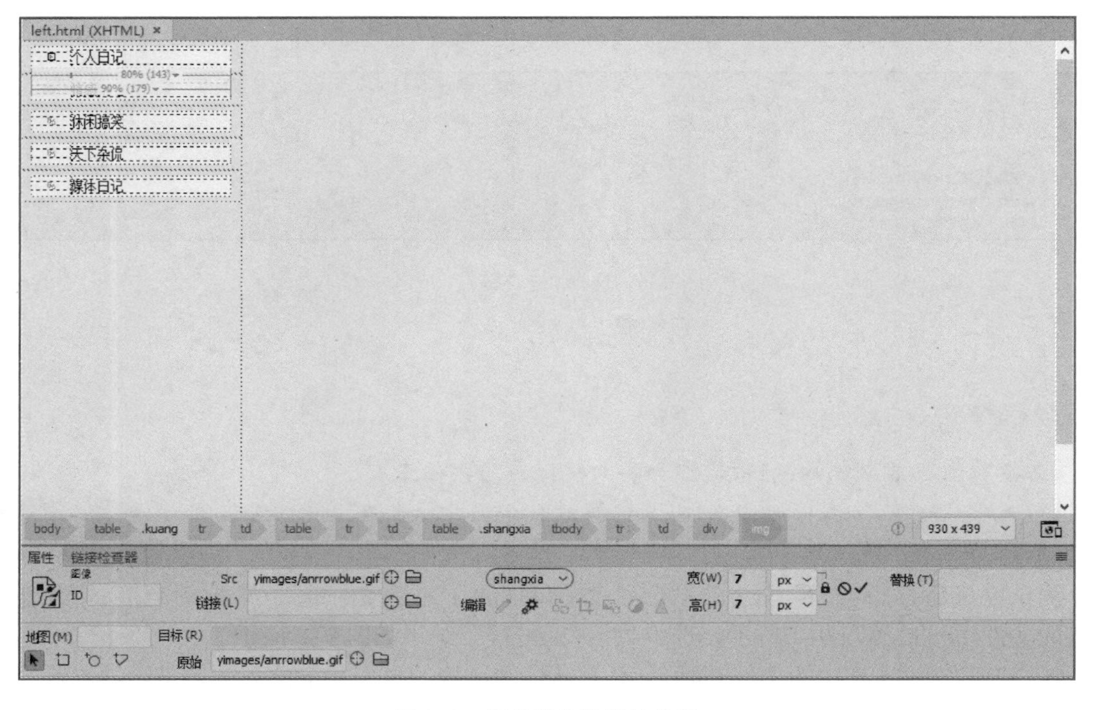

图 9–9　定位发生错误的位置

(4) 从结果中分析得出，该图像“属性”面板中的“Src(源文件)”设置发生错误，应修改为“../diaryimages/anrrowblue.gif”，在“链接检查器”面板中编辑断掉的链接，如图 9–10 所示。

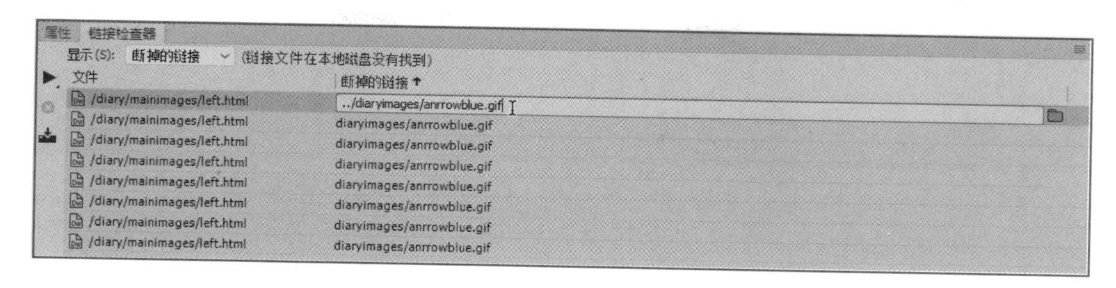

图 9–10 在编辑框中修复断掉的链接

(5) 修改链接地址为“../diaryimages/anrrowblue.gif”，按回车键，出现图 9–11 所示提示框，单击“是”按钮，这时 Dreamweaver 自动修正本页中所有该图片的链接，修正后效果如图 9–12 所示。

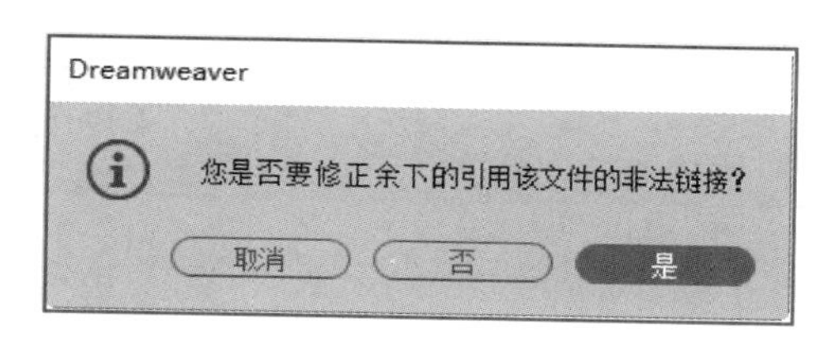

图 9–11 修正余下的引用该文件的非法链接

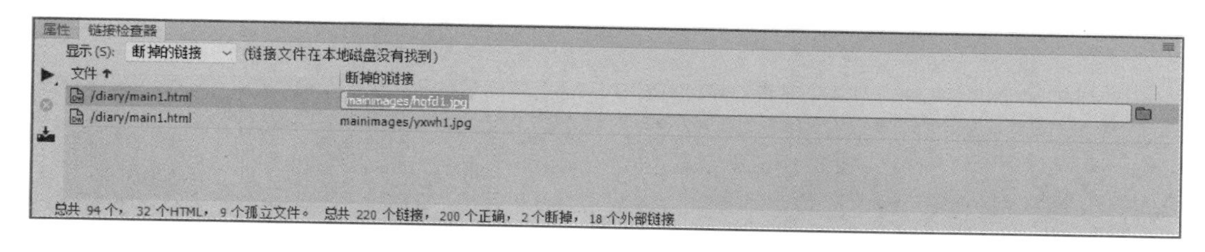

图 9–12 修正非法链接后效果

(6) 双击“文件”列中的“/diary/main1.html”，找到添加链接的文本“河北省科技工程学校趣味运动会(红旗方队)..2019–11–30”，分析后发现文本链接属性中“mainimages/hqfd1.jpg”的文件名称写错，重新建立链接，地址改为“mainimages/hqfd.jpg”；再将“文件”列中的第 2 个“/diary/main1.html”中的链接修改为“mainimages/yxwh.jpg”，此时再次检测“断掉的链接”，结果如图 9–13 所示。

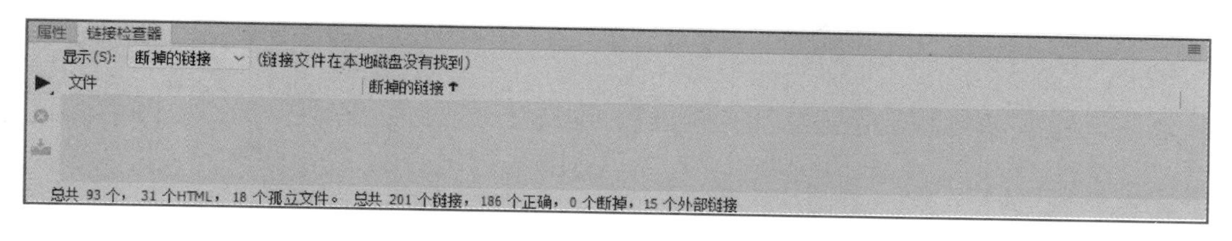

图 9–13 修正“断掉的链接”后效果

(7) 查看“显示”下拉列表中“外部链接”报告，结果如图 9-14 所示。

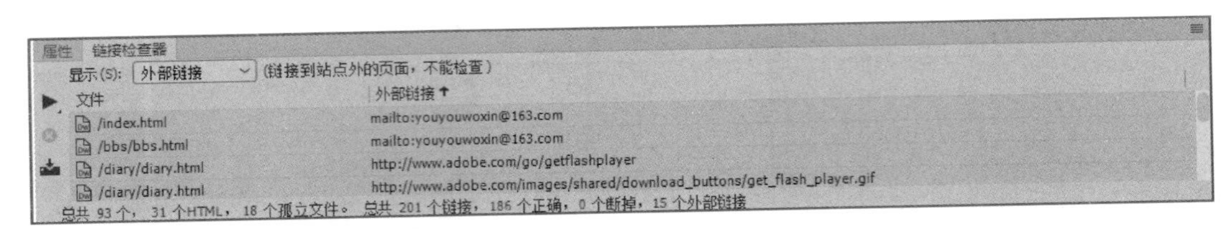

图 9-14 “外部链接”报告

(8) 仔细核对外部链接的位置和地址，无误后选择“显示”下拉列表中“孤立的文件”报告，结果如图 9-15 所示。

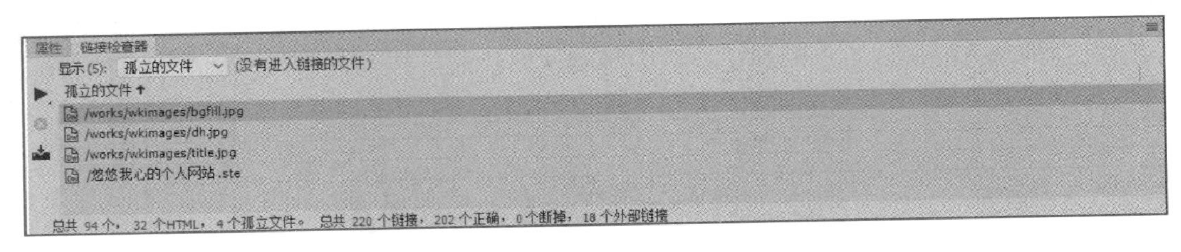

图 9-15 “孤立的文件”报告

其中“悠悠我心的个人网站 .ste”是站点导出文件，不必删除，在面板中将不必要的文件删除，删除后再次运行“检查整个当前本地站点的链接”，“链接检查器”面板如图 9-16 所示。

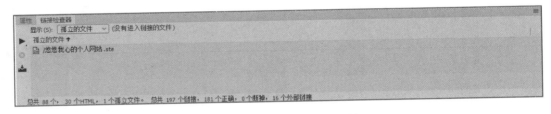

图 9-16 再次检查“孤立的文件”

测试并完善站点后保存测试报告，如图 9-17 所示。

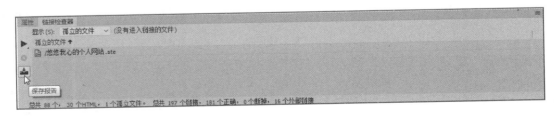

图 9-17 保存报告

至此，纠正并整理了错误的链接，删除了多余的孤立文件，网站可以上传发布了。

小知识

“链接检查器”面板参数介绍

- “断掉的链接”：检查文档中是否存在断开的链接。如果存在断开的链接，可以进行链接修复，也就是在“断掉的链接”列表中选择文件，重新输入链接地址或单击右侧的文件夹图标，打开“选择文件”对话框，在对话框中重新输入链接地址。
- “外部链接”：用于检查外部链接。对于外部链接，检查器不能判断正确与否，应自行核对。如果要修改一个外部链接，可以在面板窗口中选择该外部链接，在右侧“外部链接”处输入一个新的链接。
- “孤立文件”：这些文件在站点中孤立存在，通常应该把它清除。清除办法是：先选中该文件，按 Delete 键，选择“确定”按钮，这样这些文件就放到了“回收站”。该选项只在检查整个站点链接的操作中有效。

如果不想删除这些文件，可以如图 9-17 所示单击“保存报告”按钮，在弹出的对话框中为报告文件选择一个保存路径和文件名。该报告文件为一个检查结果列表，可以参照此表进行处理。

举一反三

(1) 分析网站中的孤立文件产生的原因都可能有哪些，对于不同情况应该如何处理。

(2) 将本单元素材“举一反三”文件夹中的“pra9-3”文件夹复制到 D 盘根目录下，创建站点“pra9-3”，文件存储在“D:\pra9-3”，使用“链接检查器”检查网站中有无断掉的链接，分析并修复站点中的断开链接。

(3) 使用“链接检查器”检查“pra9-3”网站中有无孤立的文件，并保存报告，删除孤立的文件。

任务3 网上“安家”

任务描述

网站创建完成之后，还需要上传、发布到 Internet 并进行必要的宣传。如果没有人知道网站的存在，这个网站的作用就大打折扣。

自己动手

步骤1 需求分析

需求：将网站上传至 Internet 并推广。

分析：申请网站空间并上传站点，通过各项宣传工作，增加网站的访问量，推广网站。

步骤2　申请域名和服务器空间

网站发布的前提是提前准备好空间与域名。域名不能随便使用，在使用之前必须先申请。首先，根据网站内容和主题特点，定义域名。然后，上网查询此域名是否被注册。如果已被注册，不能重名使用，需另行定义；如果没有被注册，则需向域名注册服务商申请注册。

小知识

域名类似于互联网上的门牌号码，是用于识别和定位Internet上计算机的层次结构式字符标记，与该计算机的IP地址相对应。相对IP地址而言，域名更便于使用者理解和记忆。域名属于Internet上的基础服务，基于域名可以提供www、Email、FTP等应用服务。

域名管理：

通用顶级域名及国家和地区顶级域名系统的管理，由互联网名称与数字地址分配机构(ICANN)负责。中国的CN域名由中国互联网络信息中心(CNNIC)负责管理。

域名的注册遵循先申请先注册原则，管理机构对申请人提出的域名是否违反了第三方的权利和申请人的真实身份进行核验。同时，每一个域名的注册都是独一无二的，因此，在网络上域名是一种有限的资源。

域名分为免费域名和商用域名，免费域名一般是指免费二级域名，某些投资商通过注册简短的域名来提供免费二级域名服务，注册者可以免费注册一个格式为"你的用户名＋二级域名"，然后利用"你的用户名＋二级域名"实现域名解析、域名转发等服务功能。商用域名的申请一般是某公司的网址，使用这个域名是需要收费的，一般是按年收费。商用域名的申请需要签订合同，也可以找专业网站做代理，直接在线操作即可。

因为免费域名申请网站种类繁多，而且很多在后期转为收费使用，所以本书不对免费域名的申请进行介绍。

(1) 以"花生壳"域名服务网站为例，登录"花生壳"网站，进入域名服务页面，如图9–18所示。

图9–18　登录"花生壳"网站

(2) 单击页面右上角“注册”按钮进入到网站注册页面,并根据需求填写用户信息,如图 9-19 所示。

图 9-19 个人用户注册

(3) 单击“注册”按钮,注册成功,如图 9-20 所示。

图 9-20 注册成功

(4) 注册成功后,单击首页“域名建站”将跳转到域名注册页面,首先进行注册前的查询,以便查找自己想要注册的域名是否已被注册,如图 9-21 所示。

图 9-21　查询域名

(5) 查询结果将显示，哪些域名已经被注册不能使用，哪些域名没有被注册可以使用，如图 9-22 所示，域名“yywxwz.com”可以注册使用。

图 9-22　“yywxwz.com”查询结果

(6) 如果所查询的域名已经被注册，则会显示无法进行注册。以“baidu.com”为例，查询结果如图 9-23 所示。

(7) 在图 9-22 所示的页面中，选中“yywxwz.com”域名，单击“立即注册”按钮，进入如图 9-24 所示页面并按要求填写表格信息。

≡ 域名建站 域名注册 ▾ 网站建设 ▾ 小程序 SSL 营销推广 ▾ 控制台 帮助 ▾ yywxgrwz123 ▾

域名注册 域名转入 域名包销包 价格体系 精品域名 心愿单 0

baidu .com 更多后缀

查询结果

baidu.com (已被注册)

精品域名推荐

h38.cn 10174 元 立即购买

2x8.cn 13505 元 立即购买

3ru.cn 13400 元 立即购买

全选 批量注册

图 9-23　“baidu.com”查询结果

oray 花生壳 向日葵 蒲公英VPN 域名建站 商城 企业定制 管理中心 客服中心 产品续费 yywxgr

产品购买

1注册人信息 2域名选配 3结算 4购买成功

注册.com域名，需注意以下事项：
详细注册规则
查看.com域名注册规则

Oray免费为.com/.net提供隐藏WHOIS信息服务，保护您的信息安全，您可以放心填写真实信息。
注册成功后，请进入【域名管理平台】手动开启此服务。

注册人类型： 个人 企业

请选择注册人模版： 新建域名注册人模板

域名所有人（中文）：

域名所有人（英文）：

国家/地区： CN - 中华人民共和国 省份 地级市

详细地址：

电话： 86 -

例：国话：86-02012345678 或手机：86-13000000000

邮箱：

域名所有人证件： 身份证

证件号码：

注：证件类型、证件号码，和域名实名认证时上传的证件必须一致

下一步

其他 图度 集成方案 成为分销商

关于 关于我们 招聘信息 建议反馈 联系我们

售前热线 020-62219018 (周一至周日 9:00-18:00)

关注

增值电信业务经营许可证：沪B2-20100004 网站备案：沪B2-20100004-1

Copyright © 2002-2020 Oray. All Rights Reserved

图 9-24　填写注册信息

注册完成并付费后，经过备案就可以使用了。

步骤 3　申请网站空间

注册域名以后，还需要获得网站空间。网站空间就是网站在网络中的“家”，也就是存储网站的网络空间。网站空间也称为虚拟主机，通常企业开发网站都不会自己架设服务器，而是选择虚拟主机空间作为放置网站内容的网站空间。网站空间能存放网站文件和资料，包括文档、数据库、网站的页面、图片等。

获得网站空间的方法有：购买自己的服务器、租用专用服务器或专用服务器上的空间、申请免费服务器空间。通常采用向服务器空间供应商租用空间的方法，把要发布的网站上传到自己租用的空间上，发布到 Internet。

小知识

网站建成之后，通常要购买一个网站空间来发布网站内容。选择网站空间时，需要考虑以下因素：

- 网站空间服务商的专业水平和服务质量。这是选择网站空间服务商的第一要素，如果选择了质量比较低下的空间服务商，则很可能会在网站运营中遇到各种问题，甚至经常出现网站无法正常访问的情况，或者遇到问题时很难得到及时的解决，这样都会严重影响网络营销工作的开展。
- 虚拟主机的网络空间大小、操作系统、对一些特殊功能（如数据库）等是否支持。可根据网站程序所占用的空间，以及预计以后运营中所增加的空间来选择虚拟主机的空间大小，应该留有足够的余量，以免影响网站正常运行。一般来说虚拟主机空间越大，价格也相应较高，因此，需要在一定范围内权衡，也没有必要购买过大的空间。虚拟主机可能有多种不同的配置，如操作系统和数据库配置等，需要根据自己网站的功能来进行选择，如果可能，最好在网站开发之前先了解一下虚拟主机产品的情况，以免在网站开发之后找不到合适的虚拟主机提供商。
- 网站空间的稳定性和速度。这些因素将影响网站的正常运作，需要有一定的了解，如果可能，最好在正式购买前，先了解一下同一台服务器上其他网站的运行情况。
- 网站空间的价格。现在提供网站空间服务的服务商很多，质量和服务也千差万别，价格同样有很大差异，一般来说，著名的大型服务商的虚拟主机产品价格要高些，而一些小型公司价格比较便宜，可根据网站的重要程度来决定选择哪种层次的虚拟主机服务商，但都必须具有《中华人民共和国增值电信业务经营许可证》。

为“悠悠我心的个人网站”申请网站空间，为了网站能够拥有较好的服务质量，选择申请付费空间。

以“美橙”云虚拟主机网站为例，登录“美橙”互联网站，在首页目录中选择“云服务器”菜单，进入“云服务器”页面中的“虚拟主机”选项，如图 9-25 所示。

进入“云虚拟主机自助选购”页面，填写相应信息并选择合适的付费选项，完成注册，即可获得空间的使用权。

图9-25　登录"美橙"网站

步骤4　网站的上传和下载

完成了上传前的准备工作后，需要把网站上传到Internet服务器。Dreamweaver提供了多种上传方式，通常使用FTP方式上传网站。

1. 管理站点，添加服务器

(1) 运行Dreamweaver，选择"站点"→"管理站点"命令，打开"管理站点"对话框，从列表框中选择"悠悠我心的个人网站"，单击"编辑当前选定的站点"按钮，弹出"站点设置对象"对话框。选取窗口左侧"服务器"类别，在窗口右侧选择"添加新服务器"按钮，添加一个新服务器，设置对话框参数，如图9-26所示。

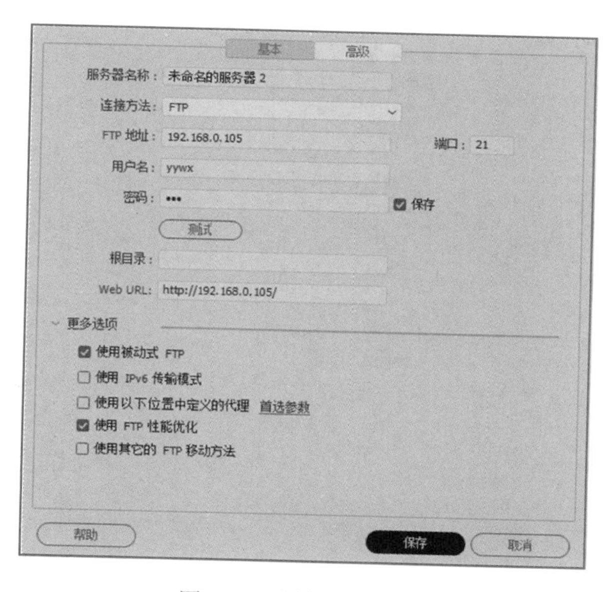

图9-26　添加新服务器

小知识

"服务器"类别"基本"选项卡参数介绍

- "服务器名称"：用于指定新服务器的名称，该名称可以是所选择的任何名称。
- "连接方法"：如果使用 FTP 连接到 Web 服务器，则选择"FTP"。

"FTP 地址""用户名""密码"等主要参数由服务器空间供应商提供。

- "FTP 地址"：输入要将网站文件上传到其中的 FTP 服务器的地址，即提供空间的服务器主机地址。
- "用户名"：输入登录提供空间的服务器的用户名。
- "密码"：输入登录提供空间的服务器的密码。
- "端口：21"：接收 FTP 连接的默认端口。
- "根目录"：用于输入远程存放网站的路径，如果没有特别规定，可以为空，服务器将根据账号自动进入专用的路径。
- 如果仍需要设置更多选项，需展开"更多选项"部分。
- "使用被动式 FTP"：使本地软件能够建立 FTP 连接，而不是请求远程服务器来建立它。如果不确定是否使用被动式 FTP，需向系统管理员确认，或者尝试选中和取消选中"使用被动式 FTP"选项。
- "使用 IPv6 传输模式"：如果使用的是启用 IPv6 的 FTP 服务器，需选择此选项。

(2) 设置"基本"选项后，单击"高级"按钮，设置如图 9-27 所示。

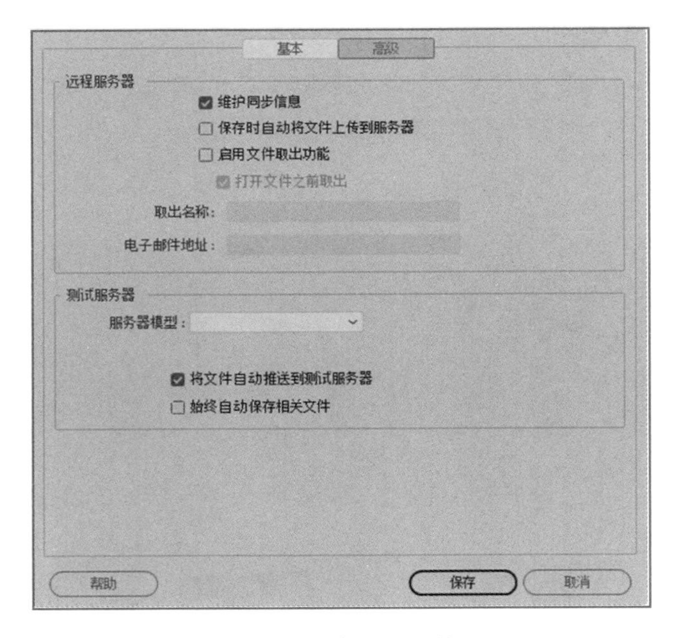

图 9-27　"高级"对话框

若选择“维护同步信息”,则自动同步本地和远程文件。(默认情况下选择该选项)

若选择“保存时自动将文件上传到服务器”,则表示在更新网页、模板等文件后,Dreamweaver将文件自动上传到服务器,使站点维护变得非常简单。

当多个人在协作环境中工作,可选中“启用文件取出功能”复选框。

若使用的是测试服务器,则需从“服务器模型”下拉列表框中选择一种服务器模型。

设置完成后,单击“基本”选项卡,回到“基本”设置界面。

(3) 单击“测试”按钮,测试成功后出现图9-28所示提示框。保存设置,完成站点编辑。

2. 上传网站

打开“文件”面板,如图9-29所示。

Dreamweaver

Dreamweaver 已成功连接到您的 Web 服务器。

确定

图9-28 连接成功提示

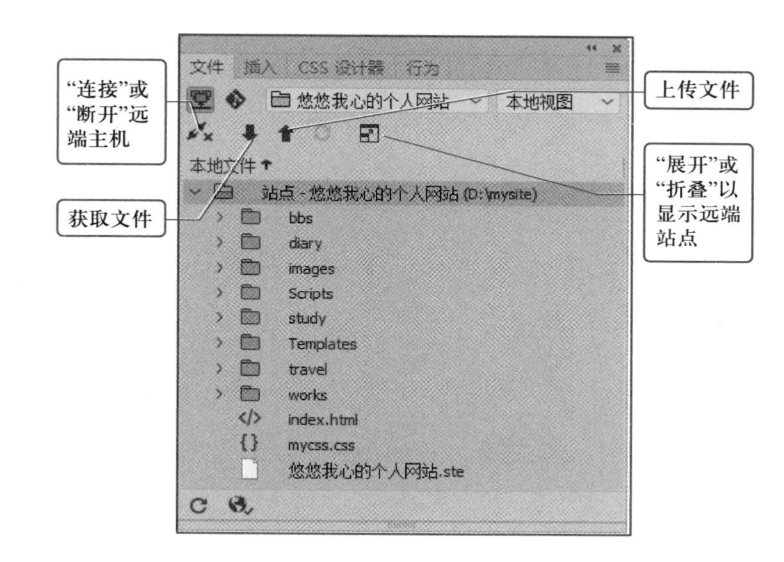

图9-29 “文件”面板

(1) 在“文件”面板中,单击“连接”按钮连接到远端主机,连接成功后,单击“展开”按钮,展开“文件”面板,如图9-30所示。左侧为“测试服务器”窗格,右侧为“本地文件”窗格。

(2) 选中本地站点中需要上传的文件或文件夹,单击“上传文件”按钮,或者用鼠标直接拖动文件到“远端站点”窗口中相应的文件夹上,进行文件上传。完成上传后,“本地文件”窗口中被选择上传的文件将出现在“远端站点”窗格中,如图9-31所示。至此,完成网站上传工作。

小知识

1. 下载文件

如图9-29所示,选择要下载的文件,单击“获取文件”按钮,即可将服务器中的文件下载到本地计算机中。

2. 网站维护

网站发布后,还要进行网站的后期维护工作,这项工作是网站长期顺利运转的保障。假若网站建成后，维护力度不够，信息更新工作滞后，建成的网站也就失去了它的意义。网站维护主要从以下几个方面入手。

第一，定时更新网站内容、备份网站数据；

第二，网站宣传，让更多的人知道网站；

第三，做好网站安全管理，防范黑客入侵网站，检查网站各个功能，如检查链接是否正常等。

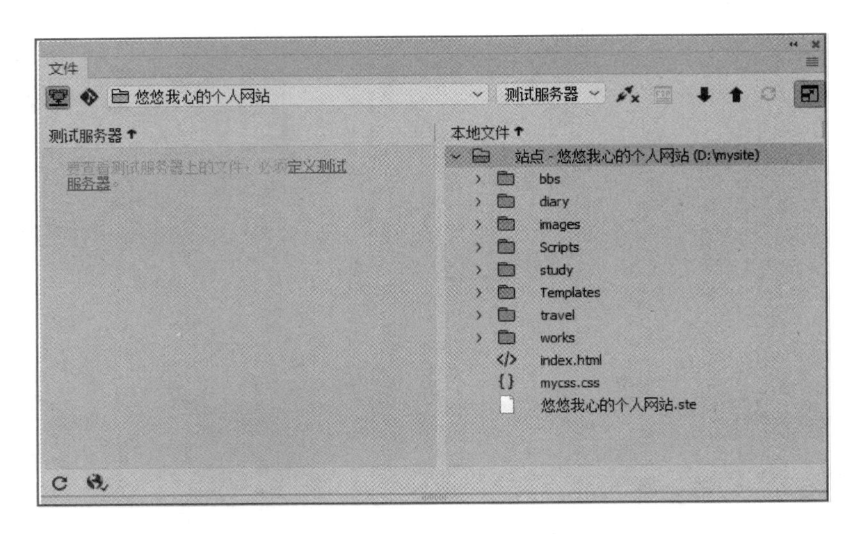

图 9-30　展开“文件”面板

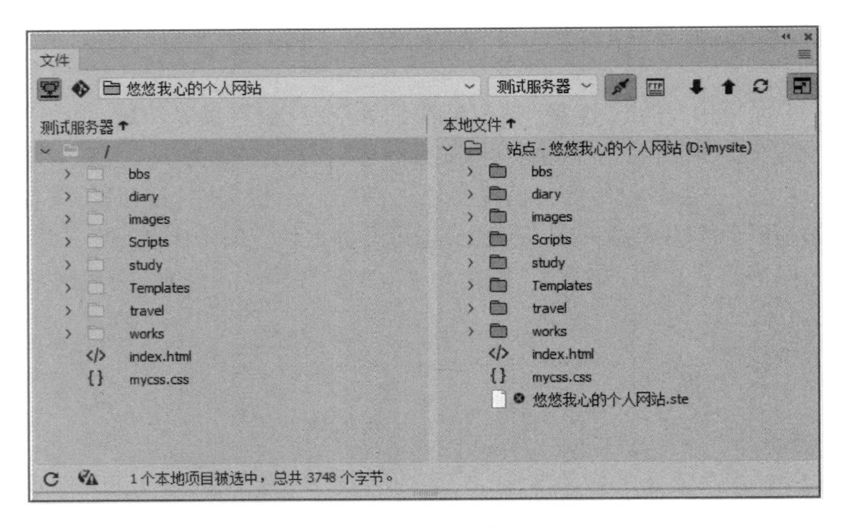

图 9-31　站点上传结果

步骤 5　推广个人网站

网站发布后，为了推广自己的网站，可以把本网站注册到搜索引擎中，以实现通过搜索引擎宣传推广本网站的目的。常见的搜索引擎有“搜狗”“百度”“360 搜索”“必应”等，下面以“搜狗”为例介绍搜索引擎的注册。在浏览器中打开搜狗引擎网站，单击“客户登录”按钮，打开登录页面，单击“注册”按钮，出现注册页面，如图 9–32 所示，按要求填写信息，填写完信息后单击“立即申请”按钮，完成申请。

图 9–32　搜索引擎注册页面

除了加入搜索引擎外，还可以采取以下几种常用的方法推广个人网站。

第一种方法是利用 QQ、微信等即时交流工具或电子邮件向自己的朋友、网友发信息，告诉大家你有自己的个人主页了。

第二种方法是参加论坛、BBS 或新闻组讨论，经常进入与网站主题相关的论坛，在论坛发言时，在签名档留下网站的名字及网址，利用自己的专业知识，为网友提供意见、分享经验、排忧解难，都会让自己网站的名字在网友中留下良好的印象，久而久之，网站的访问量也会随之增加。当然，参与论坛的讨论是一项长期而艰巨的任务，需要持之以恒。

第三种方法是在网站中提供免费服务，也会使网站的浏览量增加。

第四种方法是使用传统的媒介，如在名片上印上网站的网址，在报纸杂志上做广告等。

举一反三

（1）通过网络了解免费空间的获取方法，比较收费空间与免费空间，了解两者的区别。

（2）申请免费的网站空间，了解服务器的登录与连接方法。

（3）制作一个自己的个人网站，将网站上传到免费空间中，通过网络浏览该网站。

本单元知识梳理

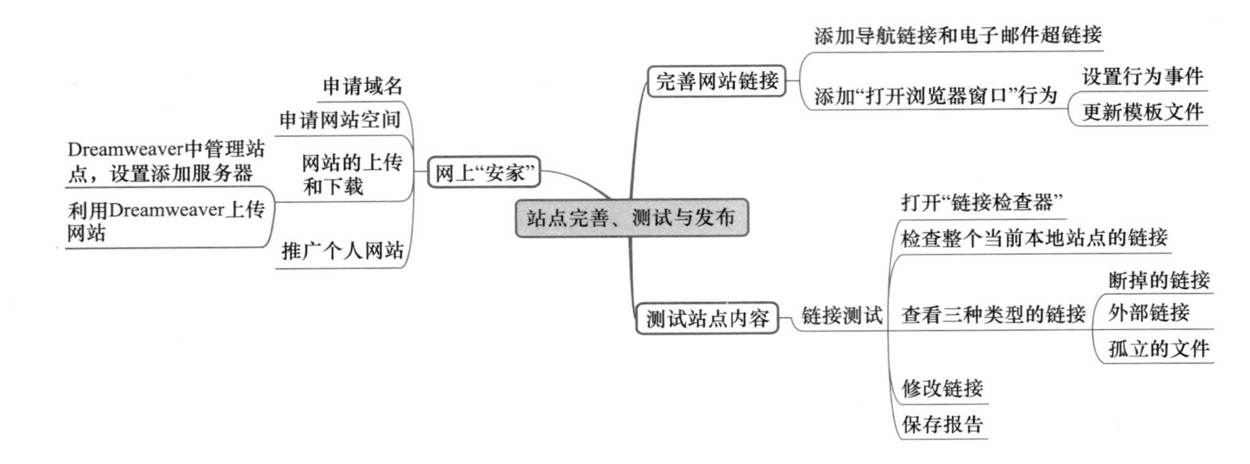
站点完善、测试与发布
网上“安家”
申请域名
申请网站空间
网站的上传和下载
Dreamweaver中管理站点，设置添加服务器
利用Dreamweaver上传网站
推广个人网站
完善网站链接
添加导航链接和电子邮件超链接
添加“打开浏览器窗口”行为
设置行为事件
更新模板文件
测试站点内容
链接测试
打开“链接检查器”
检查整个当前本地站点的链接
查看三种类型的链接
断掉的链接
外部链接
孤立的文件
修改链接
保存报告

第 10 单元

制作企业网站

在实际开发过程中,很多网站都是应用 Div+CSS 进行网页布局。Div+CSS 布局更灵活、载入速度更快、改版更方便,所以越来越受到广大网页制作者青睐。本单元将通过制作一个“数码新天地有限公司”的企业网站,详细介绍使用 Div+CSS 布局页面的知识和技巧。

Div+CSS 布局有着很多的优点,但是浏览器兼容性问题比较突出,Div+CSS 布局的网页在部分浏览器中会出现异常。本网站在 Internet Explorer 11、Firefox、Chrome 等主流浏览器下通过测试。

任务1 网 站 规 划

任务描述

通过与客户“数码新天地有限公司”有关人员进行沟通,确定网站功能、网站名称、网站栏目、网站结构和网站风格。

自己动手

步骤 1 确定网站功能及名称

所要制作的网站是一个企业网站,是企业面向新老客户、业界人士及全社会的窗口,制作网站的目的是便于社会全面了解本企业及其产品。根据客户这种要求,规划本网站要具有“公司简介”“公司产品”“最新资讯”“在线留言”“人才招聘”等功能,其中“公司产品”是网站的重要版块。根据客户的公司名称和网站主要展示的产品,确定将网站命名为“数码新天地”,网站的宣传标语为“数字幸福生活”。

步骤 2　划分网站栏目并确定网站结构

根据对网站功能及内容的分析，把该网站划分为 7 个栏目："首页""公司简介""公司产品""最新资讯""在线留言""人才招聘"和"联系我们"，具体结构如图 10-1 所示。

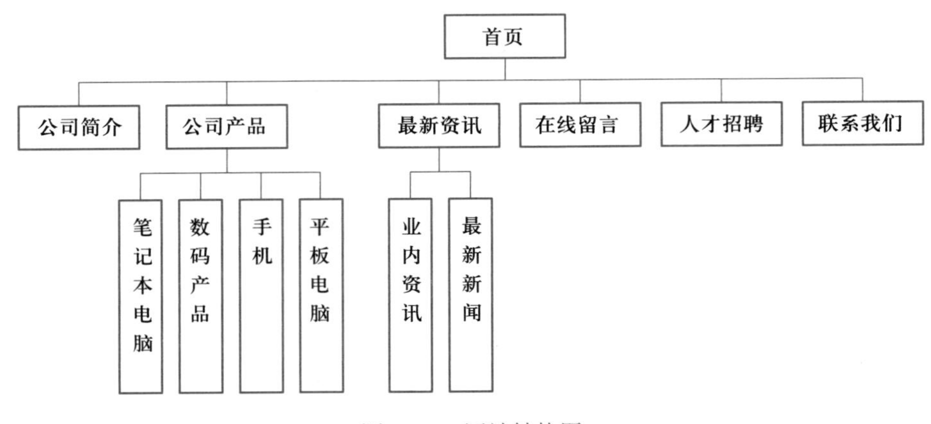

图 10-1　网站结构图

步骤 3　素材收集

网页制作过程中，素材收集是非常重要的，通常情况下素材的来源主要有以下几种。

(1) 客户提供的素材：主要是与产品或企业相关的图片、文字和视频，如产品外观图等。

(2) 网上收集的素材：主要是一些与网站主题相关的辅助性图片，这些图片的装饰性较强，如背景图、按钮图等。

(3) 独自创作的素材：设计师根据网站实际情况，利用相关软件自行设计制作的素材。

步骤 4　确定网站风格并完成网站效果图

经过与客户沟通，确定本网站主色调为蓝色，主体文字颜色为灰黑色(#333333)，大小为 12 px，显示内容宽度为 1 000 px。网站首页效果如图 10-2 所示，公司简介效果如图 10-3 所示，其他页面和公司简介页面风格一致。

步骤 5　网站制作思路

确定了网站的结构和风格后，开始着手制作网站，本网站实际制作过程分为以下步骤：

(1) 根据网站的结构和内容创建站点及站点目录。

(2) 创建 CSS 样式文件，以便在页面中控制 Div 及各元素样式。

(3) 对网站效果图进行切图，获得按钮图片、修饰图片、背景图片等。

(4) 创建网站首页文件"index.html"。

(5) 创建网站的模板文件"page.dwt"，统一网站中各栏目的风格。

(6) 根据模板，创建"公司简介""公司产品""最新资讯"等栏目页面。

图 10-2 网站首页效果图

图 10-3 “公司简介”网页效果图

创建本网站的各个页面时，其中有些超链接的目标文件还没有建立，遇到这种情况时，直接输入链接目标的路径，指定链接文件，在之后的任务中再创建该目标文件即可。

任务 2　创建站点及站点目录

任务描述

在 Dreamweaver 中创建网站的站点，对网站内的文件进行分类，确定网站目录结构。

自己动手

步骤 1　创建站点

运行 Dreamweaver，选择"站点"→"新建站点"命令，弹出"站点设置对象"对话框，在"站点"类别中设置"站点名称"为"Website"，本地站点文件夹为"D:\Website"，单击"保存"按钮，站点创建完毕。

步骤 2　创建站点目录

在开始制作网站各页面之前，要先把网站的目录结构设计并创建出来，见表 10-1，先创建"CSS"文件夹，然后把本单元素材文件夹中的"images"文件夹复制到"D:\Website"。需要注意的是，不必创建首页文件"index.html"和模板文件夹"Templates"，它们在网站制作过程中创建。

表 10-1　站点目录结构

根目录	文件及文件夹名称	文件及文件夹内容说明
D:\Website	index.html	首页文件
	CSS	存放 CSS 文件
	images	存放网站所用的图像文件
	Templates	存放网站模板（保存模板文件时自动创建）

任务3　创建样式表文件

任务描述

本任务将创建3个CSS样式表文件，即“CSS.css”“DIV.css”和“DIV_DWT.css”。其中“CSS.css”是文字等对象的常用样式表文件，“DIV.css”是首页布局样式表文件，“DIV_DWT.css”是模板及其他页面的布局样式表文件。

自己动手

步骤1　新建HTML页面

打开“Website”站点，新建一个HTML页面“index.html”，保存在网站根目录“D:\Website”文件夹中。

步骤2　新建CSS文件

选择“文件”→“新建”命令，弹出“新建文档”对话框，在“新建文档”类别中“文档类型”列表中选择“{}CSS”，如图10-4所示，单击“创建”按钮，新建一个CSS文件“CSS.css”，保存在“D:\Website\CSS”文件夹中。

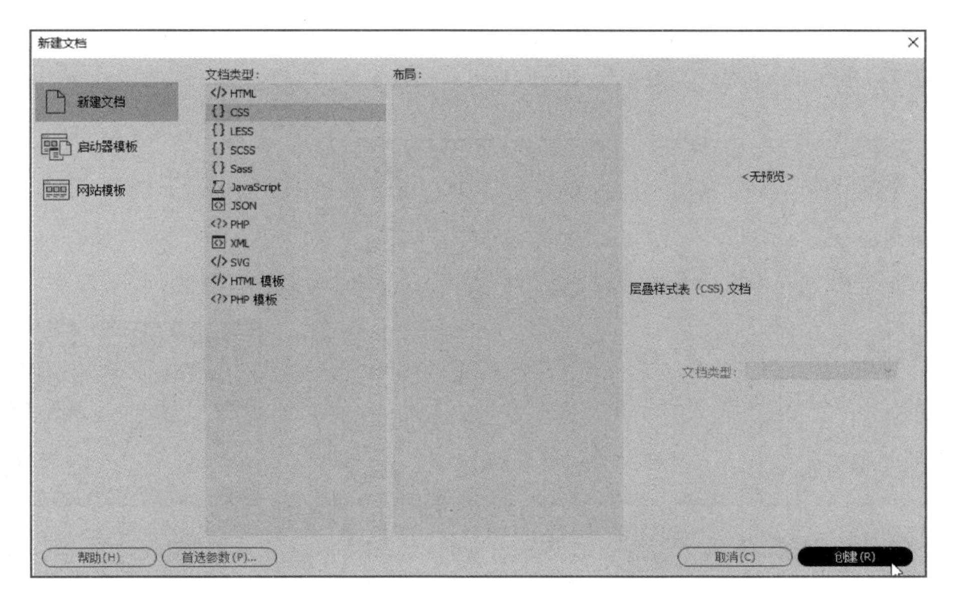

图10-4　创建CSS文件

使用同样方法创建“DIV.css”和“DIV_DWT.css”两个文件，均保存在“D:\Website\CSS”文件夹中。

样式表文件中的具体 CSS 规则将在后续内容中创建。

步骤 3　附加 CSS 文件

打开“index.html”文件，在“CSS 设计器”面板的“源”窗格中的单击“添加 CSS 源”按钮⊞，在弹出的列表中选择“附加现有 CSS 文件”命令，如图 10–5 所示，打开“使用现有的 CSS 文件”对话框，单击“文件 /URL”后面的“浏览”按钮，选择“CSS.css”文件，单击“确定”按钮，回到“使用现有的 CSS 文件”对话框，“添加为”选择“链接”，最后单击“确定”按钮，把“CSS.css”文件链接到“index.html”文件中。用同样方法把“DIV.css”文件链接到“index.html”文件中。

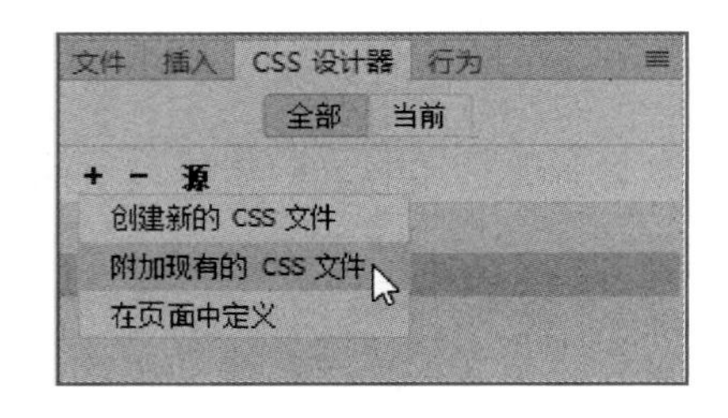

图 10–5　附加现有 CSS 文件

步骤 4　创建 CSS 规则

1. 设置网站元素的边框、边界和填充样式

在“CSS 设计器”面板中的“源”窗格中选择“CSS.css”，单击“选择器”窗格中的“添加选择器”按钮⊞，在弹出的文本框中输入“*”（表示页面中所有元素将应用该规则），按回车键，如图 10–6 所示。

在“属性”窗格中设置 padding（填充）、margin（边界）全部为“0 px”，如图 10–7 所示。设置所有 border（边框）的 width（宽）为“0 px”，如图 10–8 所示。

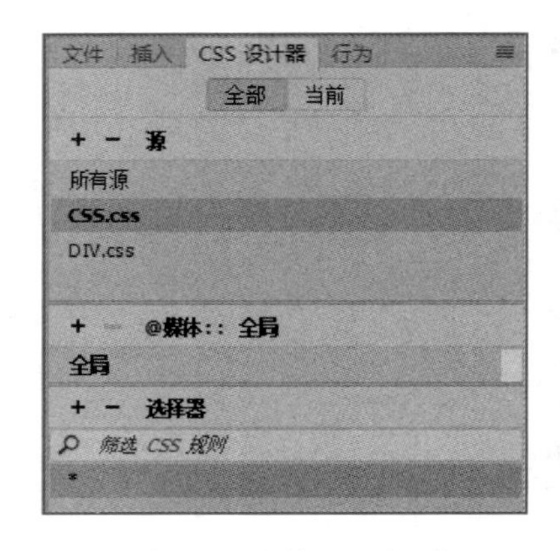

图 10–6　添加“*”规则

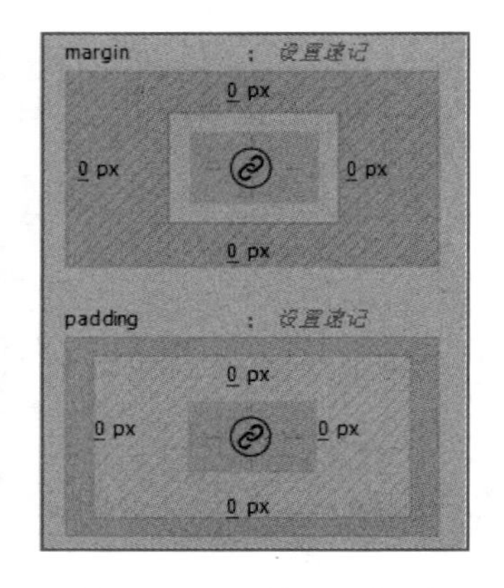

图 10–7　“* 的 CSS 规则定义”布局属性设置

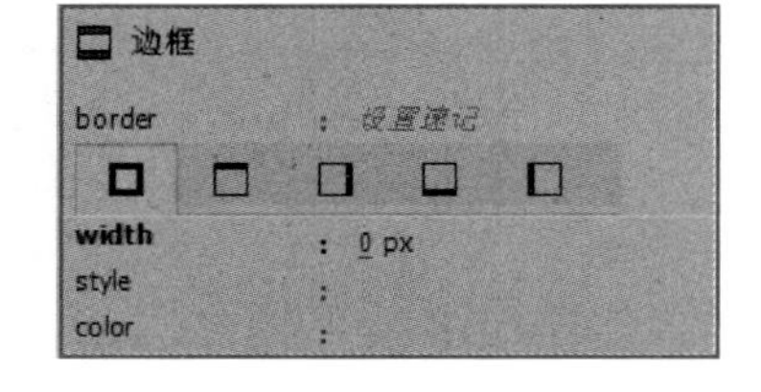

图 10–8　“* 的 CSS 规则定义”边框属性设置

2. 设置“body”标签样式

用同样的方法在“CSS.css”文件中创建“body”规则。在“CSS 设计器”面板中的“选择器”窗格中选择“body”，在“属性”窗格中设置 font-family（字体）为“宋体”，font-size（字体大小）

为“12 px”，color（字体颜色）为“#333333”，如图 10–9 所示。

3. 设置超链接（a）的样式

用同样的方法在“CSS.css”文件中创建“a”规则。在“CSS 设计器”面板中的“选择器”窗格中添加“a”，在“属性”窗格中设置 font-size（字体大小）为“12 px”，color（字体颜色）为“#7A7A7A”，text-decoration（文本修饰）为“none”（无，使链接文字无下划线）。

4. 设置超链接（a:hover）的样式

用同样的方法在“CSS.css”文件中创建“a:hover”规则。在“CSS 设计器”面板中的“选择器”窗格中添加“a:hover”，在“属性”窗格中设置 color（字体颜色）为“#AAAAAA”（设置鼠标指向链接文本时改变文本颜色）。

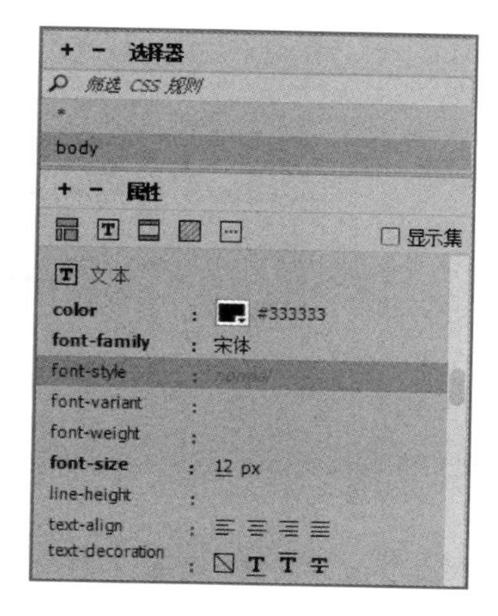

图 10–9　“body 的 CSS 规则定义”对话框

任务 4　制作网站首页

任务描述

对网站首页效果图进行切图，获得相关图片，然后对照网站首页效果图，使用“Div+CSS”技术，按首页头部、中部、底部 3 个步骤制作网站首页。

自己动手

步骤 1　切图

使用 Photoshop 软件对网站效果图进行切图，获得按钮图片、修饰图片、背景图片等。切出的图片存放到本单元素材文件夹中的“images”文件夹中，直接使用即可。

步骤 2　制作首页头部

（1）打开首页“index.html”，设置页面标题为“数码新天地”，切换到“设计”视图，将光标置于文档窗口中，选择“插入”→“Div”命令，打开“插入 Div”对话框，在“ID”组合框中输入“top”，如图 10–10 所示。单击“新建 CSS 规则”按钮，打开“新建 CSS 规则”对话框，“选择器名称”输入“#top”，“规则定义”选择“DIV.css”文件，如图 10–11 所示。单击“确定”按钮，打开“#top 的 CSS 规则定义(在 Div.css 中)”对话框，设置“类型”选项中 Font-family（字体）为“宋体”，Line-height（行高）为“20 px”；“区块”选项中 Text-align（文本对齐）为“right（右对齐）”；“方框”选项中 Width（宽）为“1 000 px”，Height(高)为“25 px”，Margin(边界)全部为“auto(自动)”，单击“确定”按钮，返回“插入 Div”对话框，再次单击“确定”按钮，在页面中插入 ID 为“top”的 Div。

（2）删除 ID 为“top”的 Div 中的默认文字，插入一个表单“form1”，在表单中输入文字“HOME | EMAIL | QQ | TEL | ENGLISH | CHINESE”，在文字后插入一个 name 为“txtquery”的文本字段和一

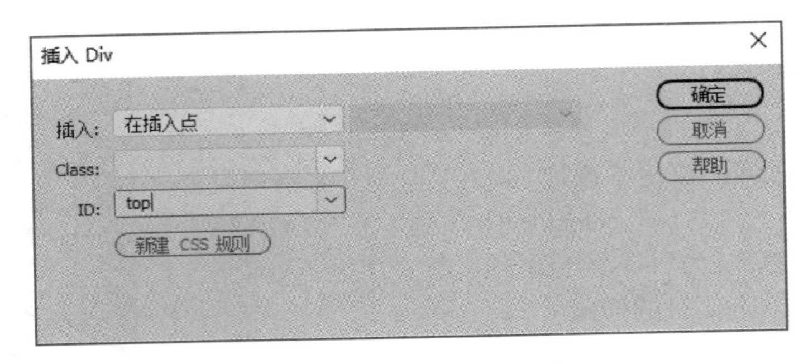

图 10–10　“插入 Div”对话框

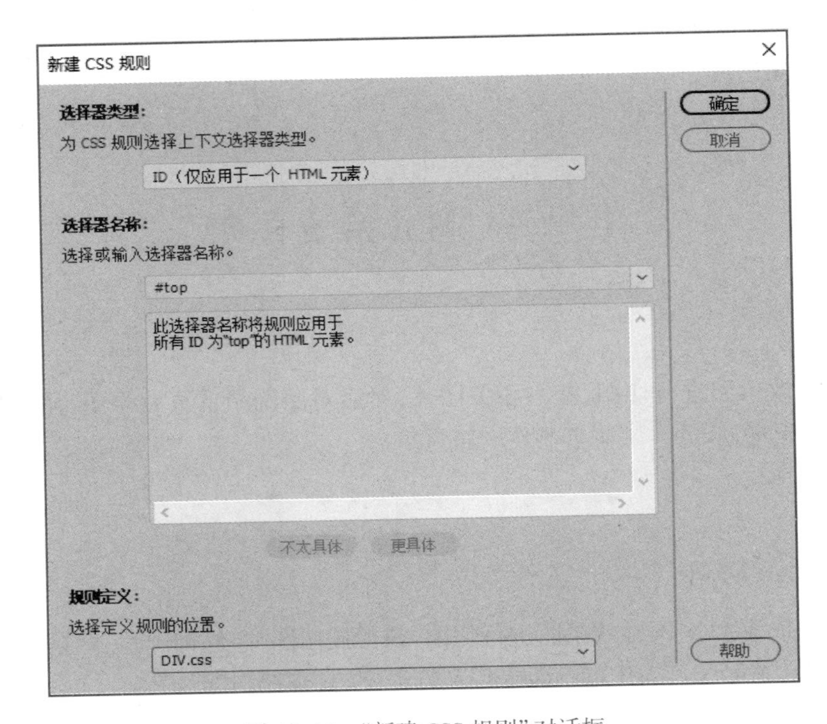

图 10–11　“新建 CSS 规则”对话框

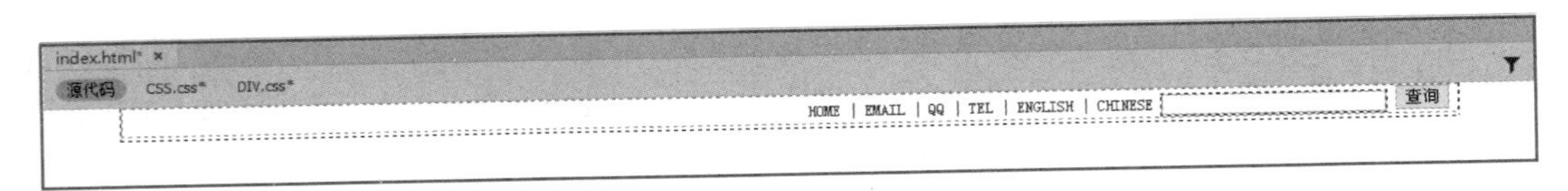

图 10–12　在 ID 为“top”的 Div 中添加内容

个 name 为“btnquery”的按钮，设置按钮的值为“查询”，如图 10–12 所示。

(3) 创建自定义“类”规则“.text1”。在“CSS 设计器”面板中的“源”窗格中选择“CSS.css”，单击“选择器”窗格中的“添加选择器”按钮，在弹出的文本框中输入“.text1”，如图 10–13 所示。

在“CSS 设计器”面板中的“选择器”窗格中选择“.text1”，在“属性”窗格中设置 font-size（字体大小）为“10 px”，color（字体颜色）为“#CCCCCC”，line-height（行高）为“15 px”；border（边框）全

部 style（样式）为“solid（实线）”、width（宽）为“1 px”、color（颜色）为“#CCCCCC”；width（宽）为“100 px”，height（高）为“15 px”，margin（边界）左为“20 px”。

同理，在“CSS.css”文件中创建自定义“类”规则“.btn1”：font-size（字体大小）为“10 px”；background-image（背景图）为“images\btn1.png”文件，background-repeat（背景图像重复方式）为“no-repeat（不重复）”；width（宽）为“45 px”，height（高）为“20 px”，padding（填充）Left（左）为“10 px”；border-style（边框样式）全部为“none（无）”。

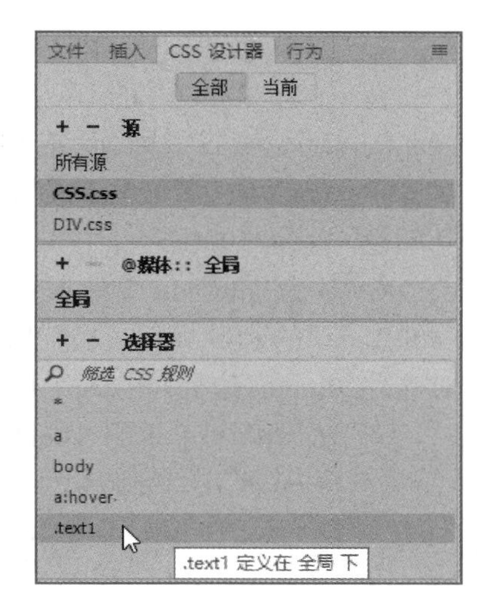

图 10-13　添加“.text1”规则

之后，为文本框“txtquery”应用规则“.text1”，按钮“btnquery”应用规则“.btn1”，效果如图 10-14 所示。

（4）在 ID 为“top”的 Div 后插入 ID 为“top1”的 Div，选择“新建 CSS 规则”，在“DIV.css”文件中创建名为“#top1”的 CSS 规则（方法参照图 10-11 所示），设置 Width（宽）为“1 000 px”，Height（高）为“85 px”，Margin（边界）Top（上）为“5 px”、Left（左）为“−500 px”；position（定位类型）为“absulote（绝对）”，Placement（置入位置）Left（左）为“50%”，z-index（Z− 轴）为“1”（在 Z 轴方向不只是一个元素）。

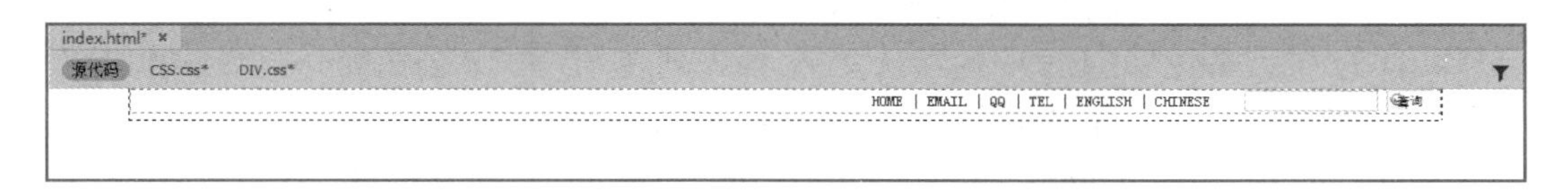

图 10-14　为表单元素应用 CSS 规则

（5）删除 ID 为“top1”的 Div 中的默认文字，在其中插入一个 ID 为“logo”的 Div。同理，在“DIV.css”文件中创建一个名为“#logo”的 CSS 规则，设置 Width（宽）为“145 px”，Height（高）为“45 px”，Float（浮动）为“left（左对齐）”，Margin（边界）Left（左）为“55 px”。然后删除 ID 为“logo”的 Div 中的默认文字，在其中插入“images\logo.png”文件。效果如图 10-15 所示。

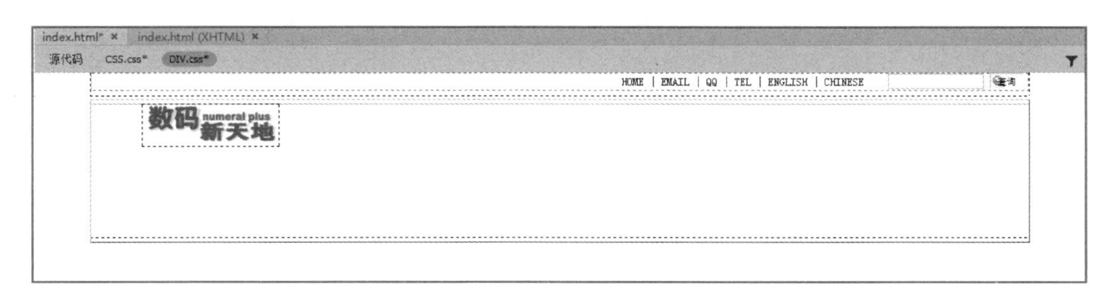

图 10-15　插入 logo 图像

（6）在 ID 为“logo”的 Div 后插入 ID 为“dhLeft”的 Div，在“DIV.css”文件中创建名为“#dhLeft”的 CSS 规则，设置 Width（宽）为“17 px”，Height（高）为“30 px”，Float（浮动）为“left（左对齐）”，

Margin(边界)中 Top(上)为“5 px”、Left(左)为“65 px”。

在 ID 为“dhLeft”的 Div 后插入 ID 为“dhCenter”的 Div，在“DIV.css”文件中创建名为“#dhCenter”的 CSS 规则，设置 Width(宽)为“665 px”，Height(高)为“30 px”，Float(浮动)为“left(左对齐)”，Margin(边界)中 Top(上)为“5 px”；Line-height(行高)为“30 px”，Background-color(背景颜色)为“#3690C4”。

在 ID 为“dhCenter”的 Div 后插入 ID 为“dhRight”的 Div，并在“DIV.css”文件中创建名为“#dhRight”的 CSS 规则，设置 Width(宽)为“17 px”，Height(高)为“30 px”，Float(浮动)为“left(左对齐)”，Margin(边界)中 Top(上)为“5 px”。

(7) 在“DIV.css”文件中创建以下规则。

“#dhCenter li”规则：设置 Height(高)为“30 px”，Float(浮动)为“left(左对齐)”；List-style-type(列表样式)为“none(无)”，Text-align(文本对齐)为“center(居中)”；右边框为“solid(实线)”“1 px”，边框颜色为“#C0C0C0”。

“#dhCenter .lino”规则：设置右边框为“0 px”，其他属性与“#dhCenter li”相同。

“#dhCenter li a”规则：设置 Color(字体颜色)为“#FFFFFF”，Float(浮动)为“left(左对齐)”，Width(宽)为“91 px”；单击“更多”按钮，将 Cursor(光标类型)添加为“pointer(指示链接的指针)”。

“#dhCenter li a:hover”规则：设置 Color(字体颜色)为“#FFFFFF”，Background-color(背景颜色)为“#54B8EB”。

(8) 删除 ID 为“dhLeft”的 Div 中的默认文字，在其中插入“images\bg_daohangL.png”文件。

删除 ID 为“dhCenter”的 Div 中的默认文字，插入列表“首页”“公司简介”“公司产品”“最新资讯”“在线留言”“人才招聘”“联系我们”并分别设置超链接到“index.html”“jianjie.html”“chanpin.html”“zixun.html”“liuyan.html”“rencai.html”“lianxi.html”，代码视图显示如图 10–16 所示。

```
<div id="dhCenter">
  <ul>
    <li><a href="index.html" src="">首页</a></li>
    <li><a href="jianjie.html" src="">公司简介</a></li>
    <li><a href="chanpin.html" src="">公司产品</a></li>
    <li><a href="zixun.html" src="">最新资讯</a></li>
    <li><a href="liuyan.html" src="">在线留言</a></li>
    <li><a href="rencai.html" src="">人才招聘</a></li>
    <li class="lino !important"><a href="lianxi.html" src="">联系我们</a></li>
  </ul>
</div>
```

图 10–16 导航文字

删除 ID 为“dhRight”的 Div 中的默认文字，在其中插入“images\bg_daohangR.png”文件。按 F12 预览，效果如图 10–17 所示。

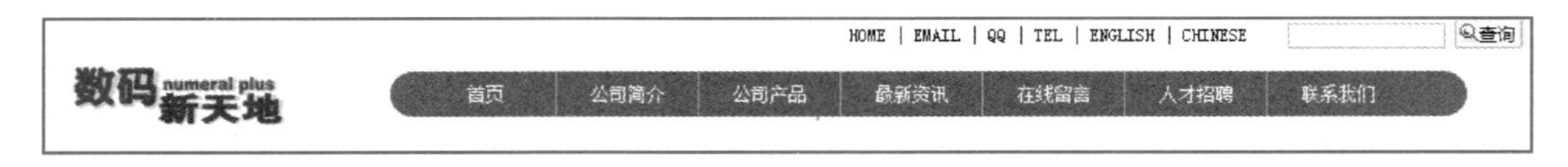

图 10–17 首页头部效果

步骤 3 制作首页中部

(1) 在 ID 为“top1”的 Div 后插入 ID 为“main”的 Div，在“DIV.css”文件中创建一个名为“#main”的 CSS 规则，设置 Width(宽)为“926 px”，Height(高)为“480 px”，Padding(填充)中 Top(上)为“92 px”、Left(左)和 Right(右)均为“38 px”，Margin(边界)全部为“auto(自动)”。

(2) 删除 ID 为“main”的 Div 中的默认文字，在其中插入 ID 为“left”的 Div，在“DIV.css”文件中创建名为“#left”的 CSS 规则，设置 Width(宽)为“210 px”，Height(高)为“480 px”，Float(浮动)为“left(左对齐)”。

(3) 删除 ID 为“left”的 Div 中的默认文字，在其中插入 ID 为“left1”的 Div，在“DIV.css”文件中创建一个名为“#left1”的 CSS 规则，设置 Width(宽)为“210 px”，Height(高)为“136 px”，Margin(边界)中 Top(上)为“40 px”。

在 ID 为“left1”的 Div 后插入 ID 为“left2”的 Div，在“DIV.css”文件中创建一个名为“#left2”的 CSS 规则，设置 Width(宽)为“210 px”，Height(高)为“150 px”，Margin(边界)中 Top(上)为“20 px”。

在 ID 为“left2”的 Div 后插入 ID 为“left3”的 Div，在“DIV.css”文件中创建一个名为“#left3”的 CSS 规则，设置 Width(宽)为“210 px”，Height(高)为“35 px”，Margin(边界)中 Top(上)为“30 px”。

(4) 删除 ID 为“left1”“left2”“left3”的 Div 中的默认文字，在其中分别插入“images\company.png”“images\left_img1.png”“images\left_img2.png”文件。按 F12 预览，效果如图 10-18 所示。

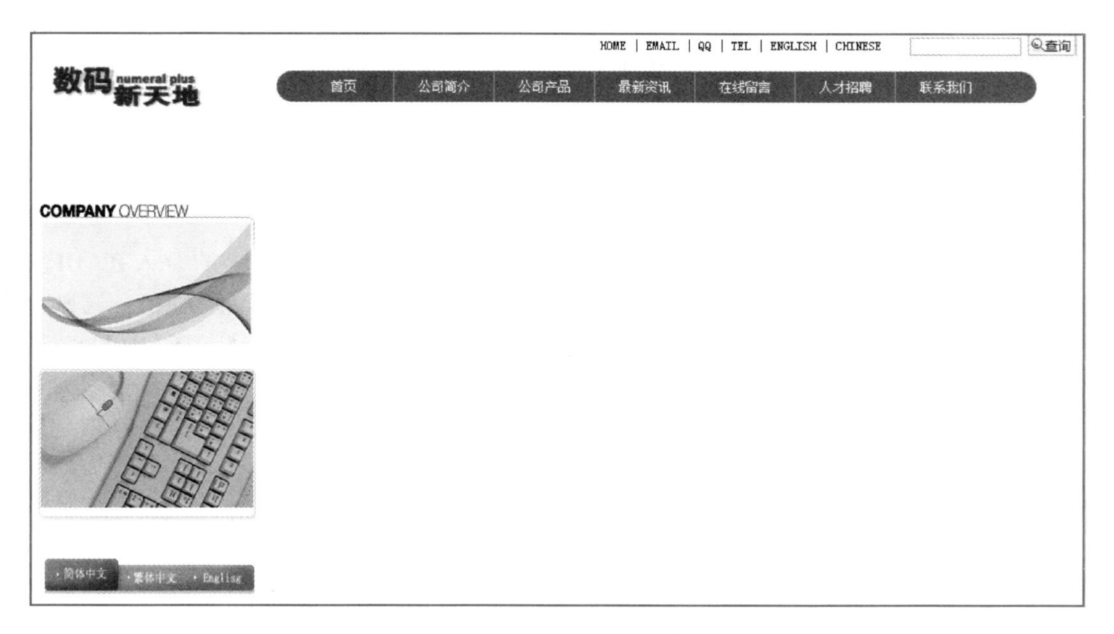

图 10-18 在 ID 为“left”的 Div 中添加内容效果

(5) 在 ID 为“left”的 Div 后插入 ID 为“center”的 Div，在“DIV.css”文件中创建名为“#center”的 CSS 规则，设置 Width(宽)为“470 px”，Height(高)为“480 px”，Float(浮动)为“left(左对齐)”。

(6) 删除 ID 为“center”的 Div 中的默认文字，插入“images\center_img1.png”文件。在“DIV.css”文件中创建名为“#center img”（从名称上就能看出这是一个复合规则，代表名为“center”的 Div 中的所有图像类型元素都应用这个规则）的 CSS 规则，设置 Margin（边界）中 Top（上）为“20 px”、Left（左）为“28 px”。按 F12 预览，效果如图 10-19 所示。

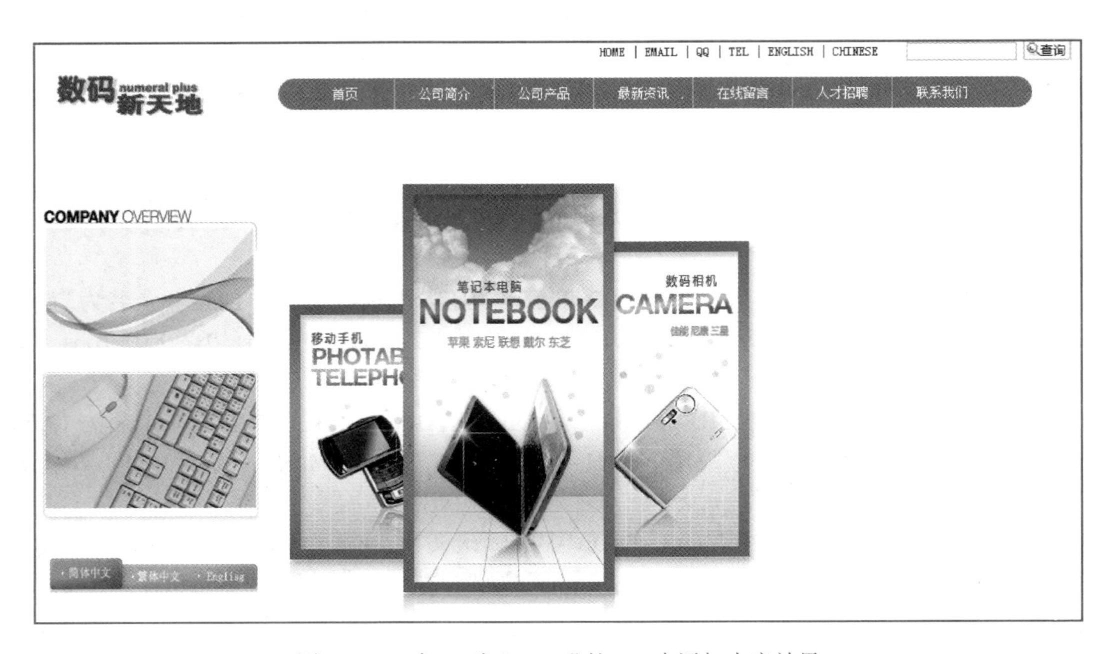

图 10-19　在 ID 为“center”的 Div 中添加内容效果

(7) 在 ID 为“center”的 Div 后插入 ID 为“right”的 Div，在“DIV.css”文件中创建一个名为“#right”的 CSS 规则，设置 Width（宽）为“245 px”，Height（高）为“470 px”，Float（浮动）为“left（左对齐）”，Margin（边界）中 Top（上）为“10 px”。

(8) 删除 ID 为“right”的 Div 中的默认文字，在其中插入 ID 为“right1”的 Div，在“DIV.css”文件中创建名为“#right1”的 CSS 规则，设置 Width（宽）为“245 px”，Height（高）为“50 px”，Float（浮动）为“left（左对齐）”，position（定位类型）为“relative（相对）”，Placement（置入位置）中 Left（左）为“−30 px”。

在 ID 为“right1”的 Div 后插入一个 ID 为“right2”的 Div，在“DIV.css”文件中创建名为“#right2”的 CSS 规则，设置 Width（宽）为“245 px”，Height（高）为“35 px”，Float（浮动）为“left（左对齐）”，Margin（边界）中 Top（上）为“20 px”。

在 ID 为“right2”的 Div 后插入一个 ID 为“right3”的 Div，在“DIV.css”文件中创建名为“#right3”的 CSS 规则，设置其 Width（宽）为“245 px”，Height（高）为“100 px”，Float（浮动）为“left（左对齐）”，Margin（边界）中 Top（上）为“5 px”。

在 ID 为“right3”的 Div 后插入一个 ID 为“right4”的 Div，在“DIV.css”文件中创建名为“#right4”的 CSS 规则，设置 Width（宽）为“245 px”，Height（高）为“225 px”，Float（浮动）为“left（左对齐）”，Margin（边界）中 Top（上）为“15 px”。

(9) 删除 ID 为“right1”“right2”和“righ4”的 Div 中的默认文字，在其中分别插入“images\right_img1.png”“images\right_img2.png”和“images\right_img3.png”文件，删除 ID 为“right3”的 Div 中的默认文字，按 F12 预览，效果如图 10-20 所示。

图 10-20　在 ID 为“right”的 Div 中添加内容效果

(10) 在“right3”的 Div 中插入一个四行的项目列表，列表项内容如图 10-21 所示，并为每个列表项添加超链接，链接到“#”。在“DIV.css”文件中创建一个名为“li”的 CSS 规则，规则类型为“标签(重新定义 HTML 元素)”，设置 Line-height(行高)为“20 px”，Color(字体颜色)为“#F60”，List-style-position(列表位置)为“outside(外)”；Margin(边界)中 Left(左)为“40 px”。按 F12 预览，效果如图 10-21 所示。

步骤 4　制作首页底部

(1) 在 ID 为“main”的 Div 后插入 ID 为“bottom”的 Div，在“DIV.css”文件中创建一个名为“#bottom”的 CSS 规则，设置 Width(宽)为“1 000 px”，Height(高)为“58 px”，Margin(边界)全部为“auto(自动)”；Background-image(背景图像)为“images\bg_bottom.png”文件、Background-repeat(背景重复)为“no-repeat(不重复)”。

(2) 删除 ID 为“bottom”的 Div 中的默认文字，在其中插入一个 ID 为“bottom_left”的 Div，在“DIV.css”文件中创建名为“#bottom_left”的 CSS 规则，设置 Font-family(字体)为“宋体”，Line-height(行高)为“20 px”，Width(宽)为“400 px”，Height(高)为“40 px”，Float(浮动)为“left(左对齐)”，Margin(边界)中 Top(上)为“10 px”、Left(左)为“25 px”。

在 ID 为“bottom_left”的 Div 后插入一个 ID 为“bottom_right”的 Div，在“DIV.css”文件中创建名为“#bottom_right”的 CSS 规则，设置 Width(宽)为“140 px”，Height(高)为“20 px”，Float(浮动)

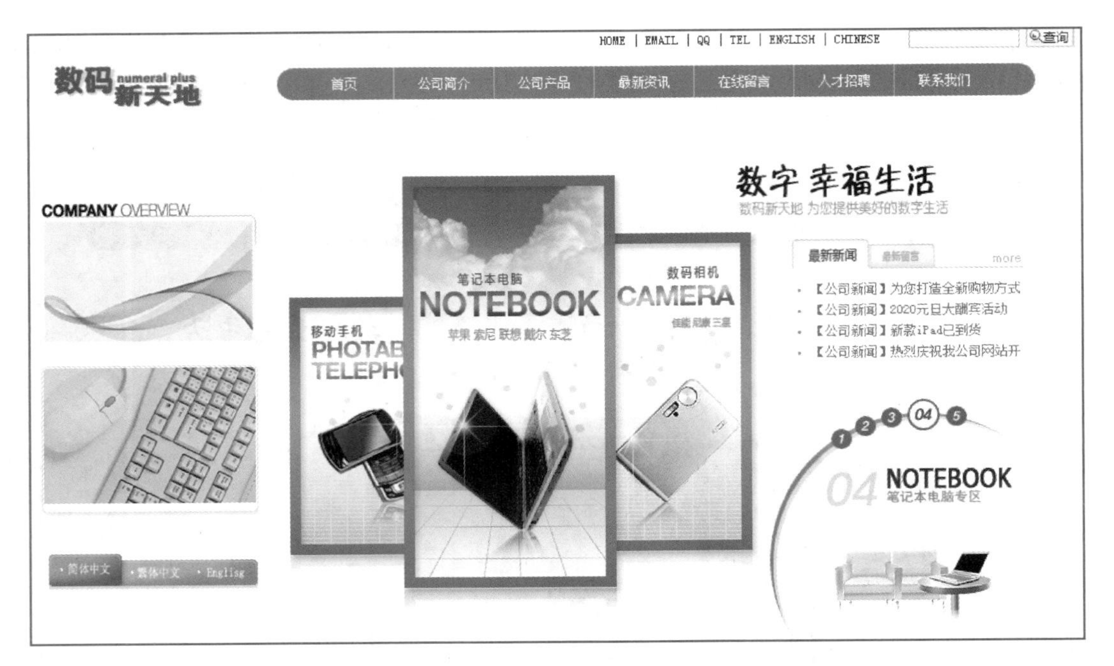

图 10-21　在 ID 为“right3”的 Div 中添加内容效果

为“right(右对齐)”,Margin(边界)中 Top(上)为“10 px”、Right(右)为“25 px”。

(3) 删除 ID 为“bottom_left”的 Div 中的默认文字,输入“首页 | 帮助 | 公司简介 | 产品 | 人事资源 | 联系我们”,换行再输入“COPYRIGHT 2011HANLITAO .ALL RIGHTS RESERVED”。

(4) 删除 ID 为“bottom_right”的 Div 中的默认文字,选择“插入”→“表单”→“选择”命令,在其中插入 ID 为“sel”的菜单,菜单列表值为:“请选择要跳转的页面”“首页”“公司简介”“最新产品”“在线留言”“技术支持”“联系我们”,初始化时选定“请选择要跳转的页面”。在“CSS.css”文件中创建名为“.sel1”的自定义“类”规则,设置 Width(宽)为“140 px”,Height(高)为“20 px”;Color(字体颜色)为“#999”;Border(边框)样式全部为“solid(实线)”、宽度为“1 px”、颜色为“#999”。设置 ID 为“sel”的菜单应用规则“.sel1”。按 F12 预览,首页底部效果如图 10-22 所示。

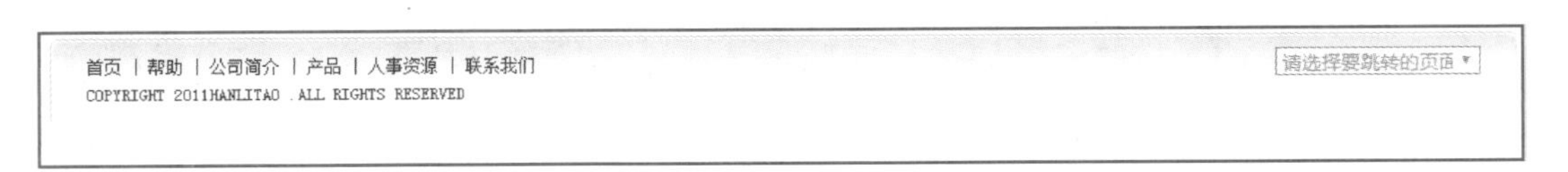

图 10-22　首页底部效果

(5) 保存文件,完成网站首页的制作。

任务 5　制作网站模板

任务描述

本网站“公司简介”“公司产品”“最新资讯”“在线留言”等网页风格一致，页面的上、下、中左 3 部分内容完全相同，只有页面中右部的内容有所区别。本任务为上述网页的通用部分及内容创建模板文件“page.dwt”。

自己动手

步骤 1　新建模板文件

（1）选择“文件”→“新建”命令，打开“新建文档”对话框，在“新建文档”类别“文档类型”列表中选择“</>HTML 模板”，布局选择“< 无 >”，如图 10–23 所示，单击“创建”按钮。

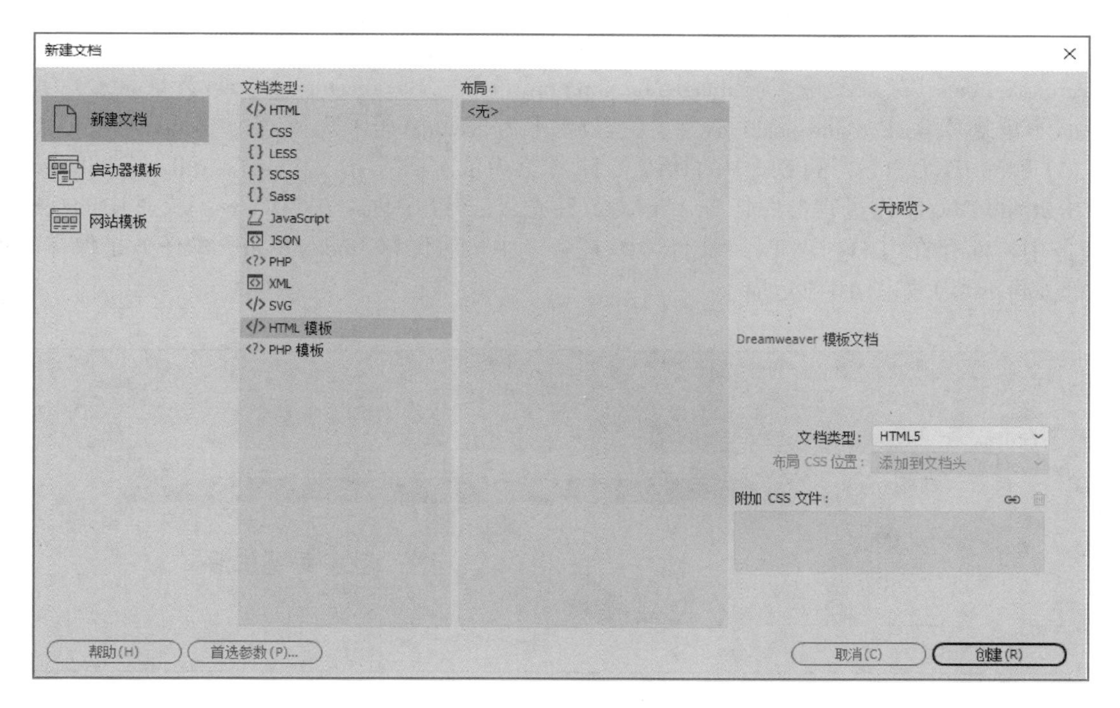

图 10–23　新建网站模板

（2）设置页面标题为“数码新天地”，保存模板“page”，系统自动创建“Templates”文件夹，并将模板文件“page.dwt”文件保存到“Templates”文件夹中。

当模板文件没有插入可编辑区域时，保存文件会弹出提示对话框，单击“确定”按钮即可。

(3) 将 CSS 样式表文件“CSS.css”和“DIV_DWT.css”文件链接到页面中。

步骤 2　制作模板头部

(1) 在“page.dwt”文件中插入 ID 为“top”的 Div，制作过程参照任务 4 步骤 2(注意：任务 4 中创建在“DIV.css”文件中的规则“#top”，在本任务中要保存在“DIV_DWT.css”文件中)。

为了便于网页维护、改版，要把主页和模板中用到的部分 CSS 规则放在不同样式文件中。

(2) 在 ID 为“top”的 Div 后插入 ID 为“top1”的 Div，在“DIV_DWT.css”文件中创建名为“#top1”的 CSS 规则，设置 Width(宽)为“1 000 px”，Height(高)为“170 px”，Margin(边界)全部为“auto(自动)”；Background-image(背景图像)为“images\bg_top.png”文件、Background-repeat(背景重复)为“no-repeat(不重复)”、Background-position(背景位置)水平为“center(居中)”、垂直为“bottom(底部)”。

(3) 删除 ID 为“top1”的 Div 中的默认文字，在其中依次插入 ID 为“logo”“dhLeft”“dhCenter”“dhRight”的 Div，制作过程参照任务 4 步骤 2(注意：任务 4 中创建在“DIV.css”文件中的规则在本任务中将保存在“DIV_DWT.css 文件”中；任务 4 中最后保存“index.html”，本任务是保存模板文件“page.dwt”)，如图 10-24 所示。

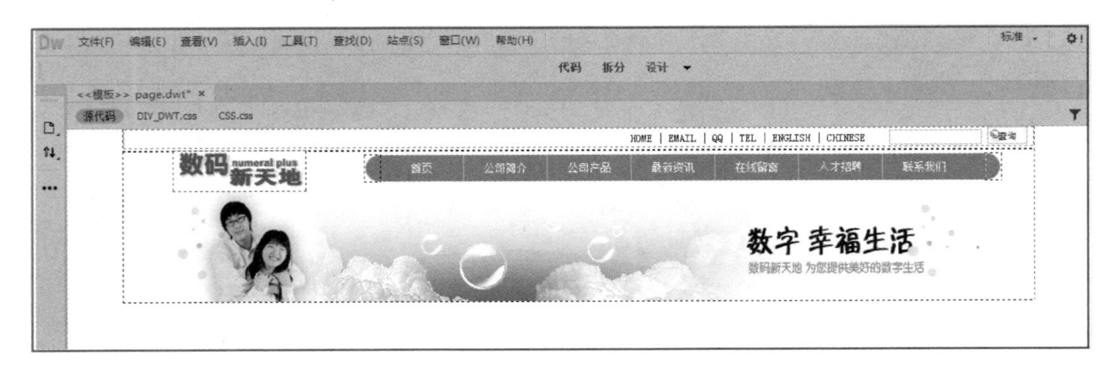

图 10-24　模板头部页面效果

步骤 3　制作模板中部

(1) 在 ID 为“top1”的 Div 后插入 ID 为“main”的 Div，在“DIV_DWT.css”文件中创建名为“#main”的 CSS 规则，设置 Width(宽)为“942 px”，Height(高)为“541 px”，Padding(填充)中 Top(上)

为“25 px”、Right（右）为“30 px”、Bottom（下）为“0 px”、Left（左）为“30 px”，Margin（边界）全部为“auto（自动）”，Background-image（背景图像）为“images\bg_top1.png”文件、Background-repeat（背景重复）为“no-repeat（不重复）”。

（2）删除 ID 为“main”的 Div 中的默认文字，在“main”中插入一个 ID 为“left”的 Div，在“DIV_DWT.css”文件中创建名为“#left”的 CSS 规则，设置其 Width（宽）为“160 px”，Height（高）为“540 px”，Float（浮动）为“left（左对齐）”。

在 ID 为“left”的 Div 后插入一个名“right”的 Div。在“DIV_DWT.css”文件中创建名为“#right”的 CSS 规则，设置 Width（宽）为“744 px”，Height（高）为“540 px”，Float（浮动）为“left（左对齐）”，Margin（边界）中 Left（左）为“38 px”。

（3）删除 ID 为“left”的 Div 中的默认文字，在其中插入 ID 为“left1”的 Div，在“DIV_DWT.css”文件中创建名为“#left1”的 CSS 规则，设置 Width（宽）为“160 px”，Height（高）为“35 px”。

在 ID 为“left1”的 Div 后插入一个 ID 为“left2”的 Div，在“DIV_DWT.css”文件中创建名为“#left2”的 CSS 规则，设置 Width（宽）为“160 px”，Height（高）为“180 px”，Margin（边界）中 Top（上）为“20 px”。

在 ID 为“left2”的 Div 后插入一个 ID 为“left3”的 Div，在“DIV_DWT.css”文件中创建名为“#left3”的 CSS 规则，设置 Width（宽）为“160 px”，Height（高）为“105 px”，Margin（边界）中 top（上）为“10 px”。

在 ID 为“left3”的 Div 后插入一个 ID 为“left4”的 Div，在“DIV_DWT.css”文件中创建名为“#left4”的 CSS 规则，设置 Width（宽）为“160 px”，Height（高）为“40 px”，Margin（边界）中 top（上）为“20 px”。

（4）删除 ID 为“left1”“left3”“left4”的 Div 中的默认文字，分别插入“images\left_img3.png”“images\company_1.png”“images\left_img4.png”文件。

删除 ID 为“left2”的 Div 中的默认文字，在“left2”中插入项目列表显示产品分类标题，内容如图 10-25 所示，为每个产品分类标题添加超链接“#”。在“DIV_DWT.css”文件中创建名为“#left2 li”的 CSS 规则，设置 Line-height（行高）为“25 px”；Background-image（背景图像）为“images\bg_left.png”文件、Background-repeat（背景重复）为“no-repeat（不重复）”；Width（宽）为“160 px”，Height（高）为“36 px”，Padding（填充）Left（左）为“30 px”；List-style-type（列表样式）为“none（无）”，List-style-image（项目符号图像）为“none（无）”，效果如图 10-25 所示。

（5）删除 ID 为“right”的 Div 中的默认文字，将光标放入“right”中，选择“插入”→“模板”→“可编辑区域”命令，弹出“新建可编辑区域”对话框，名称文本框输入“在此输入内容”，如图 10-26 所示，单击“确定”按钮，插入可编辑区域。

图 10-25　在 ID 为“left2”的 Div 中添加项目列表效果

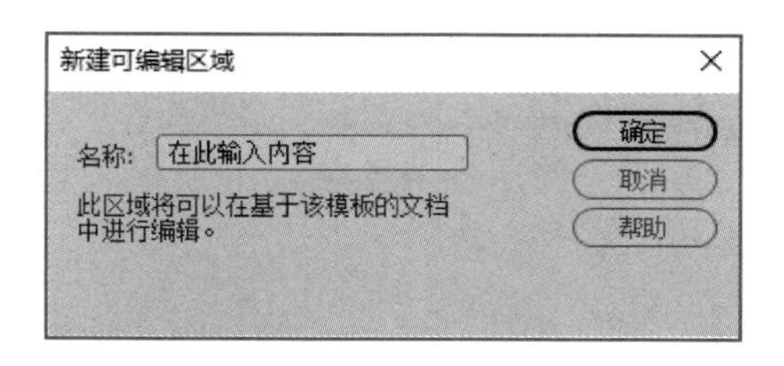

图 10-26　“新建可编辑区域”对话框

步骤 4　制作模板底部

在 ID 为“main”的 Div 后插入 ID 为“bottom”的 Div，制作过程参照任务 4 中的步骤 4(注意：任务 4 中创建在“DIV.css”文件中的规则在本任务中将保存在“DIV_DWT.css”文件中)，如图 10-27 所示。

图 10-27　网站模板完成效果

任务 6　应用模板制作“公司简介”页面

任务描述

本任务使用任务 5 创建的模板来创建“公司简介”网页，命名为“jianjie.html”，保存在“D:\Website”文件夹中。

自己动手

步骤1 用模板创建页面

运行 Dreamweaver，选择“文件”→“新建”命令，打开“新建文档”对话框，在“网站模板”类别中，选中 Website 站点的“page”模板，如图 10-28 所示，单击“创建”按钮，网页命名为“jianjie.html”，保存到“D:\Website”。

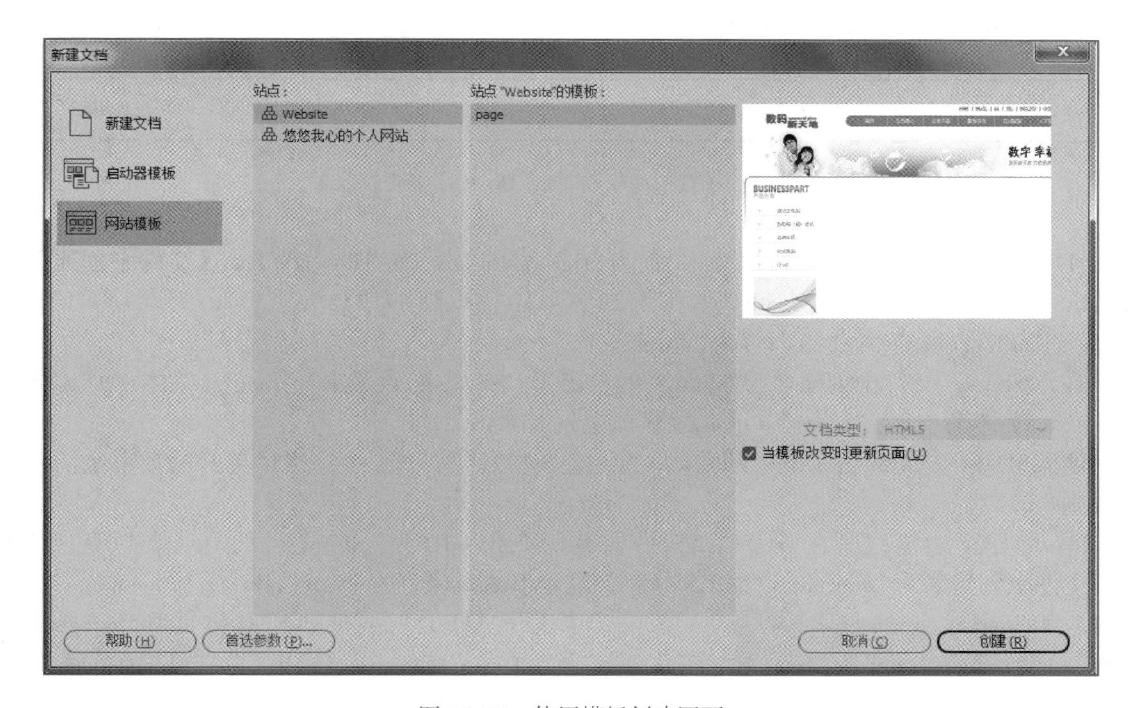

图 10-28 使用模板创建网页

步骤2 在可编辑区域添加内容

(1) 删除可编辑区域中的文字，在其中插入 ID 为“right1”的 Div，在“DIV_DWT.css”文件中创建名为“#right1”的 CSS 规则，设置 Width（宽）为“350 px”，Height（高）为“25 px”，Float（浮动）为“left（左对齐）”，Padding（填充）中 Left（左）为“15 px”；Line-height（行高）为“22 px”；Background-image（背景图像）为“images\dian1.png”文件；Background-repeat（背景重复）为“no-repeat（不重复）”，Background-position（背景位置）水平为“left（左对齐）”、垂直为“center（居中）”。

(2) 删除 ID 为“right1”的 Div 中的默认文字，在其中输入文字“公司简介”，在“CSS.css”文件中创建名为“.font1”的自定义 CSS 规则，设置 Font-family（字体）为“宋体”，Font-size（字体大小）为“16 px”，Font-weight（字体粗细）为“bold（粗体）”，Color（字体颜色）为“#2341A1”。设置文字“公司简介”应用规则为“font1”。

(3) 在 ID 为“right1”的 Div 后插入 ID 为“right2”的 Div，在“DIV_DWT.css”文件中创建名为

“#right2”的 CSS 规则，设置 Width（宽）为“379 px”，Height（高）为“25 px”，Float（浮动）为“left（左对齐）”；Line-height（行高）为“22 px”；Text-align（文本对齐）为“right（右对齐）”。

在“CSS.css”文件中创建名为“.font2”的自定义 CSS 规则，设置 Color（字体颜色）为“#000”，Font-weight（字体粗细）为“bold（粗体）”。

删除 ID 为“right2”的 Div 中的默认文字，输入“数码新天地”，添加超链接为“#”；插入“images\dian2.png”图像文件；接着输入“首页”，添加超链接为“#”；插入“images\dian2.png”文件；输入“公司简介”，设置“公司简介”文字应用规则“font2”。

按 F12 预览，效果如图 10–29 所示。

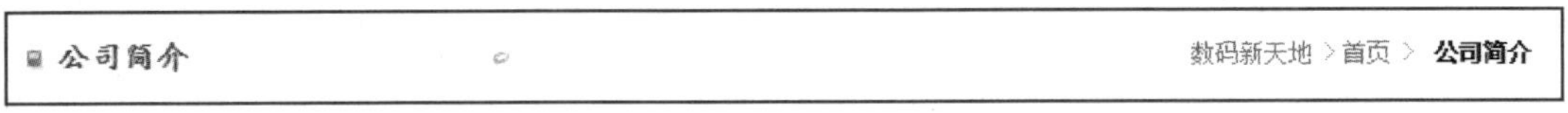

公司简介　　数码新天地 > 首页 > 公司简介

图 10–29　在 ID 为“right2”的 Div 中添加内容效果

(4) 在 ID 为“right2”的 Div 后插入 ID 为“right3”的 Div，在“DIV_DWT.css”文件中创建名为“#right3”的 CSS 规则，设置 Width（宽）为“729 px”，Height（高）为“15 px”，Float（浮动）为“left（左对齐）”，Padding（填充）中 Left（左）为“15 px”。

在“CSS.css”文件中创建名为“.font3”的自定义 CSS 规则，设置 Font-family（字体）为“宋体”，Font-size（字体大小）为“12 px”，Color（字体颜色）为“#A8C2D3”。

删除 ID 为“right3”的 Div 中的默认文字，输入“数码新天地 为您提供美好的数字生活”，应用规则“.font3”。

(5) 制作上边框线。在 ID 为“right3”的 Div 后插入 ID 为“corner_t”的 Div，在“DIV_DWT.css”文件中创建名为“#corner_t”的 CSS 规则，设置 Height（高）为“5 px”；Background-image（背景图像）为“images\corner.gif”，Background-repeat（背景重复）为“repeat-x（横向重复）”，Background-position（背景位置）水平为“left（左对齐）”，垂直为“–19 px”；Overflow（溢出）为“hidden（隐藏）”。

制作上边框线的左上角。删除 ID 为“corner_t”的 Div 中的默认文字，在其中插入 ID 为“corner_tl”的 Div，并删除其中的默认文字，在“DIV_DWT.css”文件中创建名为“#corner_tl”的 CSS 规则，设置 Width（宽）为“5 px”，Height（高）为“5 px”，Float（浮动）为“left（左对齐）”；Background-image（背景图像）为“images\corner.gif”，Background-repeat（背景重复）为“no-repeat（不重复）”，Background-position（背景位置）水平为“left（左对齐）”，垂直为“top（顶部）”。

制作上边框线的右上角。在 ID 为“corner_tl”的 Div 后插入 ID 为“corner_tr”的 Div，并删除其中的默认文字，在“DIV_DWT.css”文件中创建名为“#corner_tr”的 CSS 规则，设置 Width（宽）为“5 px”，Height（高）为“5 px”，Float（浮动）为“right（右对齐）”；Background-image（背景图像）为“images\corner.gif”，Background-repeat（背景重复）为“no-repeat（不重复）”，Background-position（背景位置）水平为“right（右对齐）”，垂直为“top（顶部）”。

(6) 制作下边框线。在 ID 为“corner_t”的 Div 后插入 ID 为“corner_b”的 Div，在“DIV_DWT.css”文件中创建名为“#corner_b”的 CSS 规则，设置 Height（高）为“5 px”；Background-image（背景图像）为“images\corner.gif”，Background-repeat（背景重复）为“repeat-x（横向重复）”，Background-position（背景位置）水平为“left（左对齐）”，垂直为“–15 px”，Background-color（背景颜色）为“#FFF”；

Overflow（溢出）为“hidden（隐藏）”。

制作上边框线的左下角。删除ID为“corner_b”的Div中的默认文字，在其中插入ID为“corner_bl”的Div，在“DIV_DWT.css”文件中创建名为“#corner_bl”的CSS规则，设置Width（宽）为“5 px”，Height（高）为“5 px”，Float（浮动）为“left（左对齐）”；Background-image（背景图像）为“images\corner.gif”，Background-repeat（背景重复）为“no-repeat（不重复）”，Background-position（背景位置）水平为“left（左对齐）”，垂直为“–5 px”。删除ID为“corner_bl”的Div中的默认文字。

制作上边框线的右下角。在ID为“corner_b1”的Div后插入ID为“corner_br”的Div，在“DIV_DWT.css”文件中创建名为“#corner_br”的CSS规则，设置Width（宽）为“5 px”，Height（高）为“5 px”，Float（浮动）为“right（右对齐）”；Background-image（背景图像）为“images\corner.gif”，Background-repeat（背景重复）为“no-repeat（不重复）”，Background-position（背景位置）水平为“right（右对齐）”，垂直为“–5 px”。删除ID为“corner_br”的Div中的默认文字，效果如图10–30所示。

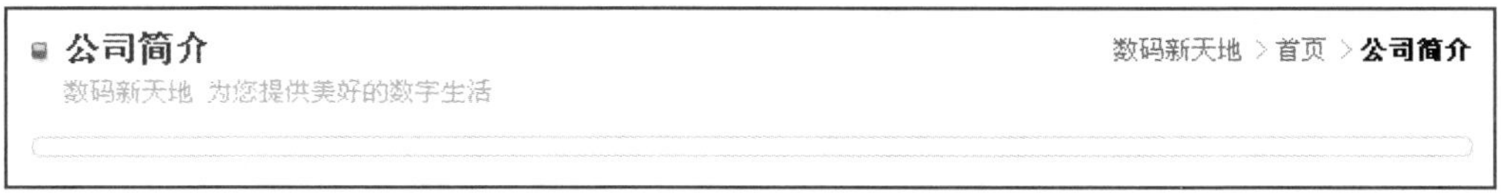

图10–30　页面效果

(7) 在ID为“corner_t”的Div后插入ID为“jianjie”的Div，在“DIV_DWT.css”文件中创建名为“#jianjie”的CSS规则，设置Width（宽）为“722 px”，Height（高）为“400 px”，Padding（填充）全部为“10 px”，Float（浮动）为“left（左对齐）”，Border（边框）左右样式为“solid（实线）”、宽度为“1 px”、颜色为“#EBEBEB”。

在“CSS.css”文件中创建名为“.font4”的自定义CSS规则，设置Font-family（字体）为“宋体”，Font-size（字体大小）“12 px”，Color（字体颜色）为“#333”，Line-height（行高）为“200%”。

在“CSS.css”文件中创建名为“.font5”的自定义CSS规则，设置Font-family（字体）为“宋体”，Font-size（字体大小）“14 px”，Color（字体颜色）为“#333”，Font-weight（字体粗细）为“bold（粗体）”，Margin（边界）中Top（上）为“10 px”。

删除ID为“jianjie”的Div中的默认文字，把素材中公司简介文本复制过来，为其中普通文本应用规则“.font4”，小标题文本应用规则“.font5”。“公司简介”页面效果如图10–3所示。

(8) 保存文件，完成“公司简介”页面的制作。

任务7　应用模板制作“最新资讯”页面

任务描述

本任务通过使用任务5创建的模板创建“最新资讯”网页，命名为“zixun.html”，保存在“D:\Website”文件夹中。

自己动手

步骤 1　应用模板创建页面

运行 Dreamweaver，应用模板创建页面“zixun.html”并保存在“D:\Website”文件夹中。

步骤 2　添加可编辑区域内容

(1) 删除可编辑区域中的文字，在其中依次插入 ID 为“right1”“right2”“right3”的 Div。制作过程参照任务 6 步骤 2，把文字“公司简介”改为“最新资讯”，效果如图 10-31 所示。

最新资讯　　　　数码新天地 > 首页 > 最新资讯
数码新天地 为您提供美好的数字生活

图 10-31　页面效果

提个醒

ID 为“right1”“right2”“right3”的 Div 的 CSS 规则在任务 6 步骤 2 中已经设置，在此不用再设置。

(2) 在 ID 为“right3”的 Div 后插入 ID 为“right4”的 Div，在“DIV_DWT.css”文件中创建下列 CSS 规则：

#right4：Width（宽）为“744 px”，Height（高）为“295 px”，Float（浮动）为“left（左对齐）”，Margin（边界）中 Top（上）为“20 px”，Padding（填充）中 Top（上）为“1 px”；Background-image（背景图像）为“images\bg_news.png”，Background-repeat（背景重复）为“no-repeat（不重复）”，Background-position（背景位置）水平为“center（居中）”，垂直为“center（居中）”。

#right4 img：Margin（边界）中 Right（右）为“30 px”，Left（左）为“20 px”。

#right4 li：Width（宽）为“720 px”，Height（高）为“37 px”，Float（浮动）为“left（左对齐）”；Line-height（行高）为“37 px”；List-style-type（列表样式）为“none（无）”。

在“CSS.css”文件中创建“.rq”自定义 CSS 规则：Width（宽）为“160 px”，Height（高）为“37 px”，Float（浮动）为“right（右对齐）”；Line-height（行高）为“37 px”。

删除 ID 为“right4”的 Div 中的默认文字，选择“插入”→“项目列表”命令，在其中插入项目列表。第 1 个列表项为：插入“images\dianNews.gif”图像文件，输入“新年新气象，数码新天地为您打造全新购物生活方式！【2020-1-12】”，并为此文本添加超链接“#”，选文本“【2020-1-12】”应用规则“.rq”。按 F12 预览，效果如图 10-32 所示。

其他列表项内容如图 10-33 所示，设置同上。

(3) 在 ID 为“right4”的 Div 后插入一个 ID 为“pageno”的 Div，在“DIV_DWT.css”文件中创建一个名为“#pageno”的 CSS 规则，设置 Width（宽）为“740 px”，Height（高）为“30 px”，Float（浮

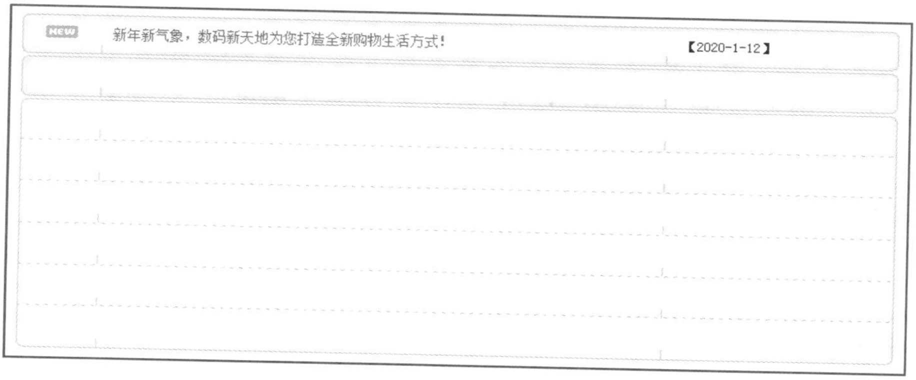

图 10-32　页面效果

动）为“left（左对齐）”，Margin（边界）中 Top（上）为“10 px”、Left（左）为“5 px”；Text-align（文本对齐）为“right（右对齐）”。

删除 ID 为“pageno”的 Div 中的默认文字，在其中插入“images\morenews.gif”文件。按 F12 预览，效果如图 10-33 所示。

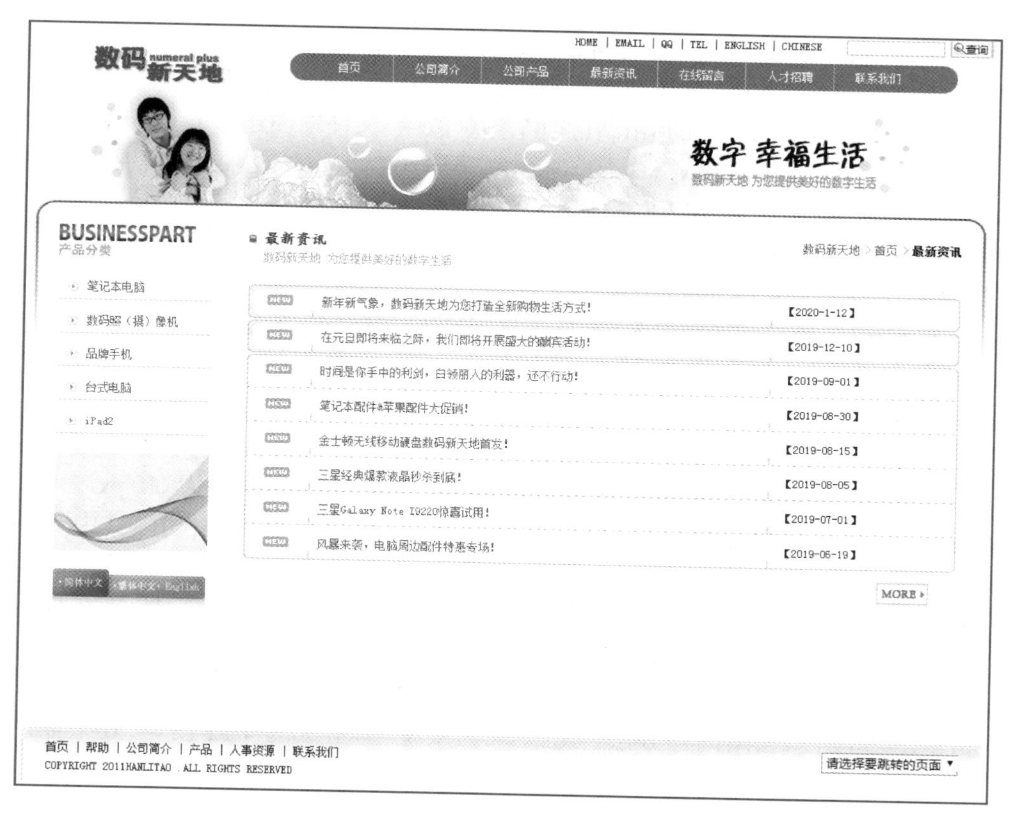

图 10-33　“最新资讯”页面效果

（4）保存文件，完成“最新资讯”页面的制作。

任务 8　应用模板制作“人才招聘”页面

任务描述

本任务通过使用任务 5 创建的模板创建“人才招聘”网页，命名为“rencai.html”，保存在“D:\Website”文件夹中。

自己动手

步骤 1　用模板创建页面

运行 Dreamweaver，应用模板创建页面“rencai.html”并保存在“D:\Website”文件夹中。

步骤 2　添加可编辑区域内容

（1）删除可编辑区域中的文字，在其中依次插入 ID 为“right1”“right2”“right3”的 Div。制作过程参照任务 6 步骤 2，将文字“公司简介”改为“人才招聘”。

（2）在 ID 为“right3”的 Div 后按回车键，然后插入 ID 为“corner_t”的 Div，然后在“corner_t”的 Div 后插入一个 ID 为“rencai”的 Div，在“DIV_DWT.css”文件中创建以下 CSS 规则。

#rencai：Width（宽）为“742 px”，Height（高）为“450 px”；Border（边框）左右样式为“solid（实线）”、宽度为“1 px”、颜色为“#EBEBEB”。

#rencai img：Border（边框）全部样式为“solid（实线）”、宽度为“1 px”、颜色为“#C8E8FF”；Margin（边界）全部为“5 px”，Padding（填充）全部为“2 px”。

#rencai li：List-style-type（列表样式）为“none（无）”，Line-height（行高）为“17 px”。

在 CSS.css 文件中创建以下自定义 CSS 规则：

.font6：Font-size（字体大小）为“14 px”，Font-weight（字体粗细）为“bold（粗体）”，Line-height（行高）为“20 px”；Margin（边界）中 Left（左）、Right（右）均为“5 px”。

.listjob：Color（字体颜色）为“#005CCE”；Padding（填充）中 Bottom（下）为“10 px”。

.listjob li：Width（宽）为“30%”，Float（浮动）为“left（左对齐）”，Padding（填充）中 Left（左）为“20 px”；List-style-position（列表位置）为“inside（内）”。

（3）删除 ID 为“rencai”的 Div 中的默认文字，插入“images\join.jpg”图像文件，在图片“join.jpg”后面输入“职能系统”，应用规则“.font6”。在“职能系统”后插入项目列表，应用规则“.listjob”，第 1 个列表项为“1. 品牌经理职位”，为“品牌经理职位”添加超链接“#”，其他列表项内容如图 10-34 所示。用同样方法，添加“采销系统”职位。按 F12 预览，效果如图 10-34 所示。

（4）保存文件，完成“人才招聘”页面的制作。

图 10-34 “人才招聘”页面效果

任务9 应用模板制作“联系我们”页面

任务描述

本任务通过使用任务5创建的模板创建“联系我们”网页，命名为“lianxi.html”，保存在“D:\Website”文件夹中。

自己动手

步骤1 用模板创建页面

运行 Dreamweaver，应用模板创建页面“lianxi.html”并保存在“D:\Website”文件夹中。

步骤 2　添加可编辑区域内容

(1) 删除可编辑区域中的文字，在其中依次插入 ID 为“right1”“right2”“right3”的 Div。制作过程参照任务 6 步骤 2，将文字“公司简介”改为“联系我们”。

(2) 在 ID 为“right3”的 Div 后插入 ID 为“right5”的 Div，在“DIV_DWT.css”文件中新建名为“#right5”的 CSS 规则，设置 Width（宽为）“714 px”，Height（高）为“241 px”，Float（浮动）为“left（左对齐）”，Margin（边界）中 Top（上）、Bottom（下）为“20 px”，Padding（填充）全部为“15 px”；Background-image（背景图像）为“images\bg_map.png”、Background-repeat（背景重复）为“no-repeat（不重复）”。

(3) 删除 ID 为“right5”的 Div 中的默认文字，插入“images\map.jpg”文件。

(4) 在 ID 为“right5”的 Div 后插入 ID 为“right6”的 Div，在“DIV_DWT.css”文件中创建名为“#right6”的 CSS 规则，设置 Width（宽）为“570 px”，Height（高）为“25 px”，Float（浮动）为“left（左对齐）”，Padding（填充）中 Left（左）为“35 px”；Line-height（行高）为“22 px”；Background-image（背景图像）为“images\dian3.png”，Background-repeat（背景重复）为“no-repeat（不重复）”，Background-position（背景位置）水平为“20 px”，垂直为“center（居中）”。

在 CSS.css 文件中创建名为“.font7”的自定义 CSS 规则，设置 Font-family（字体）为“宋体”，Font-size（字体大小）为“14 px”，Font-weight（字体粗细）为“bold（粗体）”，Color（字体颜色）为“#333333”。

删除 ID 为“right6”的 Div 中的默认文字，输入“联系我们”，应用规则“.font7”。

(5) 在 ID 为“right6”的 Div 后插入 ID 为“right7”的 Div，在“DIV_DWT.css”文件中创建名为“#right7”的 CSS 规则，设置 Width（宽）为“110 px”，Height（高）为“25 px”，Float（浮动）为“left（左对齐）”；Text-align（文本对齐）为“center（居中）”。

删除 ID 为“right7”的 Div 中的默认文字，插入“images\print.png”文件。

(6) 在 ID 为“right7”的 Div 后插入 ID 为“right8”的 Div，在“DIV_DWT.css”文件中创建名为“#right8”的 CSS 规则，设置 Width（宽）为“625 px”，Height（高）为“55 px”，Float（浮动）为“left（左对齐）”，Padding（填充）中 Left（左）为“35 px”；Line-height（行高）为“18 px”。删除 ID 为“right8”的 Div 中的默认文字，输入如图 10-35 所示内容。

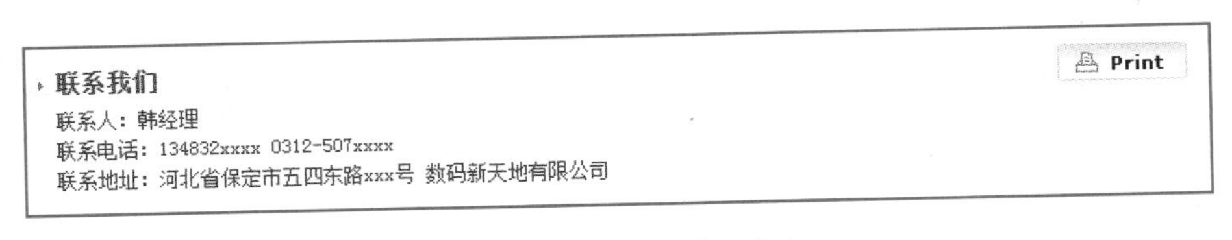

图 10-35　“联系我们”内容

(7) 在 ID 为“right8”的 Div 后插入 ID 为“right9”的 Div，删除其中的默认文字，输入“在线客服”，应用规则“.font7”。在“DIV_DWT.css”文件中创建名为“#right9”的 CSS 规则，设置其 Width（宽）为“610 px”，Height（高）为“25 px”，Float（浮动）为“left（左对齐）”，Margin（边界）中 Top（上）为“10 px”，Padding（填充）中 Left（左）为“35 px”；Line-height（行高）为“22 px”；Background-image（背

景图像)为“images\dian3.png”,Background-repeat(背景重复)为“no-repeat(不重复)”,Background-position(背景位置)水平为“20 px”,垂直为“center(居中)”。

(8) 在 ID 为“right9”的 Div 后插入 ID 为“right10”的 Div,删除其中的默认文字,在其中插入 ID 为“kefu1”的 Div,在“kefu1”后插入一个 ID 为“kefu2”的 Div。

在“DIV_DWT.css”文件中创建下列 CSS 规则:

#right10:Width(宽)为“625 px”,Height(高)为“25 px”,Padding(填充)中 Left(左)为“35 px”,Float(浮动)为“left(左对齐)”。

#kefu1:Width(宽)为“140 px”,Height(高)为“25 px”,Float(浮动)为“left(左对齐)”。

#kefu2:Width(宽)为“140 px”,Height(高)为“25 px”,Float(浮动)为“left(左对齐)”。

(9) 切换到“代码”视图,修改 ID 为“kefu1”和“kefu2”的 Div 中的代码为图 10-36 中所示的内容。

```
<div id="right10">
   <div id="kefu1">
     <a href="http://wpa.qq.com/msgrd?V=1&amp;Uin=307588895&amp;Site=数码新天地&amp;Menu=yes"
      target="_blank">
     <img src="http://wpa.qq.com/pa?p=1:307588895:4" height="16" border="0" alt="QQ" />
      客服1：30758xxxx</a>
   </div>
   <div id="kefu2">
     <a href="http://wpa.qq.com/msgrd?V=1&amp;Uin=1812679230&amp;Site=数码新天地&amp;Menu=yes"
      target="_blank">
     <img src="http://wpa.qq.com/pa?p=1:1812679230:4" height="16" border="0" alt="QQ" />
      客服2：181267xxxx</a>
   </div>
</div>
```

图 10-36 “在线客服”代码

ID 为“kefu1”和“kefu2”的 Div 中的代码可以实现浏览者与商户之间的快速 QQ 聊天。

(10) 保存文件,完成联系我们页面的制作,按 F12 预览。

任务 10 应用模板制作“公司产品”页面

任务描述

本任务通过使用任务 5 创建的模板创建“公司产品”页面,命名为“chanpin.html”,保存在“D:\Website”文件夹中。

自己动手

步骤 1　应用模板创建页面

运行 Dreamweaver，应用模板创建页面“chanpin.html”并保存在“D:\Website”文件夹中。

步骤 2　添加可编辑区域内容

(1) 删除可编辑区域中的文字，在其中依次插入 ID 为“right1”“right2”“right3”的 Div。制作过程参照任务 6 步骤 2，将文字“公司简介”改为“公司产品”。

(2) 在 ID 为“right3”的 Div 后插入一个 ID 为“goods”的 Div，在“DIV_DWT.css”文件中创建名为“#goods”的 CSS 规则，设置 Width(宽)为“744 px”，Height(高)为“430 px”，Float(浮动)为“left(左对齐)”，Padding(填充)中 Top(上)和 Bottom(下)均为“5 px”。

(3) 删除 ID 为“goods”的 Div 中的默认文字，在其中插入 ID 为“goods1”的 Div，在“CSS.css”文件中创建下列自定义 CSS 规则：

.goods：Width(宽)为“185 px”，Height(高)为“160 px”，Float(浮动)为“left(左对齐)”，Margin(边界)中 Top(上)为“15 px”、left(左)为“50 px”；Text-align(文本对齐)为“center(居中)”，Border(边框)全部样式为“solid(实线)”、宽度为“1 px”、颜色为 #3690c4。

.goods_sm：Width(宽)为“187 px”，Height(高)为“35 px”，Float(浮动)为 left(左对齐)，Margin(边界)中 Top(上)为“5 px”、Left(左)为“50 px”；Text-align(文本对齐)为“center(居中)”。

.font8：Font-family(字体)为“Time New Roman”，Font-size(字体大小)为“12 px”，Font-weight(字体粗细)为“bold(粗体)”，Color(字体颜色)为“#F00”。

(4) 设置 ID 为“goods1”的 Div 应用规则“.goods”，删除其默认文字，插入“images\goods1.jpg”文件。

在 ID 为“goods1”的 Div 后依次插入 ID 为“goods2”“goods3”的 Div，应用规则“.goods”。在 ID 为“goods2”和“goods3”的 Div 中分别插入“images\goods2.jpg”和“images\goods3.jpg”图像文件，按 F12 预览，效果如图 10-37 所示。

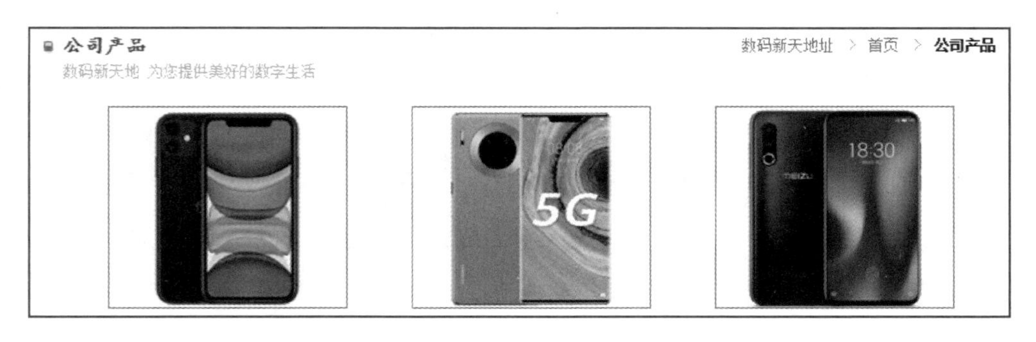

图 10-37　插入产品图片

在 ID 为“goods3”的 Div 后插入一个 ID 为“goods_sm_1”的 Div，应用规则“goods_sm”，删除其中的默认文字，输入相应文字，并给价格文字应用规则“.font8”，按 F12 预览，效果如图 10-38 所示。

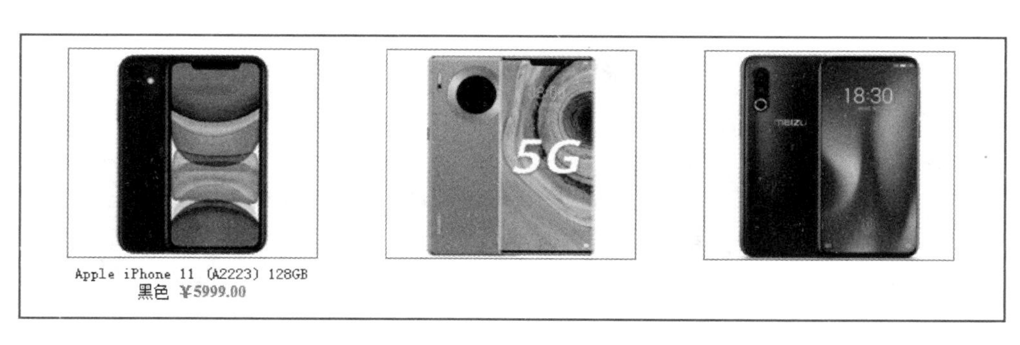

图 10-38　输入产品说明

在 ID 为“goods_sm_1”的 Div 后依次插入 ID 为“goods_sm_2”“goods_sm_3”的 Div，应用规则“.goods_sm”。分别删除 Div 中的默认文本，输入相应文字，并给价格文字应用规则“.font8”，按 F12 预览，效果如图 10-39 所示。

图 10-39　输入产品说明

在 ID 为“goods_sm_3”的 Div 后依次插入 ID 为“goods4”“goods5”“goods6”“goods_sm_4”“goods_sm_5”“goods_sm_6”的 Div，按上述方法分别插入如图 10-40 所示的图片或文字，并设置 CSS 规则。

(5) 在 ID 为“goods”的 Div 后插入一个 ID 为“pageno”的 Div，删除其中的默认文字，插入“images\morenews.gif”文件，按 F12 预览，效果如图 10-40 所示。

(6) 保存文件，完成“公司产品”页面的制作。

注：“在线留言”页面涉及动态网页技术，这里不再介绍。

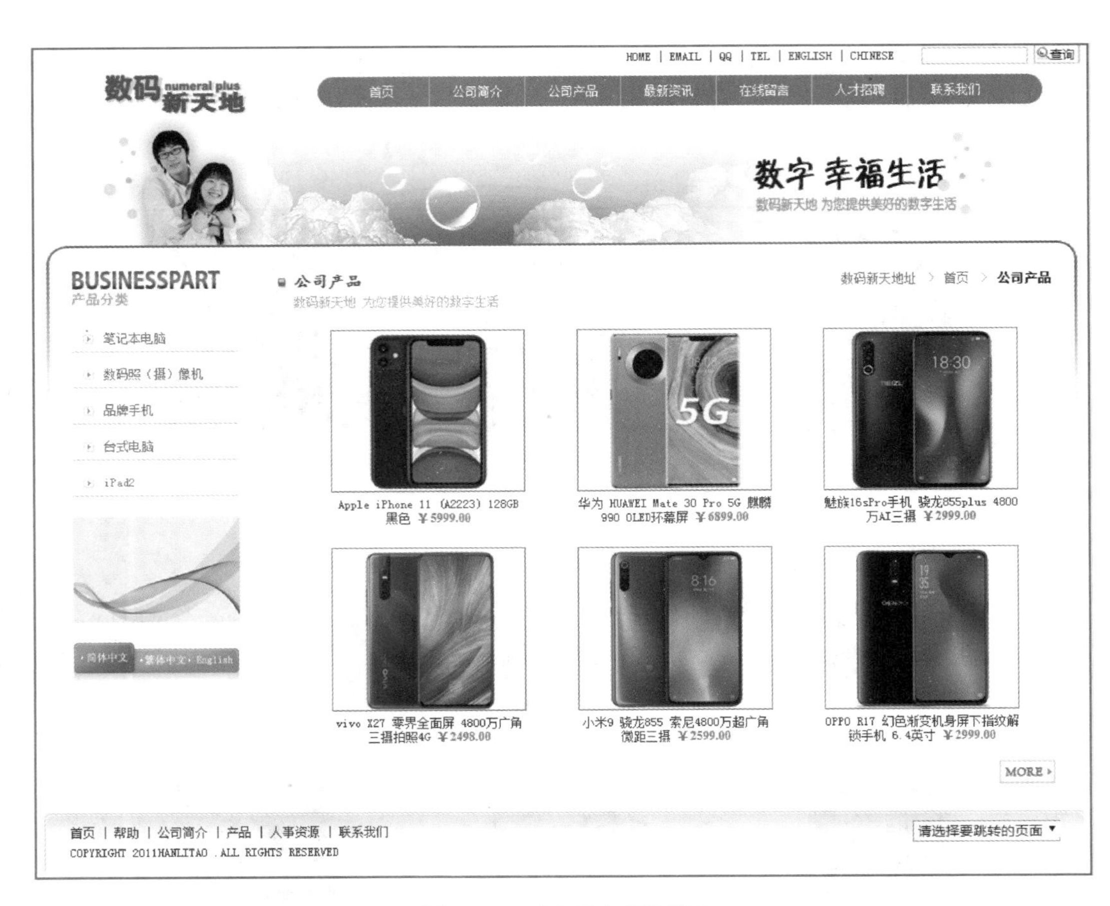

图 10-40　“公司产品”页面

附　　录

HTML 代码

HTML 是用于描述网页文档的一种标记语言，所有网页都是建立在 HTML 代码基础之上的。作为网页的核心，掌握 HTML 语言可以简化网页制作的过程，提高网页制作的效率。

附录 1　HTML 基本概念

1. 什么是 HTML

HTML（Hyper Text Markup Language），中文意为超文本标记语言或超文本标识语言，是创建网页所使用的语言。Dreamweaver 等各种网页开发工具都是建立在 HTML 基础之上，只是将代码的编写过程简化为对各种开发工具的使用。

运行 Dreamweaver，打开素材文件夹中的"first.html"文件，如图附录 -1 所示。

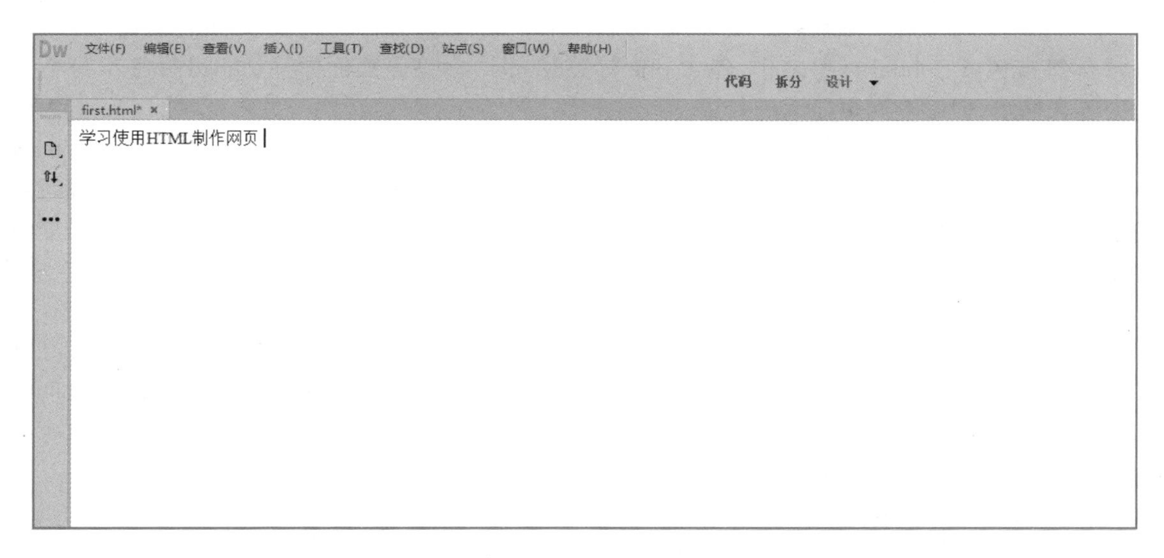

图附录 -1　first.html 网页

使用 Dreamweaver 制作网页，默认的视图模式为"设计"视图（工作区布局方式为经典模式），将视图方式切换为"代码"视图，可以进行网页的 HTML 代码编辑，如图附录 -2 所示。

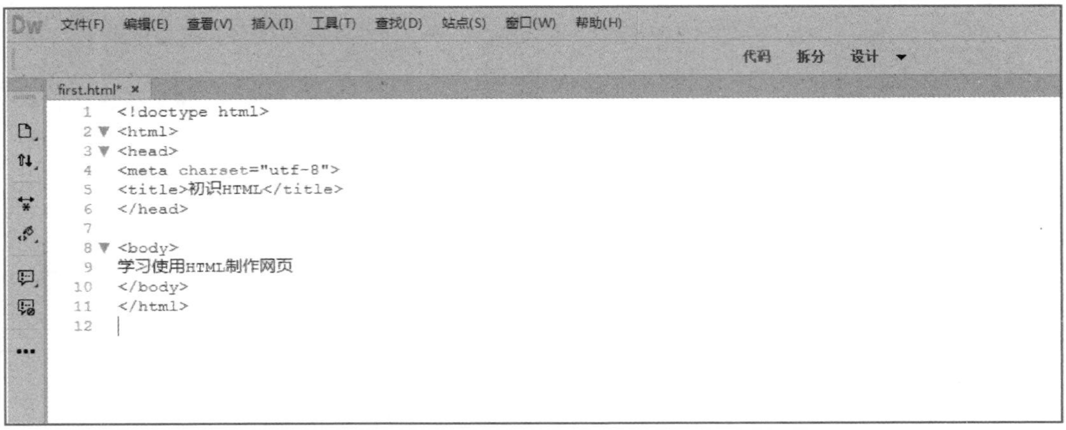

```
1  <!doctype html>
2  <html>
3  <head>
4  <meta charset="utf-8">
5  <title>初识HTML</title>
6  </head>
7
8  <body>
9  学习使用HTML制作网页
10 </body>
11 </html>
12
```

图附录 –2　“代码”视图下编辑 HTML 代码

由图附录 –2 可见，网页主要由 HTML 代码的各种标签组成，当用户使用网页浏览器（如 IE 浏览器）打开 HTML 文档时，浏览器根据 HTML 文档中的各种标签显示相应的网页元素。

2. HTML 基本语法

HTML 文档由各种标签和文本组成，用于浏览器识别以何种方式显示各种网页元素。从图附录 –2 中所示的 HTML 代码看出，HTML 中各种标签用符号“<”和“>”括起来，所起作用各不相同，其中最基本的标签包括 html 标签、head 标签和 body 标签，所有网页都包含这 3 个基本标签。

(1) html 标签。html 标签以 <html> 开始，至 </html> 结束，是网页文件所需的最基本标签，其他 HTML 标签都包含在 html 标签之内。没有 html 标签，浏览器是无法识别文档格式的。

(2) head 标签。head 标签以 <head> 开始，至 </head> 结束，称为网页文件的文件头标签。head 标签被包含在 html 标签之中，包含 title 标签和 meta 标签等其他标签。head 标签本身不作为内容来显示，但影响网页显示的效果。

(3) body 标签。body 标签以 <body> 开始，至 </body> 结束，称为网页文件的主体标签。body 标签被包含在 html 标签之中，通常在 head 标签之后。每个 HTML 网页只能包含一个 body 标签，用于定义网页在浏览器窗口中显示的实际内容。各种网页元素标签都必须插入到 body 标签中使用，包括图像、文本、表格、层（Div）等。

3. 标签的属性

HTML 标签有自己的属性，用于设置网页元素的显示格式、显示位置等，每一个属性可以赋予一定的属性值。属性出现在标签的“< >”内，并且和标签名之间有一个空格分隔，属性值用“""”引起来。如图附录 –2 中的 HTML 代码“<meta charset="utf-8">”，“charset”是 meta 标签的一种属性，引号中的 utf-8 为该属性的属性值。

4. 编辑 HTML 代码

HTML 代码的编写可以使用各种文档编写工具，如“记事本”“Notepad++”等软件；还可以使用专业的网页开发软件，如本书所介绍的 Dreamweaver 软件。在 Dreamweaver 中，代码的编写除了可以在“代码”或“拆分”视图下直接进行外，还可以在“设计”视图中通过“标签选择器”选取标签进行代码的添加。

使用 Dreamweaver 打开素材文件夹中的“first.html”文件，如图附录 –3 所示，在“标签选择器”中，右击“<body>”，在快捷菜单中选择“快速标签编辑器”命令，对当前选中的标签进行编辑。

在快速标签编辑器中，修改代码为“<body bgcolor="#33ccff">”，如图附录 –4 所示，保存页面并浏览，可以看到网页的背景颜色发生了变化。

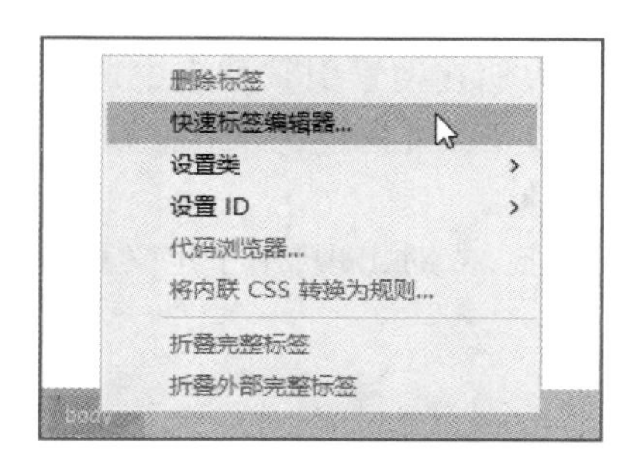

图附录 –3　通过标签选择器选择标签

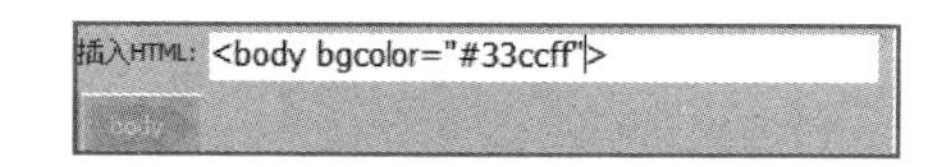

图附录 –4　通过“快速标签编辑器”编辑代码

附录 2　常用 HTML 标签的属性及用法

HTML 代码中包含各种网页元素标签，每种标签具有相应的属性。本知识将介绍网页中常用的 HTML 标签及其常用属性。

1. head 标签中包含的标签

作为网页的文件头标签，head 标签内所插入的标签并不在网页中显示。head 标签内所插入的标签主要包括以下 3 种。

（1）标题标签。在 HTML 的文件头标签中，通过 <title></title> 设置网页的标题。

实例：

```
<title> 我的第一个网页 </title>
```

包含在 <title></title> 标签之间的文本内容“我的第一个网页”就是网页的标题。

（2）meta 标签。<meta> 标签用于提供有关页面的原信息（meta-information），如针对搜索引擎和更新频度的描述及关键词。

实例：

```
<meta http-equiv="Refresh" content="5";URL="http://www.baidu.com" />
<meta http-equiv="Content-Type" content="text/html";charset="utf-8" />
<meta name="Keywords" content=" 关键字 1，关键字 2，……" />
<meta name="Description" content=" 网站描述内容 " />
```

“Refresh”设定自动刷新并转到新页面，content="5" 设定间隔 5 s 刷新跳转，“URL”设定跳转到的新页面路径。

“Content-Type”设定浏览网页时，客户端实际返回内容的内容类型。

“charset”设定 HTML 文档的字符编码。

“Keywords”设定页面关键字，是一个隐藏的标签，该标签向搜索引擎提供了一组与页面有关的关键字或关键短语列表，多个关键字间用逗号分隔，合理的设置关键字可在很大程度上提高网站在搜索引擎中的排名。

“Description”设定页面的描述内容，这些描述将促使人们在搜索引擎列表中选择浏览该网站。很多搜索引擎允许描述的字数在 150 个左右，所以一般要保证描述在 150 字以内，否则搜索引擎会自动把多余的部分剪去从而造成网站的描述的不完整。

(3) CSS 规则标签。<style></style> 标签为规则定义标签，成对出现，用于定义页面中的 CSS 规则。

实例：

```
<style type="text/css">
<!--
.txt1 {
      font-size:16px;
      text-align:center;
}
-->
</style>
```

type="text/css" 代表此处定义的为 CSS 规则，是 style 标签必须设置的属性，“.txt1”为 CSS 规则名称，名称前的符号“.”代表这是一个类规则。规则名称为标签名称则定义的是标签规则，规则名称前符号为“#”则定义的是 ID 规则。

2. body 标签中包含的常用标签

把下文中的实例内容插入到网页 <body></body> 标签之间，测试页面查看结果，学习相应标签的作用与用法。

(1) 标题格式标签。HTML 网页中的标题格式通过 <h1> ~ <h6> 等标签进行定义。

实例：

```
<h1 align="center"> 标题 1</h1>
<h2 align="left"> 标题 2</h2>
<h3 align="right"> 标题 3</h3>
```

每种标题字体都将按照浏览器默认设置进行显示，也可以使用 CSS 定义各种标题的规则(这里所指的标题并不是网页的文件标题)。align 为对齐属性，属性值可以为 center(居中对齐)、left(左对齐)或 right(右对齐)。

(2) 段落标签。HTML 中的段落是通过 <p></p> 标签进行定义的。

实例：

```
<p> 第一段文字 </p>
<p> 第二段文字 </p>
```

(3) 超链接标签。HTML 中的超链接是通过 <a></a> 标签进行定义的。

实例：

```
<a href="http://www.sina.com"> 点击进入新浪网 </a>
```

href 属性是每个超链接标签必须设定的属性，属性值为超链接的地址。

(4) 图像标签。HTML 中的图像是通过 <img/> 标签进行定义的。

实例：

```
<img src="abc.jpg" width="200" height="150" />
```

src 为显示图像的 URL 属性，width 为宽度属性，height 为高度属性。

(5) 水平线标签。HTML 中的水平线是通过 <hr/> 标签进行定义的。

实例：

```
<hr color="#009999" width="500" align="center" />
```

color 为颜色属性。

(6) 列表标签。HTML 中有项目列表 <ul> 和编号列表 <ol> 两种列表标签，但列表项标签都是 <li>。

实例：

```
<ul>
<li> 项目列表第一行 </li>
<li> 项目列表第二行 </li>
</ul>
<ol>
<li> 编号列表第一行 </li>
<li> 编号列表第二行 </li>
</ol>
```

3. 布局元素标签

相对于之前的简单标签，用于布局的各种元素标签结构要复杂许多，并且在开发过程中使用的概率也更高。

(1) 表格标签。每一个表格标签 <table></table> 都会包含若干个行标签 <tr> 和单元格标签 <td>。<table> 和 </table> 标签用于标记表格的开始和结束，<tr> 和 </tr> 标签用于标记行的开始和结束，<td></td> 标签用于标记单元格的开始和结束。

实例：

```
<table width="500" border="1" bgcolor="#00CCFF" align="center" >
<tr height="30">
<td width="300"> 第一行第一列 </td>
<td> 第一行第二列 </td>
</tr>
<tr height="40">
<td> 第二行第一列 </td>
<td> 第二行第二列 </td>
</tr>
<tr height="50">
<td> 第三行第一列 </td>
<td> 第三行第二列 </td>
</tr>
</table>
```

表格标签的常用属性包括 width（宽度）、border（边框粗细）、bgcolor（背景颜色）和 align（对齐方式）等。行标签和单元格标签的常用属性包括 width（宽度）、height（高度）等。

(2) Div 标签与 CSS 规则。Div 标签内可以包含各种文字、图像、表格等网页元素，但大部分情况下都是与对应的 CSS 规则相结合进行显示，当 CSS 规则变化后，应用该规则的 Div 的位置、大小等也会随之发生变化。

实例：

```
<div id="main" >ID 为 main 的 div 标签 </div>
```

id 属性是 Div 的编号，用于区分不同的 Div 标签。

“main”对应的 CSS 规则如下例所示。

```
<style type="text/css">
#main {
      position:absolute;
      left:100px;
      top:100px;
      width:300px;
      height:200px;
      z-index:1;
}
</style>
```

“#main”为规则名称，代表这是一个被所有 ID 名为“main”的元素所使用的规则。实例中对应的 Div 标签将按照规则所定义的属性进行显示，position（位置）为 absolute 说明定位方式为绝对定位。left（横坐标）为 100 px，top（纵坐标）为 100 px，width（宽度）为 300 px，height（高度）为 200 px，z-index（z 轴位置）为 1。

当 CSS 规则发生变化，如下例所示，则 Div 的定位方式变为浮动定位。

```
<style type="text/css">
#main {
    margin:10px;
    padding:5px;
    float:left;
    height:200px;
    width:300px;
}
</style>
```

在这种规则定义下，Div 被设置为向左浮动，margin（边界值）全部为 10 px，padding（填充值）全部为 5 px，height（高度）为 200 px，width（宽度）为 300 px。

Div 标签也可以通过下例所示方式设置相应的属性。

```
    <div id="main" style="float:left;margin:10px;padding:5px;width:200px;height:300px;">
</div>
```

（3）内联框架标签。iframe 标签可以创建包含另外一个文档的内联框架（也称为行内框架）。实例：

```
<html>
<head><title>iframe 内联框架 </title></head>
<body>
    <iframe name="show" width="100%" height="100%" frameborder="0" src="main1.html"
scrolling="no"></iframe>
</body>
</html>
```

name（名称）为“show”，该属性可作为超链接中 target 的值，用于将超链接指向的网页显示在该内联框架中；src（被嵌入网页地址）为“main1.html”；scrolling（滚动条）为 no（无）；width（宽度）为 100%；height（高度）为 100%；frameborder（边框值）为 0（无边框）。

隐藏 iframe 滚动条的方法：

- 使用"scrolling=no"隐藏滚动条。
- 设置 CSS 规则隐藏滚动条。
- 设置合适宽度、高度实现不显示滚动条。

附录 3 HTML 标签功能对照表

1. 文字效果

标签	功能
<h1>...</h1>	标题字（最大）
<h6>...</h6>	标题字（最小）
<b>...</b>	粗体字
<strong>...</strong>	粗体字（强调）
<i>...</i>	斜体字
<em>...</em>	斜体字（强调）
<u>...</u>	底线
<ins>...</ins>	底线（表示插入文字）
<strike>...</strike>	删除线
<del>...</del>	删除线（表示删除）
<kbd>...</kbd>	键盘文字
<tt>...</tt>	打字机字体
<font face=" 字体名称 ">...</font>	字体
<font color=00ff00>...</font>	字体颜色
<font size=10>...</font>	字号
<small>...</small>	显示小字体
<big>...</big>	显示大字体
_{...}	下标字
^{...}	上标字
<blink>...</blink>	文字闪烁效果
<body bgcolor=#rrggbb>...</body>	背景颜色
<body background=" 图形文件 URL">...</body>	背景图片
<body bgproperties=fixed>...</body>	设定背景图片不会滚动

2. 图像 / 音频 / 视频

标签	功能
<img src= 图片地址 >	贴图(插入图片)
<img src= 图片地址 width=180>	图片宽度
<img src= 图片地址 height=30>	图片高度
<img src= 图片地址 alt=" 提示文字 ">	图片提示文字
<img src= 图片地址 border=1>	图片边框
<bgsound src="MID 音乐文件地址 ">	背景音乐
<embed src=" 音频地址 " width="350,80%" height="60,80%">	播放音频(适用 asf、wma、wmv、wmv、rm 格式)
<embed src=" 视频地址 " width="400 " height="300">	播放视频(适用 rm、wmv 格式)

3. 表格

标签	功能
<caption>...</caption>	表格标题
<caption align="top">	表格标题位置(置于表格上方,预设值)
<table align="left">...</table>	表格位置居左
<table background=" 图片地址 ">...</table>	表格背景图片
<table border=" 边框大小 ">...</table>	表格边框大小(使用数字)
<table bgcolor=" 颜色码”>...</table>	表格背景颜色
<table bordercolor=" 颜色码 ">..</table>	表格边框颜色
<table bordercolordark=" 颜色码 ">...</table>	表格暗边框颜色
<table bordercolorlight=" 颜色码 ">...</table>	表格亮边框颜色
<table cellpadding=" 数值 ">...</table>	单元格内容与单元格边框的距离
<table cellspacing=" 数值 ">...</table>	单元格之间的距离
<table width=" 宽度 ">...</table>	设定表格的宽度大小(使用数字)
<table height=" 高度 ">...</table>	设定表格的高度大小(使用数字)
<td colspan=" 参数 ">...</td>	指定单元格合并列的列数(使用数字)
<td rowspan=" 参数 ">...</td>	指定单元格合并行的行数(使用数字)

4. 内联框架

标签	功能
<iframe>...</iframe>	定义内联框架
<iframe name=" 名称 ">...</iframe>	内联框架名称
<iframe width=" 值 ">...</iframe>	内联框架宽度
<iframe height=" 值 ">...</iframe>	内联框架高度
<iframe frameborder=" 值 ">...</iframe>	内联框架边框
<iframe src="URL" >...</iframe>	内联框架要显示的网页 URL
<iframe scrolling="no">...</iframe>	内联框架的滚动条样式，no 为从不显示滚动条，yes 为始终显示滚动条，auto 为在需要的情况下出现滚动条

5. 链接

标签	功能
<base href=" 地址 ">	预设链接地址
<a href=" 地址 ">...</a>	外部链接地址
<a href=" 地址 " target="_blank">...</a>	在新窗口打开链接
<a href=" 地址 " target="_self">...</a>	在当前窗口打开链接
<a href=" 地址 " target=" 页框名 ">...</a>	在指定框架打开链接
<a herf=" 地址 "><img src=" 图片文件名 ">...</a>	用图片作为超链接
<a href="# 锚的名称 ">...</a>	指定锚名称的超链接

6. 页面布局

标签	功能
<hr>	水平线
<hr size="9">	水平线粗细
<hr width="80%">	水平线宽度
<hr color="#ff0000">	水平线颜色
<hr align="left">	对齐方向
 	换行
<nobr>...</nobr>	强制不换行
<p>...</p>	分段
<center>...</center>	居中对齐
<body style=line-height:20px>...</body>	设置网页中每行所占高度为 20 px
<p style=line-height:20px>...</p>	设置段落中每行所占高度为 20 px
<p style=line-height:150%>...</p>	设置段落中每行高度与文字高度的比例为 150%
<div>...</div>	用于定义区域

7. 移动字幕

标签	功能
<marquee>...</marquee>	普通卷动
<marquee behavior="slide">...</marquee>	移动方式为滑动(移动到边界停止)
<marquee behavior="scroll">...</marquee>	移动方式为单向移动(预设卷动)
<marquee behavior="alternate">...</marquee>	移动方式为来回卷动
<marquee direction="down">...</marquee>	向下卷动
<marquee direction="left"></marquee>	向左卷动
<marquee loop="2">...</marquee>	移动循环次数
<marquee width="180">...</marquee>	宽度
<marquee height="30">...</marquee>	高度
<marquee bgcolor="#FF0000">...</marquee>	背景颜色
<marquee scrollamount="30">...</marquee>	移动速度
<marquee scrolldelay="300">...</marquee>	卷动时间

8. 其他

标签	功能
<!doctype>	定义文档类型
<html> ... </html>	定义网页的开始与结束
<head>...</head>	定义网页文件的文件头信息
<body>... </body>	定义网页的主体
<title> ...</title>	定义网页标题
<address>...</ address >	显示电子邮箱地址
<basefontsize>	更改预设字号大小
<cite>...</cite>	用于引经据典的文字
<code>...</code>	用于列出一段程序代码
<comment>...</comment>	加上批注
<person>...</person>	显示人名
<select>...</select>	在表单中定义列表栏
<ul type=" 符号 ">...</ul>	无序号的列表(可指定符号)

学习卡账号使用说明

一、注册/登录

访问http://abook.hep.com.cn/sve，点击“注册”，在注册页面输入用户名、密码及常用的邮箱进行注册。已注册的用户直接输入用户名和密码登录即可进入“我的课程”页面。

二、课程绑定

点击“我的课程”页面右上方“绑定课程”，正确输入教材封底防伪标签上的20位密码，点击“确定”完成课程绑定。

三、访问课程

在“正在学习”列表中选择已绑定的课程，点击“进入课程”即可浏览或下载与本书配套的课程资源。刚绑定的课程请在“申请学习”列表中选择相应课程并点击“进入课程”。

如有账号问题，请发邮件至：4a_admin_zz@pub.hep.cn。